500kV 变电站
属地化
运维检修技术

主　编　吴雪峰　郑晓东
副主编　杜　羿　潘　科　李策策

中国水利水电出版社
www.waterpub.com.cn
·北京·

内 容 提 要

　　本书从专业角度出发，旨在提升地市级电力公司检修人员对于500kV变电站的运维检修能力；针对500kV变电站的运维检修特点，通过与220kV变电站进行对比，生动形象地阐述了500kV变电站的运维检修关键技术，对于地市级电力公司适应500kV变电站属地化管理具有一定的指导作用。

　　本书可作为各地市级电力公司500kV变电站运维检修专业人员的培训和参考用书，也可作为电力相关职业院校师生的参考教材。

图书在版编目（CIP）数据

500kV变电站属地化运维检修技术 / 吴雪峰，郑晓东主编． -- 北京：中国水利水电出版社，2024．12.
ISBN 978-7-5226-3036-6

Ⅰ．TM63

中国国家版本馆CIP数据核字第2024E7A703号

书　　名	**500kV 变电站属地化运维检修技术** 500kV BIANDIANZHAN SHUDIHUA YUNWEI JIANXIU JISHU
作　　者	主　编　吴雪峰　郑晓东 副主编　杜　羿　潘　科　李策策
出版发行	中国水利水电出版社 （北京市海淀区玉渊潭南路 1 号 D 座　100038） 网址：www．waterpub．com．cn E - mail：sales@mwr．gov．cn 电话：(010) 68545888（营销中心）
经　　售	北京科水图书销售有限公司 电话：(010) 68545874、63202643 全国各地新华书店和相关出版物销售网点
排　　版	中国水利水电出版社微机排版中心
印　　刷	清淞永业（天津）印刷有限公司
规　　格	184mm×260mm　16 开本　15.25 印张　371 千字
版　　次	2024 年 12 月第 1 版　2024 年 12 月第 1 次印刷
印　　数	0001—1000 册
定　　价	**86.00 元**

本书编委会

主　　编	吴雪峰	郑晓东			
副主编	杜　羿	潘　科	李策策		
编写人员	王　强	张　伟	陈　亢	吴家俊	林　峰
	程　果	陈　全	楼　坚	王利波	张佳铭
	江　帆	洪　欢	张佳丽	仇京伦	王文斌
	施　川	俞勤政	潘仲达	姜　妮	陈　昊
	杜悠然	盛　骏	方　凯	郑晓明	吴胥阳
	王翊之	金慧波	蒋黎明	徐阳建	刘建敏
	叶　玮	梅　杰	黄晓峰	朱兴隆	刘洁波
	周　旺	管伟翔	李宇泽	郑　聪	刘　晗
	蒋宇翔	江　舟	潘振宇	钱逸轩	王加鹏

前言　FOREWORD

变电站在近 30 多年的发展中实现了由晶体管、集成电路型变电站逐步向数字化的智能型变电站转变，发展速度可谓是日新月异，500kV 变电站作为系统中的枢纽变电站，在系统中有着至关重要的作用。

2012 年，由省超高压公司管辖省内的 500kV 变电站后，经过十多年的发展，各地市公司在 500kV 变电站的运维检修领域较为空白。为了适应公司500kV 变电站运维检修下放政策，增强地市公司在 500kV 变电站运维检修专业的能力，特出版本书，本书主要分为一次专业和二次专业两个部分。

在一次专业部分中，主要对一次设备包括变压器、断路器、隔离开关、互感器等进行介绍，这些设备长期处于高电压、大电流的运行环境中，经受着电、热、机械应力以及户外环境等多种因素的考验，容易出现各种故障和隐患。一旦一次设备发生故障，可能会引发大面积停电事故，给社会经济和人民生活带来严重影响。因此，确保一次设备的安全可靠运行，是电力行业久久为功的重要课题。属地化运维检修技术的应用，使得一次检修人员能够更加贴近设备，及时了解设备的运行状况，快速处理设备故障。

在二次专业中，主要针对主变、母线、线路保护配置、整定及事故处理进行介绍，这种保护装置作为系统中主要元件的第一道防线，在系统安全稳定运行中起着至关重要的作用，500kV 继电保护配置种类多，回路复杂，各设备之间的相互联系相比 220kV 更密切，对于擅长 220kV 检修工作的人，因为习惯性思维导致的安全事故时有发生。通过不断探索和实践，我们积累了丰富的 500kV 变电站一次、二次设备检修经验，形成了一套科学、规范、高效的检修技术体系。

本书紧密围绕 500kV 变电站运维检修方案，通过对比的方式，阐述500kV 变电站在一次、二次专业领域与 220kV 变电站有何异同，并通过大修方案、缺陷处理及事故案例说明 500kV 变电站运维检修的关键点，为地市公司运维检修人员承担 500kV 变电站运维检修工作提供指导方案。

本书共分为 8 章，其中前 4 章为变电一次运维检修部分，后 4 章为变电二次运维检修部分，一次设备作为变电站的核心组成部分，其可靠运行直接关系到整个电网的安全与稳定。本书详细阐述了 500kV 变电站属地化运维检修技术中一次设备检修的相关内容，包括检修流程、检修工艺、故障诊断、处理方法以及典型缺陷案例等。旨在为从事 500kV 变电站运维检修工作的技术人员提供全面、系统的技术指导，帮助他们更好地掌握一次设备检修技术，提高运维检修水平，确保 500kV 变电站一次设备的安全可靠运行，为电网的稳定运行提供坚实保障。

在二次专业部分中，第 5 章通过图文描述及规程规范解读介绍了 500kV 变电站继电保护及自动化系统的专业特点及配置方案，让读者能通过阅读建立起 500kV 变电站二次系统概念；第 6 章从保护配置、二次回路布置及整定计算三个方面将 500kV 与 220kV 变电站的二次专业差异进行对比，让地市公司专业技术人员清晰地了解 500kV 与 220kV 的异同，降低工作中因习惯性思维而导致的安全风险；第 7 章从二次专业反措、保护装置调试验收、二次设备运行维护角度阐述了 500kV 变电站运维检修技术及标准化作业方案，为二次专业提供运维检修技术指导；第 8 章通过案例阐述了 500kV 变电站在检修、消缺及事故处理中遇到的典型案例，详细分析了每个案例的原因及处理方法，为读者提供了相应问题的分析解决方案。

本书旨在提升 500kV 运维检修专业人员的技术技能水平，由于编者水平有限，书中如有疏漏和不足之处，恳请读者批评指正。

编者

2024 年 10 月

CONTENTS

目录

第2篇　变电二次专业

第1篇

变电一次专业

第1章 500kV变电站一次系统

1.1 概述

  500kV变电站是现代电网的枢纽。电力是现代社会的生命线,而变电站则是确保电力安全、高效传输的关键设施。其中,500kV变电站是电网中的重要节点,负责将高压电能进行变换和分配,以满足广大地区日益增长的能源需求。它在电力系统中发挥着重要作用:首先是汇集分别来自若干发电厂的主干线路,并与电力网中的若干关键点连接,同时还与下一电压等级的电力网相连接;其次是作为大、中型发电厂接入最高电压等级电力网的连接点;再次是几个枢纽变电所与若干主干线路组成主要电力网的骨架;然后是作为相邻电力系统之间的联络点;最后是作为下一电压等级电力网的主要电源。500kV变电站鸟瞰图如图1.1所示。

图 1.1　500kV变电站鸟瞰图

　　500kV 变电站站内一般包括 500kV、220kV 和 35kV 三个电压等级。500kV 侧为受电端，可采用敞开式设备、GIS 设备或 HGIS 设备；220kV 侧为送电端，可采用敞开式设备或 GIS 设备；35kV 侧一般用于站用电和无功补偿，不带用户负荷，采用敞开式设备。

　　500kV 变电站的 500kV 部分一般使用 3/2 断路器接线，即两个元件引线用三台断路器接往两组母线上，每一回路由两台断路器供电。合环运行时，3/2 断路器接线的主要优点包括运行安全可靠性高、调度灵活、倒闸操作方便等。500kV 变电站的 220kV 部分一般使用双母双分段接线，即每一回路都是通过一台断路器和两组隔离开关连接到两组母线上，电源线和出线可适当地分配在两组母线上，并可以通过母联断路器使两组母线并列运行。500kV 变电站的 35kV 部分一般使用变压器单母接线。

　　负责城市电网供电的 500kV 变电站，一般接入 2～8 回 500kV 线路以及 8～16 回 220kV 线路，配置 2～4 台主变，单台容量一般为 750～1500MVA，并根据负荷发展的需要具有一定的可扩展性。

1.2　500kV 变电站内重要一次设备及其检修策略

1.2.1　重要一次设备

500kV 变电站内的一次设备是指直接参与电能转换、分配和传输的电气设备，这些设备通常具有高电压、大电流的承载或通断能力，是变电站能否稳定运行的关键因素。500kV 变电站内重要一次设备主要如下：

1. 变压器

变压器（图 1.2）是变电站的核心设备之一，其主要功能是变换电压等级。在 500kV 变电站中，通常使用特高压变压器将 500kV 的高压电转换为较低电压，如 220kV 或更低，以便于向用户供电或在电网中进一步分配。

图 1.2　变压器

2. 断路器

断路器（图 1.3）用于控制和保护电路，它能够在正常条件或缺陷情况下安全地闭合、承载和开断电路。在 500kV 变电站中，断路器是保护设备的关键组成部分，可以快速切断缺陷电路，防止缺陷扩大，确保电网的稳定运行。

图 1.3　断路器

3. 隔离开关

隔离开关（图 1.4）是一种在无负载电流的情况下进行电气隔离的设备。在变电站维护或检修时，使用隔离开关将设备从带电部分隔离，确保工作人员的安全。

图 1.4　隔离开关

4. 电流互感器与电压互感器

电流互感器与电压互感器（图 1.5）用于将高电压和大电流转换为仪表和控制设备可以接受的低电压和小电流。这些互感器对于变电站的测量、保护和监控系统至关重要。

5. 避雷器

避雷器用于保护电气设备免受雷电过电压和操作过电压的影响。在 500kV 变电站中，避雷器是确保设备安全运行的重要保护装置。

图 1.5　电流互感器与电压互感器

6. 电容器和电抗器

电容器和电抗器用于调节电网的功率因数，改善电能质量，吸收或释放无功功率，从而优化电网的运行效率。

7. 接地装置

接地装置用于确保变电站的安全运行，通过将设备和金属构件接地，可以防止由于绝缘损坏或其他原因导致的电压升高对人员和设备造成伤害。

8. 电缆和母线

电缆和母线（图 1.6）是连接变电站内各种电气设备、传输电能的媒介。在 500kV 变电站中，这些传输线路需要承受极高的电压和电流，因此必须具有很高的绝缘性能和机械强度。

随着技术的进步，这些一次设备也在不断升级和改进，以适应当下电力系统的最新要求。

图 1.6　500kV 母线

1.2.2　变电一次设备检修策略

变电一次检修是指针对变电站内直接参与电能转换、分配和传输的电气设备进行的定期检查、维护和修理工作。一次检修的目的是通过检修发现并消除设备隐患，确保运行人员及周围人员的安全；预防设备缺陷，减少意外停电事件，保障供电的稳定性；通过维护保养，延长电气设备的使用寿命，减少更换频率；确保设备处于最佳工作状态，提升电能转换和传输效率。

随着电网的不断发展，变电一次设备的安全稳定运行越来越受到重视。因此，对于这些设备的检修，必须要掌握一些常用的方法，以确保设备的正常运行。

首先，需要对变电一次设备进行全面的检查，包括外观、内部结构、绝缘性能等方面。在检查过程中，需要注意设备的外观是否有明显的损伤或者变形，内部结构是否完好，绝缘性能是否符合要求等。只有对这些方面进行了全面检查，才能确保设备的安全稳定运行。

其次，要对变电一次设备进行定期维护和保养。定期维护和保养可以延长设备的使用寿命，减少设备缺陷的发生。在维护和保养过程中，需要注意设备的清洁、润滑、紧固等方面，确保设备的各个部件都能够正常工作。

最后，还可以采用带电检测的方法对变电一次设备进行检测。带电检测可以在不影响设备正常运行的情况下，对设备的各项性能指标进行检测，及时发现设备存在的问题，并进行处理。变电站主变带电检测如图1.7所示。

总之，对于变电一次设备的检修方法，需要根据实际情况选择合适的方法，并严格按照操作规程进行操作，以确保设备的正常运行和电网的安全稳定。根据设备的重要性和运行环境，制订不同的检修周期，一般分为以下几种：

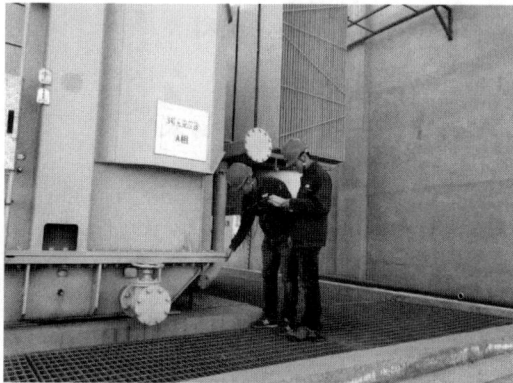

图1.7　500kV变电站主变带电检测

（1）定期检修：按照预定的周期进行，如年度检修、季度检修等。

（2）状态检修：根据设备的实际运行状态和监测数据来决定检修时间。

（3）缺陷检修：设备发生缺陷后进行的紧急抢修。

变电一次检修工作是确保变电站安全稳定运行的关键环节。通过系统的检修流程和规范的操作，可以最大限度地降低设备缺陷风险，提高电网的可靠性和安全性。随着技术的不断进步，检修手段也在不断创新，如采用无人机巡检、在线监测系统等，进一步提高检修效率和精度。本章将从500kV变电设备的差异入手，探讨超高压变电设备的检修方法，结合讨论典型缺陷处理案例，以期深入了解500kV变电站属地化一次设备检修技术。

第2章

500kV变电站一次系统差异点解析

2.1 变电站主接线图

2.1.1 电气主接线基本要求

电气主接线是汇集和分配电能的通路，它决定了配电装置设备的数量，并表明以什么方式来连接变压器和线路，以及怎样与系统连接，来完成输配电任务。主接线的确定对电力系统的安全、经济运行，对系统的稳定和调度的灵活性，以及对电气设备的选择、配电装置的布置、继电保护及控制方式的拟定都有密切关系。在确定发电厂、变电所的一次系统接线方式时要结合系统和用户的具体要求，同时还要考虑施工和检修是否方便。

在选择发电厂或变电所的主接线时，应注意发电厂或变电所在系统中的地位、回路数、设备特点及负荷性质等条件，并考虑下列基本要求：

（1）供电可靠性。当个别设备发生事故或者需要停电检修时，应能保证对重要用户连续供电。

（2）运行的安全性和灵活性。电气主接线的布局要求尽可能适应各种运行方式，不但在正常运行时能很方便地投入或切换某些设备，而且在其中一部分电路检修时，应能尽量保证未检修的设备继续供电，同时又要保证检修工作的安全进行。

（3）接线简单、操作方便。电气主接线的布局要求在各种切换操作时操作步骤最少。过于复杂的接线，会使运行人员操作困难，容易造成误操作而发生事故。电气设备增多，也增加了事故点，同时复杂的接线也给继电保护的选择带来很大困难。

（4）建设及运行经济性。设计主接线除了考虑技术条件外，还要考虑经济性，即基建投资和年运行费用、年电能损耗的多少。一般要对满足技术要求的几个方案进行技术经济比较，然后从中选定。

（5）电气主接线应考虑将来扩建的可能性。以上对电气主接线的五个基本要求，要具体情况具体分析，进行综合考虑。

2.1.2 电气主接线基本形式

常用的电气主接线基本形式可分为有母线和无母线两大类。

有母线的主接线形式，包括单母线接线和双母线接线。单母线接线又分为单母线无分段、单母线有分段、单母线分段带旁路等多种形式。双母线接线又分为单断路器双母线、双断路器双母线、3/2 断路器双母线以及带旁路母线的双母线接线等多种形式。

无母线的主接线形式主要有单元接线、桥形接线和多角形接线。

500kV 变电站与 220kV 及以下变电站主接线最重要的区别在于 3/2 断路器接线的应用。3/2 断路器接线为两条回路使用三台断路器的双母线接线方式，如图 2.1 所示。正常双母线运行，所有断路器都投入。任何一条引出线缺陷，其两侧断路器自动断开，其他回路继续运行。当检修断路器时，只需将该断路器断开，并拉开其两侧的隔离开关。3/2 断路器接线具有双母线双断路器接线的优点，但使用的断路器减少了 1/4，国外超高压大容量变电所已广泛采用，在我国 500kV 系统中，这种接法已成为可供选择的主要接线方式之一。

3/2 断路器接线具有以下特点：供电可靠性高，每一回路有两台断路器供电，这种设计确保了在母线缺陷或断路器缺陷时，不会中断供电，当任何一台断路器在切除缺陷过程中拒动时，最多只扩大到多切除一条引出线或一台主变，而其他线路、主变和发电机仍能正常运行；运行调度灵活，操作更加方便。当任一断路器需要检修时，只需把相应断路器

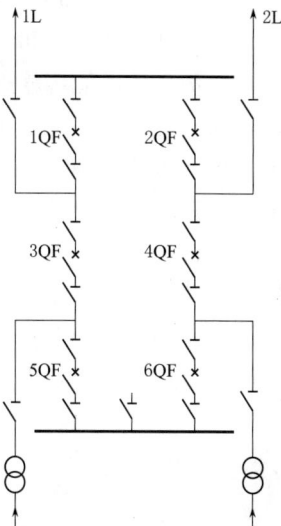

图 2.1 3/2 断路器接线
双母线运行方式

及隔离开关拉开即可，不影响送电和保护运行。与常规带旁路母线的双母线接线方式相比：3/2 断路器接线在开关检修时操作更为简便，减少了人为误操作的可能性；检修方便，在检修任意一台断路器时，只需断开该台断路器和两侧隔离开关，操作简单且对进出线不会造成停电。

2.2 变电站特点与作用

500kV 变电站一般为枢纽变电站，其联系多个电源，出线回路多，是实现电网互联互通的重要设施，可以实现不同电网、不同电力系统之间的连接和交流，提高发电资源的利用率和电力供应的可靠性。500kV 变电站是保障国家能源安全的一项基础设施，可以实现电力的平稳输送和分配，满足国家各类电力需求，维护国家能源安全，其降压变电站内一般包括 500kV、220kV 和 35kV 三个电压等级，500kV 侧为受电端，220kV 侧为送电端，35kV 侧一般用于站用电和无功补偿，不带用户负荷。

500kV 变电站变电容量大，可极大增强地区电网的供电能力和可靠性，有力保障城市经济社会发展用能需求，相较于 220kV 变电站而言，处理和转换的电压等级较高，通

常用于高压输电线路的连接和电力的大规模传输，但其建设和运营所需的投资规模巨大，高压电力设备以及相关的控制与保护设备的投资费用非常高昂。500kV变电站往往需要修建大规模的土建工程，如占地面积广阔的变电站厂区、宽敞的配电室和大型的电缆沟槽等，其包括设备维护、巡检、人员培训等方面在内的对变电站的运营和维护成本较高。500kV变电站因其较高的电压等级而具有卓越的能源输送能力。高电压的选择有助于提高能源输送的效率和容量，500kV电网能够减少线路电阻损耗，降低输电中的电能损失，与此同时，高压电网还能有效减少对输电塔、绝缘子等设备的数量要求，提高系统的可靠性和稳定性。因此，500kV变电站在能源输送方面具有得天独厚的优势，并成为电力系统的枢纽关键。此外，500kV变电站也能够保证较高的传输效率。传输效率是指从发电厂到终端用户的电能传输过程中，能够完整传递给用户的电能比例。通过使用高电压传输电能，500kV变电站能够最大限度地降低输电线路上的能源浪费，而通过升压变电站将电能从更低压传输到500kV，可以有效提高传输效率。因此，500kV变电站成为了保障电能传输效率的关键节点。500kV变电站对电力系统的安全性也有着至关重要的作用。高电压的选择不仅可以减少线路损耗，还可以提高线路的承载能力，降低输电线路的过载概率，在输电过程中能够减少电弧放电和击穿等缺陷的发生。500kV变电站配备的多重保护装置能够及时检测并隔离缺陷，保障电力系统的安全运行。综上，500kV变电站在保障电力系统的安全性方面发挥着关键的作用。

2.3 变电设备

2.3.1 变压器

500kV及以上电压等级的变压器容量更大，能够在短时间内提供大量的电力，满足大规模电力需求，且在技术性能上采用高性能硅钢片和先进的制造工艺，使得变压器在运行时具有较低的空载损耗和负载损耗，同时噪声水平也较低。近年来研制的完全国产化的500kV植物油变压器，采用植物油作为绝缘油，相比220kV及以下的传统矿物油变压器，具有火灾风险极低、全寿命周期成本低、碳排放量显著减少等优点，更加安全环保，提高了电力系统的安全性和可靠性。

1. 布置方式

在布置方式上，不同于220kV及以下的变压器，500kV变压器三相重量大，运输困难，其分相布置是一种常见的做法，如图2.2和图2.3所示。它将变电站或发电厂中500kV电压等级的变压器按照A、B、C三相分别进行布置，这种布置方式有助于提高系统的可靠性和灵活性。分相布置意味着变压器的三相绕组及其配套设备（如断路器、隔离开关等）在物理上是分开的，各自独立安装和维护。它涉及变压器及其配套设备的具体安装和连接方式，在实际应用中，需要根据变电站的具体情况和需求进行规划和设计。

分相布置使得每一相的设备都相对独立，当某一相发生故障时，不会影响到其他相的正常运行，便于操作与检修，它减少了交叉作业的风险，通过合理的布置和规划，可以充分利用变电站的场地资源，提高整体的经济效益。分相布置对500kV变压器运行的具体影响可以体现在以下几个方面：

图 2.2　500kV 变压器分相布置图

图 2.3　220kV 变压器布置图

（1）电压稳定性。分相布置有助于减少三相电压不平衡的情况。在单相负载不对称时，如果不进行分相布置，可能会导致三相电压不平衡，影响电能质量。而分相布置可以使得每一相都相对独立，减少相互影响，从而提高电压的稳定性。

（2）谐波抑制。在三相不平衡负载下，可能会产生谐波电流，对电网造成污染。分相布置可以在一定程度上减少这种不平衡，从而抑制谐波的产生，提高电能质量。

（3）设备保护。当一相出现故障时，分相布置可以限制故障范围，防止故障扩大到其他相。这样不仅可以减少设备损坏的数量，还可以降低维修成本和时间。例如，在低压侧分相的情况下，当一相故障时，另外两相可以通过分相保护机制及时切断故障电流，避免过电压损坏其他设备和负载。

（4）安全性提升。分相布置使得设备和线路之间的相位关系更加清晰，减少了误操作的可能性。同时，在维护和检修时，也更容易对每一相进行单独操作，提高了工作的安全性。

（5）运行效率提高。在某些情况下，分相布置可以提高变压器的运行效率。例如，在负载变化较大的情况下，通过分相调节可以使得每一相都运行在较优的状态下，从而提高整体效率。

（6）灵活性增强。分相布置使得变压器在运行时具有更高的灵活性。如在需要改变供电方式或调整负载时，可以更容易地通过分相操作来实现。同时，在扩建或改造变电站时，分相布置也可以提供更大的便利性和灵活性。

（7）维护便捷性。分相布置使得设备的维护和检修更加方便。由于每一相都相对独立，因此在维护和检修时可以更容易地找到问题所在并进行处理。同时，也可以减少对其他相的干扰和影响。

（8）管理成本。虽然分相布置在初期可能会增加一定的投资成本（如需要更多的设备、空间等），但从长远来看，由于可以提高设备的可靠性和运行效率、降低维修成本和时间等因素，因此可以降低整体的管理成本。

综上所述，500kV 变压器的分相布置对运行具有多方面的积极影响。然而，在实际应用中还需要根据具体情况进行综合考虑和权衡利弊。例如，在某些情况下可能会因为场地限制、成本考虑等因素而无法实现完全的分相布置。因此，在实际设计和应用中需要根据具体需求和条件进行合理的选择和配置。

2. 技术参数

为了确定变压器在给定的技术条件下的性能而规定的电气和机械的各种量值，包括冷却介质的条件等，称为定额。定额中所规定的各量值称为额定值，这些额定值都写在变压器的铭牌上。一台变压器的额定值包括额定容量 S_N、额定电压 U_N、额定电流 I_N、额定频率 f_N、额定温升 τ_N、阻抗电压百分数 $U_k\%$ 以及冷却介质等的额定要求。

（1）额定容量和容量比。变压器的额定容量指在制造铭牌规定的条件下，在额定电压、电流连续运行时所输送的容量。变压器的额定容量是以绕组的额定电压和额定电流的乘积所决定的视在功率来表示，它的单位为 kVA 或 MVA。500kV 变压器额定容量相对而言更大，且分相布置时一般为单相三绕组形式。

1）单相双绕组变压器，有

$$S_N = U_{N2}I_{N2} \times 10^{-3} \tag{2.1}$$

式中　　S_N——额定容量，kVA；

　　　　U_{N2}——二次侧绕组的额定电压，V；

　　　　I_{N2}——二次侧绕组的额定电流，A。

2）三相双绕组变压器，有

$$S_N = \sqrt{3}U_{N2}I_{N2} \times 10^{-3}(\text{kVA}) \tag{2.2}$$

式中　　S_N——额定容量，kVA；

　　　　U_{N2}——二次侧绕组的额定线电压，V；

　　　　I_{N2}——二次侧绕组的额定线电流，A。

3）三绕组变压器。三绕组变压器不论是单相还是三相，其额定容量的计算方法原则上与上述双绕组变压器是相同的。但三绕组变压器，根据运行方式的不同，三个绕组的容量可以相等，也可以不相等，这点是它与双绕组变压器的不同之处。

变压器各绕组侧的额定容量之间的比值为容量比。当三个绕组容量相等时，以一次绕组的容量作为额定容量，即作为 100%，其余两个二次绕组的容量与一次侧相比较，此时也是 100%，所以通常用 100%/100%/100% 表示，即表示三个绕组的容量相等。当三个绕组的容量相等时，运行中两个二次绕组所带的全部负荷总和，不能超过一次绕组的容量。但是当两个绕组都是电源，它们共同向第三个绕组供给负荷，这时，第三绕组的负荷不能超过其额定容量，因此两个电源侧通过的容量一定小于其额定容量，不可能达到满负荷。

当三个绕组容量不相等时，以一次绕组的容量为额定容量，算作 100%，其余两个绕组的容量以一次绕组的百分数表示之。根据我国现行规定的制造标准，可以有多种搭配方式，即 100%/100%/50%、100%/100%/67%、100%/50%/100%。各侧绕组的负荷以各种不同的方式运行时，均不能超过其定额的允许值。

（2）额定电压和电压比（变比）。额定电压是指变压器长时间运行时所能承受的工作电压，变压器的一次侧额定电压是指规定的加到一次绕组的电压，变压器的二次侧额定电压是指变压器空载，而一次侧加上额定电压时，二次侧的端电压。500kV 变压器高压侧、中压侧及低压侧的额定电压通常为 500kV、220kV、35kV。

电压比（变比）是指变压器各侧绕组之间额定电压比。

（3）额定电流。额定电流是指变压器在额定容量、额定电压下运行允许长期通过的电流。500kV 变压器一次侧和二次侧的额定电流，是以变压器的额定容量或与该绕组相对应的额定容量，去除相对应绕组的额定电压，所得的电流值就是相应的额定电流，因为变压器的效率很高，所以可以认为两侧绕组的额定容量是相等的。

（4）额定频率。我国规定标准工业频率为 50Hz。

（5）相数。有单相或三相。

（6）接线组别。三相变压器的每一个电压侧都有三个绕组，一次侧绕组用 U－X、V－Y、W－Z 作线端标号，低压侧绕组用 u－x、v－y、w－z 作线端标号，如为三绕组变压器，则中压侧绕组用 $U_m－X_m$、$V_m－Y_m$、$W_m－Z_m$ 作线端标号，U、V、W，U_m、V_m、W_m 和 u、v、w 为绕组的首端，X、Y、Z、X_m、Y_m、Z_m 和 x、y、z 为绕组的末端。

变压器有一次和二次两个绕组，它们由一个共同的主磁通 Φ 磁链着。当主磁通随时间变化时，两个绕组都要产生感应电动势，这两个电动势之间有一定的极性关系，也就是说，在某一瞬间，当一个绕组的某一端头为正（高电位）时，则另一个绕组中的一个端头也对应是正的，这两个相对应的、极性相同的端头，在图 2.4 中用对应的符号"·"（或"＋""＊"）表示出来，称为变压器的同极性端头。

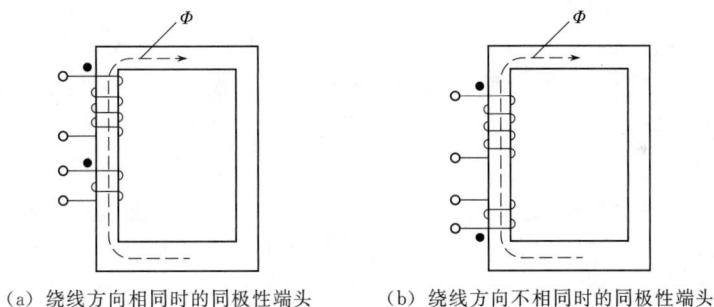

（a）绕线方向相同时的同极性端头　　（b）绕线方向不相同时的同极性端头

图 2.4　变压器绕组的极性

变压器绕组的绕线方法分为两种：一种是两个绕组的绕线方向相同，如图 2.4（a）所示，这时根据产生磁通 Φ 的右手定则来确定极性时，它们的同极性端头都在上端；另一种是两个绕组的绕线方向不相同，如图 2.4（b）所示，这时用右手定则来确定极性时，它们的同极性端头，一个在上端，一个在下端。

在给绕组的端头规定首端和末端的线端标志时，有两种标志方法，这时一次绕组和二次绕组的电动势在相位关系上也就出现两种情况：一种标志方法是将一次、二次绕组的同极性的端头都标志为首端，然后接到相应的出线套管上，如图 2.5（a）和图 2.5（b）所示，用这种标志法时，一次侧电势 E_{xu} 与二次侧电势 E_{xu} 是同相位的，即没有相位差；另一种标志法是将一次、二次绕组的不同极性（也称异极性）的端头标志为首端，如图 2.5（c）和图 2.5（d）所示，用这种标志法时，电动势 E_{xu} 与 E_{xu} 的相位是相反的，它们之间有 180°的相位差。

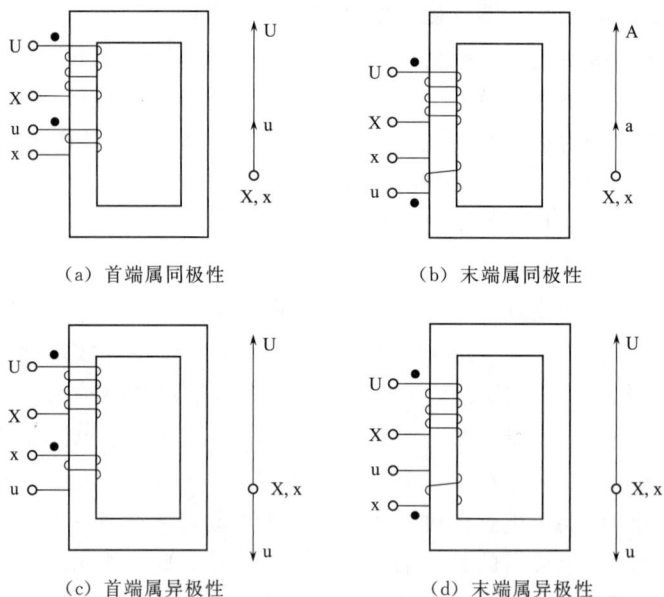

(a) 首端属同极性　　　　　　　　(b) 末端属同极性

(c) 首端属异极性　　　　　　　　(d) 末端属异极性

图 2.5　变压器出线的两种不同标志法

由上可知，变压器的两个首端 U 与 u、两个末端 X 与 x 都不一定是同极性的端头。

变压器的极性关系是可以改变的，只需将任一侧绕组的绕线方向或线端标记改变即可，这样减极性的变压器便可以变为加极性的变压器，而加极性的变压器也可以变为减极性的变压器，但如果同时改变两侧绕组的绕线方向或线端标记，则变压器的极性关系并不会改变。

三相变压器的一次侧和二次侧，各有 U－X、V－Y、W－Z 与 u－x、v－y、w－z 三个单相绕组，每三个单相绕组在接成三相制时有好几种接线方法。在我国基本的接线方法有两种，即星形（或称 Y）和三角形（或称△）接法。

我国电力变压器制造的标准规定采用下列三种接线组别。

1）Yyn0，用在二次电压为 230～400V 的配电变压器中，供动力和照明混合负荷，其中三相动力负荷用 400V 线电压，单相照明负荷用 230V 相电压。而 yn 是表示星形连接的中性点引至变压器箱壳的外面接地。

2）Yd11，用在二次侧电压高于 400V、一次侧电压为 35kV 及以下的输配电系统中。

3）YNd11，用在高压侧需要中性点接地的输电系统中，例如 220kV、500kV 等的超高压系统中，此外也可用在二次侧电压高于 400V、一次侧电压为 35kV 及以下的输配电系统中。

（7）额定冷却介质温度及冷却方式。对于吹风冷却的变压器，冷却介质温度指的是变压器运行时，其周围环境中空气的最高温度不应超过 40℃，因为周围的空气就是这种冷却形式的冷却介质。温度过高时，将影响变压器的冷却效果，所以在铭牌上有对周围空气温度的规定。

对于强迫油循环水冷却的变压器，冷却水源的最高温度不应超过 30℃。当水温过高时，将影响冷油器的冷却效果，所以在冷油器的铭牌上有对冷却水源温度的规定。此外，用水作为冷却介质时，还对水的进口水压有规定，通常不大于 $7.8453 \times 10^4 \mathrm{Pa}$，必须比潜油泵的油压要低，太高时不安全。但水压太低了，水的流量太小，也要影响冷却效果。对水的流量也有一定的要求，对不同容量和形式的冷油器有不同的额定冷却水流量的规定，以上这些规定都标示在每台冷油器的铭牌上。

500kV 变压器的冷却方式主要根据变压器的容量、运行环境以及设计要求来确定。一般来说，对于 500kV 这样高电压、大容量的变压器，常用的冷却方式包括以下几种：

1）强迫油循环风冷（OFAF）。

a. 原理：通过油泵将变压器油强制循环，使油流经冷却器进行散热，同时利用风扇加速冷却器周围空气的流动，从而提高散热效率。

b. 特点：散热能力强，适用于大容量变压器。当油泵与风扇失去供电电源时，变压器不能长时间运行，因此应确保两个独立电源供冷却器使用。

2）强迫油循环水冷（OFWF）。

a. 原理：与强迫油循环风冷类似，但冷却介质由空气变为水。油流经冷却器后，通过水进行散热。

b. 特点：散热效率更高，但需要额外的水处理设备和管道系统，且对水质有一定要求。当油泵冷却水失去电源时将不能运行。

3）强迫导向油循环风冷（ODAF）。

a. 原理：在强迫油循环风冷的基础上，增加了油流的导向控制，使油按照特定的路径流经绕组和铁芯，以优化散热效果。

b. 特点：散热效果更加均匀，适用于对温度分布有较高要求的场合。但可能产生静电问题，现有产品已解决此问题。

4）其他冷却方式。虽然油浸自冷（ONAN）和油浸风冷（ONAF）等冷却方式在小容量变压器中较为常见，但对于 500kV 这样大容量、高电压的变压器来说，其散热能力可能不足以满足要求。然而，在特定条件下或作为辅助冷却方式，这些冷却方式也可能被采用。

需要注意的是，由于 500kV 变压器一般均采用强迫油循环冷却方式，但此方式应确保冷却系统电源的可靠性，以避免因电源故障导致变压器过热，同时也应定期检查冷却设备的运行状态，及时清理冷却器和管道系统中的污垢和杂质，以保证冷却效果，具体选择应根据变压器的实际情况和需求来确定。

（8）额定温升。变压器内绕组或上层油面的温度与变压器外围空气的温度之差，称为绕组或上层油面的温升。在每一台变压器的铭牌上都规定了该台变压器温升的限值。根据国家标准的规定，当变压器安装地点的海拔不超过 1000.00m 时，绕组温升的限值为 65℃，上层油面温升的限值为 55℃，此时变压器周围空气的最高温度为 40℃，最低温度为 -30℃。因此，变压器在运行时，上层油面的最高温度不应超过 95℃。

为保证变压器油在长期使用条件下不致迅速地劣化变质，变压器的上层油面温度不宜经常超过 85℃。当变压器的安装地点的海拔超过 1000.00m 时，或周围空气温度超过 40℃时，由于散热效率降低，变压器的额定容量应作相应修正，需稍降低些。

（9）阻抗电压百分数。500kV 变压器一般为三绕组变压器，要计算三绕组变压器的阻抗电压百分数，首先需了解双绕组变压器的阻抗电压百分数。

1）双绕组变压器。每台变压器都有一个阻抗电压百分数，它标志着该台变压器，当二次侧人为地短路，一次侧施加一个降低了的电压，待一次侧和二次侧的电流都到达额定值时，这个一次侧降低电压数值为多少。这个电压实际上是在变压器内部所引起的电压降数值，且主要是漏电抗压降。把这个数值与额定电压相比后用百分数表示之，即为该台双绕组变压器的阻抗电压百分数。

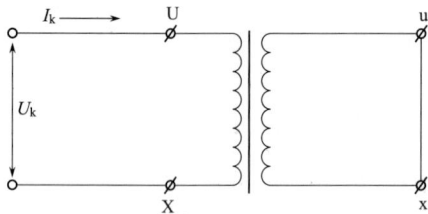

图 2.6   变压器的短路试验

为了求得变压器的阻抗电压百分数，就需要对变压器进行短路试验，如图 2.6 所示。

这时将变压器的二次绕组端头 u - x 用导线短接起来，在一次绕组 U - X 的端头上加以比其额定电压适当降低了的短路电压 U_k。这个短路电压的数值是这样确定的：它将使一次绕组的电流达到额定值，而这时二次绕组中的电流便也会恰好达到额定值，即一次和二次绕组的电流都同时达到额定值，我们将一次绕组端头上所加的这个电压就称为变压器的短路电压 U_k。短路电压通常以额定电压的百分数 $U_k\%$ 来表示，即

$$U_k\% = \frac{U_k}{U_N} \times 100\% \tag{2.3}$$

且变压器阻抗百分数与短路电压百分数是相等的。

短路电压 U_k 的物理意义即为，该台变压器在一次绕组和二次绕组的电流达到额定值时，所引起的内部阻抗总压降，也就是说变压器在满负荷（额定负荷）运行时，变压器内部的全部阻抗压降的数值。短路电压百分数是变压器的一个重要特性参数，它对变压器的并列运行有重要的意义，对变压器二次侧发生突然短路时将会产生多大的短路电流有决定性的意义。而这个数值的大小在 500kV 变压器上也是不同的，随着变压器容量的大小而变化，一般的规律是：变压器容量小时，短路电压百分数也小；当容量逐渐增大时，短路电压百分数亦随之逐渐增大。我国生产的电力变压器的短路电压百分数都有国家标准规定，它的数值在 4%～24% 的范围内变化。在设计变压器的短路电压百分数时，要非常准确地使设计值与实测值相一致是比较困难的，因此总是允许存在一定的误差。

2）三绕组变压器。由于变压器有高、中、低三个电压的绕组，在每两个绕组之间可以有一个阻抗电压百分数，而将第三个绕组处在开路状态，所以轮流地排列结果可有三个阻抗电压百分数，用高—中、高—低、中—低共三个阻抗电压百分数表示之。

（10）绕组绝缘水平。所有绕组的额定耐受电压值应在铭牌上给出，标志的缩写原则，如以下各例所示：LI—雷电冲击耐受电压；SI—操作冲击耐受电压；AC—工频耐受电压。

变压器绕组的全绝缘，指组的所有出线端都具有相同的对地工频耐受电压的绕组绝缘。变压器绕组的分级绝缘，指绕组的接地端或绕组的中性点的绝缘水平较出线端为低的绕组绝缘。变压器引出线的绝缘，根据电压等级不同，处理方法也不同。20kV 及以下的引出线，在绕组端头附近包以适当厚度的皱纹纸，离绕组稍远些，即用裸电缆线或金属硬

母线，再焊接一段多层软铜皮直接与绝缘套管相连接。35～40kV的引出线，则包以适当厚度（≥3mm）的皱纹纸作为附加绝缘。110kV及以上的引出线，包扎时应先在绕组出线头与电缆线的焊接处用铝箔包绕数层，这是因为焊接处的表面很粗糙，具有许多尖角，使电场不均匀，容易发生电晕和游离现象，对绝缘非常不利，但经过几层铝箔包绕后，表面即趋于平滑。铝箔包绕时与引出导线相接触，是处在同等电位，于是电场就趋于均匀，然后再在铝箔的外表面开始包绕绝缘纸。经过这样处理后就不会发生电晕现象，所以110kV及以上的引出线在包绕绝缘纸前，都要作如上的处理。

对于500kV变压器引出线装置，它并非简单地将包有绝缘纸的导线送入绝缘套管，而是通过一个专门的出线装置，这个出线装置既能保证超高压引出线的绝缘安全可靠，又能够使绕组的出线端头与绝缘套管之间能机械地拆开与接通。由于大多数高压绕组是中部出线，根据这种出线装置的结构，在拆装绝缘套管时，也不需要将箱壳内的油放去。这种成型的装置，用对称同心式成型角环组合起来，既保证油的密封，又保证电场强度均匀，达到了尽可能消除局部放电的目的。

（11）变压器铁芯的接地。由于500kV大型变压器匝电压很高，当铁芯发生两点以上接地时，接地电流较大，故障点能量级别较高，这将引起较为严重的后果。为了能在运行中对大容量变压器进行监视，观察其接地回路内是否有电流流过，可把通常在变压器内部直接固定接地的方式改变为在变压器外部接地的方式。

图2.7所示为大型变压器铁芯在外部接地的原理图，从图1.14可以清楚地看到，在变压器内部，上夹件与下夹件在电的回路上是不相通的。在变压器上部，上夹件与穿芯螺杆、穿芯螺杆与铁芯相互之间是绝缘的。但铁芯与上夹件之间，则通过一片接地钢片相接通，使铁芯只有一点与上夹件相连通，左右通过导电带连接起来。然后，导电带再与装在变压器箱盖上的接地套管相连通，接地套管则在外部进行接地，于是就实现了铁芯在外部接地。

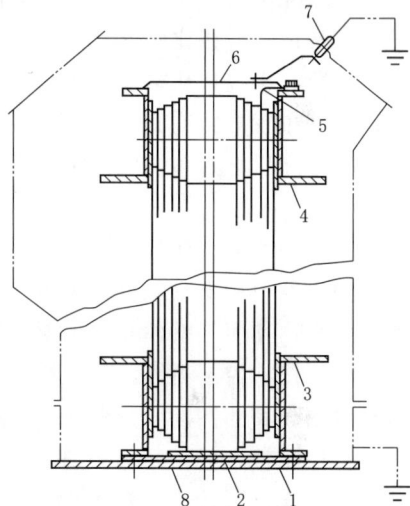

图2.7　大型变压器铁芯在外部
接地的原理图

1—钢垫脚；2—垫脚绝缘；3—下夹件；
4—上夹件；5—接地钢片；6—导电带；
7—接地套管；8—箱壳底板

在变压器下部，下夹件与铁芯、下夹件与穿芯螺杆、穿芯螺杆与铁芯，三者之间是绝缘的。在下铁轭的底部有钢垫脚，钢垫脚与下夹件的下肢板之间通过螺栓连接在一起，它们在电的回路上是相通的，不绝缘的。但下铁轭与钢垫脚之间有垫脚绝缘，使铁轭与垫脚相互隔开，垫脚绝缘用纸板做成。

器身通过垫脚压在箱壳底板上，由于箱壳是接地的，于是夹件也就接地了，但铁芯是经过绝缘隔绝的。

这种结构使铁芯在变压器内部不接地，而是移到外部接地。变压器在正常运行时，铁芯仅通过一点接地。在接地回路内，从理论上讲，应该是没有接地电流流过的，但是实际运行中，在外部测得有几毫安到几十毫安的电流流过。铁芯在内部与垫脚之间绝缘越好，这个电流就越小。因此，运行中在外部可以通过钳形电流表或临时装接特殊的测电流装置来检测和监视铁芯接地是否正常，情况是否良好。如检测到接地回路内的电流数值较大，或和以往记录的数值相比较有所增加，则说明有异常情况，发现后应及时做适当处理。所以，目前大容量变压器的铁芯接地都已采用在变压器外部进行接地的方式。

2.3.2   断路器

断路器是电力系统中最重要的控制和保护设备。无论电力线路处在什么状态，空载、带负荷还是短路故障，当要求断路器动作时，它都应能可靠地动作，或是关合，或是开断电路。概括地讲，高压断路器在电网中起着两方面的作用：第一是控制作用，根据电网运行需要，用高压断路器把一部分电力设备或线路投入或退出运行；第二是保护作用，高压断路器可以在电力线路或设备发生故障时将故障部分从电网快速切除，保证电网中的无故障部分正常运行。相比于 220kV 或以下电压等级变电站，500kV 变电站断路器采用三列布置，且所有出线都从第一、第二列断路器间引出，所有进线都从第二、第三列断路器间引出。这种布置方式有助于减少交叉引线的数量，提高系统的清晰度和可靠性。500kV 断路器作为高压电力系统中的重要设备，在其结构、性能、功能及维护等方面具有以下显著特点：

（1）结构特点。500kV 断路器通常由多个独立的单相组成，如 GL317 型 SF_6 断路器由三个独立的单相组成，每相为单柱两断口，整体呈 "T" 形布置。这种结构既保证了每相的独立性，又便于整体组合和协调运作。断路器由多个模块组成，如断路器的极、支架、操作机构、控制箱等，这种模块化设计便于安装、调试和维护。此外，断路器采用高绝缘材料制成其部件，如瓷套和瓷绝缘子，以确保在高电压环境下的安全稳定运行。

（2）性能特点。500kV 断路器以 SF_6 气体作为灭弧介质，其具有很高的电气绝缘性能和灭弧性能。SF_6 气体的分子结构使其能够有效地捕捉和中和电子，从而迅速恢复介质的绝缘强度。500kV 断路器还具有较高的开断电流能力，能够迅速切断故障电流，防止设备损坏和系统故障扩大。例如，某些型号的断路器额定开断电流可达 50kA 以上。相比于 220kV 断路器，500kV 断路器的断口耐压应能承受更高的电压水平。断路器在合闸和分闸过程中具有较高的稳定性和可靠性，能够确保电力系统的稳定运行。

（3）功能特点。500kV 断路器通常具备多种保护功能，如失灵保护、三相不一致保护、死区保护等，以应对各种故障情况。这些保护功能能够迅速响应并切断故障电流，防止故障扩大。某些型号的断路器还具备自动重合闸功能，能够在检测到故障并切断电流后自动尝试重新合闸，以恢复电力系统的正常运行。通常断路器也配备有远程控制和监测系统，可以实现对其运行状态的实时监测和远程控制，提高电力系统的自动化水平。

（4）维护特点。由于断路器采用模块化设计且结构紧凑，因此维护起来相对方便。同时，断路器还配备了各种监测和报警装置，能够及时发现并报告潜在问题，其采用高质量的材料和先进的制造工艺，具有较高的使用寿命和可靠性。

跟常规 220kV 断路器不同，大多数 500kV 断路器会采用双断口设计，如图 2.8 所示，且根据输电线路长度的要求，基于其在高压电力系统中的运行需求和安全考虑，还会加装断路器合闸电阻。

（5）提高可靠性。双断口断路器具有两个独立的断开机构，这意味着当其中一个断路器机构失效时，另一个断路器机构仍然可以正常工作，从而确保电路的可靠性。这种冗余设计大大降低了因单一故障点而导致的系统瘫痪风险，提高了系统的可靠性。在发生故障时，双断口断路器能够同时切断电路，实现快速断电，有效保护电力系统的设备和人员安全。这种快速的故障隔离能力对于防止故障扩大、减少停电时间和保障系统稳定运行具有重要意义。

（6）增强安全性。在断开电路时，双断口断路器产生的电弧可以被两个断路器同时抑制，从而减少电弧对设备和系统的损害，降低噪声污染。这对于保护设备和维护系统环境具有重要意义。双断口设计还有助于提高断路器的绝缘性能。由于两个断口之间的空气间隙或绝缘介质的存在，可以更有效地防止电弧跨越和击穿，从而增强系统的安全性。

图 2.8　500kV 单柱双断口断路器

（7）适应高压环境。500kV 属于超高压等级，对断路器的耐受电压和开断能力要求极高。双断口设计可以通过增加断口数量来提高断路器的整体耐压水平，从而满足高压电力系统的运行需求。虽然双断口设计增加了断路器的复杂性和成本，但通过合理的结构优化和材料选择，可以在保证性能的同时降低体积和重量，提高设备的紧凑性和灵活性。这对于在有限空间内安装和部署高压断路器具有重要意义。

由于结构复杂和制造难度的增加，双断口断路器的成本通常会比单断口断路器更高，且由于其结构的复杂性，对于维护人员的技术水平和经验要求也更高。在实际应用中，需要根据具体需求和条件进行权衡和选择。

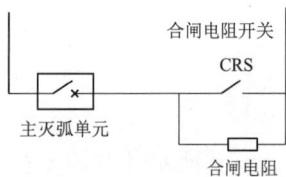

图 2.9　断路器合闸电阻

为了降低操作过电压，500kV 断路器断口上可并联合闸电阻和合闸电阻触头，如图 2.9 所示。在合闸时，要求合闸电阻触头提前合上〔（8±2）ms〕。当主触头合上后，合闸电阻触头一般不分闸。因此，在分闸时，要求合闸电阻触头提前分闸（大于 5ms）。如果合闸电阻触头迟于主触头分闸，由于它的容量不足，将容易被烧损。

500kV 断路器合闸电阻是超高压线路中的重要组成部分，其能限制操作过电压。在长距离的交流输电线路中，当断路器进行合闸操作时，可能会产生较高的操作过电压，对电网设备和系统稳定性构成威胁。合闸电阻的接入可以有效降低这种过电压水平，保护电网设备免受损害。对于大容量变压器和换流变等设备，合闸电阻可以降低其合闸涌流，减少对电网的冲击和设备的热应力。此外，在高补偿度的线路中，合闸电阻可以减少合闸时电流直流偏置的影响，有助于断路器成功开断。

配置合闸电阻需要考虑线路的长度、电容、电抗等特性。一般来说，长度超过 200km 的 500kV 线路，其两端断路器会配置合闸电阻。在实际应用中，由于合闸电阻及其传动部件的故障率通常较高（常见故障包括电阻片热开裂、穿芯绝缘杆表面放电引发整串电阻炸裂、电阻装配中的压紧弹簧失效等），一些 500kV 输电线路在技改过程中已逐步取消了合闸电阻。但这需要根据线路的实际情况和过电压计算结果来决定。为确保合闸电阻的正常运行，需要定期进行维护和检查，包括检查电阻片的外观、测量电阻值、测试预投入时间等。此外，在合闸操作后，还应对录波文件中的电压、电流暂态波形进行反演分析，以发现潜在的电阻及运动传动系统缺陷。

2.3.3　隔离开关

500kV 隔离开关作为电力系统中重要的电气设备，具有以下几个显著特点：

（1）高电压等级。500kV 隔离开关设计用于高压电力系统，能够承受高达 500kV 的电压，确保在高压环境下的稳定运行。

（2）无灭弧能力。与断路器不同，隔离开关没有专门的灭弧装置。因此，它不能用于带负荷分、合操作，只能在无电流或极小电流的情况下进行开关操作。

（3）明显的断开点。隔离开关在分闸后，触头间会形成明显的断开点，这有助于直观地判断设备是否已经与电源隔离，确保检修工作的安全进行。如图 2.10 所示，当断路器 QF 需要进行检修时，可先将它断开，然后将隔离开关 QS1 和 QS5 分开，这样断路器 QF 就与电网隔离，可以进行检修。有时为了更加安全，隔离开关上还可附装一接地装置（接地隔离开关）QSe（如图 2.10 中的虚线所示）。在隔离开关开断以后，接地装置 QSe 立即将和被检修设备连接的一个触头接地。

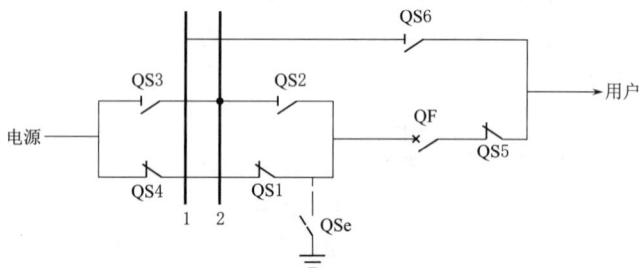

图 2.10　隔离开关的连接线路

（4）换接作用。所谓换接作用主要指换接线路或母线。如图 2.10 所示的线路，当需要将负荷由母线 1 转移到母线 2 上时，可不用开断断路器 QF，只需先将隔离开关 QS2 和 QS3 闭合，再将隔离开关 QS1 和 QS4 分开即可。当需要检修断路器 QF 时，可先将 QS6 闭合，然后分开隔离开关 QS1 和 QS5。这样，就可无需中断供电而将断路器与带电的电网隔离。同样，在断路器 QF 检修后，也可无需停电而将它投入电网运行。

（5）结构简单但可靠性高。500kV 隔离开关的结构相对简单，但由于其使用量大且工作可靠性要求高，对变电所和电厂的设计、建立与安全运行具有重要影响。因此，在设计和制造过程中需要特别注重其可靠性和稳定性。

（6）配合断路器使用。在电力系统中，隔离开关通常与断路器配合使用。断路器负责切断和接通电流，而隔离开关则用于隔离和检修。两者相互配合，共同确保电力系统的安全、稳定运行。

（7）户外型设计。500kV 隔离开关通常采用户外型设计，能够适应各种恶劣的户外环境。例如，它能够承受风、雨、雪、污秽、凝露、冰及浓霜等自然因素的影响，确保在户外环境下的稳定运行。

由于在输变电设备中高压隔离开关需用量大，电压等级高，品种也越来越繁杂。因此合理选择其结构型式，对电厂、变电站的建设和发展具有巨大的技术经济性，应综合分析高压隔离开关技术参数和经济指标两个方面。我国对高压隔离开关的发展主要表现在向高电压、大容量化、机械设计的可靠性、小型化发展，同时电气参数、机械参数上的配合逐步默契。

2.3.4　SF$_6$ 全封闭组合电器 GIS

500kV GIS，即 500kV 气体绝缘金属封闭开关设备（Gas insulated metal-enclosed switchgear），是一种高压电气设备，广泛应用于电力系统中，如图 2.11 所示。GIS 设备将断路器、隔离开关、接地开关、互感器（电流互感器和电压互感器）、避雷器和连接母线等控制和保护装置全部封装在接地的金属壳体内，壳内充以一定压力的 SF$_6$ 气体作为相间及对地的绝缘。这种设计使得 GIS 设备具有结构紧凑、运行可靠、检修周期长、封闭性能好等优点。

图 2.11　500kV GIS

500kV GIS 占地面积仅为常规变电站（AIS）的 5% 左右，这一特点在地皮昂贵的城镇和密集的负荷中心尤为重要。GIS 设备不受污染及雨、盐雾等大气环境因素的影响，特别适合于工业污染严重的地区和气候恶劣的高海拔地区，其一般以整体或若干单元组成，可大大缩短现场安装工期。GIS 设备中的导电部分被密封在接地金属壳内部，不易受到静电、磁场的干扰，且 SF$_6$ 气体属于惰性气体，不易发生火灾。GIS 设备使得运行可靠性被大大提升，同时检修周期也相对较长。在我国，63~500kV 电力系统中，GIS 的应用已相当广泛。

2.3.5　电流互感器和电压互感器

1. 电流互感器
500kV 电流互感器作为电力系统中重要的设备之一，用于额定电压为 500kV 的电力系统，由于工作在高电压环境下，500kV 电流互感器对绝缘性能有极高的要求，其内部绝缘和外部绝缘均需达到特定的电压耐受水平，以确保设备的安全运行，其一次绕组对二次绕组及地的短时工频耐受电压可达 680kV 或更高。

500kV 电流互感器能够承载大范围的额定一次电流，如 1250A、1500A、2000A 等，直至高达 5000A，以满足不同电力系统的需求。在短路情况下，相较于 220kV，500kV 电流互感器需能承受巨大的短路电流，其额定短时热电流可达 3s 50kA 或更高，额定动稳定电流可达 125kA 或更高。

在结构型式上，500kV 电流互感器主要有油浸式和 SF_6 气体绝缘式两种结构。SF_6 气体绝缘式电流互感器因其无油、无瓷、防爆炸、体积小、重量轻等优点，在 500kV 系统中应用越来越广泛。尽管 SF_6 气体绝缘式电流互感器在体积和重量上有所优化，但 500kV 电流互感器由于其高电压、大电流的特性，整体仍然较为庞大和沉重。某些 500kV 的电流互感器重量可达 2t 多，高度超过 6m。

500kV 电流互感器具有多种准确级，如 TPY、TPS、5P、10P、0.5、0.2 等，以满足不同的测量和保护需求。其二次绕组个数通常为 4～9 个，额定二次电流为 1A 或 5A，额定二次负荷根据准确级的不同而有所差异。电流互感器可传递信息给测量仪表或保护控制装置，使测量和保护设备与高压电力线路相隔离，有利于仪表和保护继电器的小型化、标准化。作为电力系统中的重要设备，500kV 电流互感器具有高度的可靠性，能够长期稳定运行，为电力系统的安全、经济运行提供有力保障。需要注意，电流互感器在运行中如果二次不接负荷，则必须可靠地短接，绝不许开路。因为二次开路时，二次没有电流，一次安匝全部用来励磁，铁芯高度饱和，磁通变为平顶波，二次感应电动势变成峰值很高的尖顶波，此时高峰值的电动势对人身和设备都将造成危害。

2. 电压互感器

500kV 电压互感器作为电力系统中的关键设备，其输出电压与输入电压之间的比率非常精确，通常为 0.1%～1%，能够准确反映电力系统的电压状况。

电压互感器的结构设计简单而坚固，能够承受高电压和大电流的冲击，确保长期稳定运行。500kV 电压互感器采用优异的介质及绝缘材料以及先进的真空浸渍工艺，使得其绝缘性能可靠，减少了因绝缘问题导致的故障。电压互感器的结构使其能够有效地隔离高电压和低电压之间的电路，从而保护人员和设备的安全。

部分产品如 500kV 电容式电压互感器（CVT），其密封性能可靠，正常运行时不需换油维护，降低了维护成本，通常配备适当的防雷装置，以保护其免受雷击的影响，进一步提升了设备的安全性。

电压互感器的一次、二次绕组之间有足够的绝缘，从而保证所有低压设备与电力线路的高电压相隔离。电力系统有不同的额定电压等级，通过电压互感器一次、二次绕组匝数的适当配置，可以将不同的一次电压变换成较低的标准电压值，一般是 100V 或 $100/\sqrt{3}$ V，这样可以减小仪表和继电器的尺寸，简化其规格，有利于仪表和继电器小型化、标准化。故电压互感器的作用有传递信息供给测量仪器、仪表或保护控制装置，使测量和保护设备与高电压相隔离等。

第3章

500kV变电站一次检修流程与关键技术介绍

3.1 变电一次设备标准化检修流程

1. 问题确认

（1）对设备缺陷进行初步确认，并确定检修人员和时间。

（2）检修人员必须具备相关的专业知识和技能，以便正确理解设备结构和工作原理。

2. 设备停电

在进行检修之前，需要对设备进行停机操作，确保设备停止运行，以避免在检修过程中发生意外。

3. 外观检查

（1）观察设备的外观是否有异常，检查连接点是否紧固。

（2）通过触摸和听觉感官检查设备是否有不正常的震动、噪声或热量散出。

4. 缺陷检查与修理

（1）对设备进行全面检查，找出缺陷点。

（2）根据缺陷点进行修理操作，确保修理过程符合设备的使用说明和检修手册。

5. 零部件更换

（1）对于老化、磨损或缺陷的部件，需要进行更换。

（2）根据设备的使用寿命和部件的工作状况来判断是否需要更换，并选择适当的零部件进行更换。

6. 清洁与润滑

（1）定期清洁设备并在需要时进行润滑，以确保设备正常运行和提高其寿命。

（2）清洁和润滑可以去除附着物和杂质，并减少摩擦和磨损。

7. 调整与校准

（1）对于需要精确工作的设备，如仪器仪表，需要进行调整和校准，以确保其准确性和稳定性。

（2）使用专门的工具和设备进行调整和校准。

8．线缆和电源维护

（1）定期检查设备的线缆和电源接口，确保其连接牢固和电源正常供应。

（2）如果发现任何损坏或异常，应及时修复或更换。

9．温度与湿度控制

对于某些特殊设备，如电子设备或精密机械设备，需要进行温度和湿度控制。

10．设备调试与复运

（1）对修理后的设备进行调试和测试，确保其正常运行。

（2）调试完成后，将设备重新投入运行。

具体的设备检修方法可能因设备类型、缺陷情况、工作环境等因素而有所不同。因此，在进行设备检修前，需对检修设备及场地做好勘察。由于500kV变电站及设备自身的差异点，500kV变电一次检修有其常用的检修方法，以下逐一阐述。

3.2　带电检测技术

3.2.1　特高频带电检测技术

特高频带电检测技术是一种用于局部放电检测的高频技术，其检测范围通常在300MHz～3GHz区间内。这种技术具有穿过较厚绝缘材料的能力，因此特别适用于大型设备的检测，如图3.1所示。

当电力设备中的绝缘体发生局部放电时，会产生陡峭的脉冲电流，并激发出特高频电磁波。特高频带电检测技术正是通过特高频传感器对这些特高频电磁波信号进行检测，从而获取局部放电的相关信息。根据信号的频谱、幅值和相位等特征参数，可以对设备的局部放电情况进行判断。

特高频带电检测技术在应用时，可以采用内置式或外置式特高频传感器，根据现场设备情况灵活选择。由于现场的电晕干扰主要集中在300MHz频段以下，特高频带电检测技术能有效地避开这些干扰，因此具有较高的灵敏度和抗干扰能力。此外，该技术还可以实现局部放电的带电检测、定位以及缺陷类型识别等功能。特高频带电检测技术的优点包括高灵敏度、快速响应和低成本等，它广泛应用于电力系统设备的带电检测中，特别是在对GIS设备进行带电检测时，能够快速发现设备的局部放电缺陷，保障电力系统的稳定运行。

3.2.2　超声波带电检测技术

超声波带电检测技术是一种利用超声波传播特性来检测电气设备中局部放电缺陷的高科技手段，如图3.2所示。当电气设备中发生局部放电时，会产生超声波信号，这些信号通过绝缘介质传播，并在传感器的接收面上产生相应的电信号。通过分析这些电信号的特征，可以确定局部放电的位置、类型和严重程度等信息。超声波带电检测技术主要分为两类：一是利用超声波在空气、固体和液体中的传播特性，通过声波反射、折射和衍射等现象实现局部放电的检测；二是利用超声波在电缆、变压器等设备中传播时的衰减和相速变化等现象实现局部放电的检测。

图 3.1　特高频带电检测

图 3.2　超声波带电检测

超声波带电检测技术主要应用于高压、超高压电气设备的带电检测中，包括变压器、GIS、电缆、断路器等设备。在这些设备的局部放电缺陷检测中，超声波带电检测技术具有以下优势：

（1）高灵敏度。超声波带电检测技术具有很高的灵敏度，可以检测到微小的局部放电信号，避免因局部放电导致的设备损坏。

（2）快速响应。超声波带电检测技术可以实时监测电气设备的局部放电情况，及时发现缺陷并进行处理。

（3）高精度定位。超声波带电检测技术可以实现对局部放电位置的精确定位，有助于缺陷的及时发现和处理。

（4）安全可靠。超声波带电检测技术可以在设备带电的情况下进行局部放电检测，避免了设备停电所带来的经济损失和安全风险。

超声波带电检测技术作为一种先进的局部放电检测手段，具有很高的检测灵敏度和定位准确性，在电力系统中得到了广泛应用。未来，随着科技的不断进步和发展，超声波带电检测技术将会更加智能化、多功能化、高精度化和网络化，为电力系统的安全可靠运行提供更加有力的保障。

3.2.3　油色谱带电检测技术

油色谱带电检测技术是一种基于油色谱分析法的带电检测技术，通过对绝缘油中的溶解气体进行分析，可以及时发现和诊断电气设备中的潜伏性缺陷。在电气设备中，当绝缘材料受到电应力作用时，会产生局部过热和电弧等现象，导致绝缘材料分解产生一些特征气体，如氢气、甲烷、乙烷、乙烯、乙炔等。这些气体在绝缘油中的溶解度不同，通过色谱分析技术可以将它们分离出来，并测定其在绝缘油中的含量和比例，从而判断电气设备是否存在潜伏性缺陷。

油色谱带电检测技术主要应用于高压、超高压电气设备的带电检测中，包括变压器、

图 3.3　变压器油色谱
在线监测系统

GIS、电缆、断路器等设备。在这些设备的潜伏性缺陷检测中，油色谱带电检测技术具有以下优势：油色谱带电检测技术可以检测到微小的气体含量变化，避免因潜伏性缺陷导致的设备损坏；油色谱带电检测技术可以实时监测电气设备的潜伏性缺陷情况，及时发现缺陷并进行处理；油色谱带电检测技术可以实现对潜伏性缺陷位置的精确定位，有助于缺陷的及时发现和处理；油色谱带电检测技术可以在设备带电的情况下进行潜伏性缺陷检测，避免了设备停电所带来的经济损失和安全风险。

变压器油色谱在线监测系统如图 3.3 所示。

油色谱带电检测技术作为一种先进的潜伏性缺陷检测手段，具有很高的检测灵敏度和定位准确性，在电力系统中得到了广泛应用。未来，随着科技的不断进步和发展，油色谱带电检测技术将会更加智能化、多功能化、高精度化和网络化，为电力系统的安全可靠运行提供更加有力的保障。

3.3　变电带电检修技术

变电带电检修也称为带电作业，是一种在电力系统中对运行中的变电设备进行检修的技术，其主要目的是在不停电的情况下，对设备进行维护、测试、更换等操作，以消除缺陷、排除缺陷，保障电力系统的安全稳定运行。变电带电检修技术具有很高的实用性和经济性，它可以避免因设备停电检修而造成的电力供应中断，减少停电损失，提高电力系统的可靠性和经济效益。同时，也要求检修人员具备较高的技术水平和丰富的实践经验，以确保工作的质量和安全。

在变电带电检修过程中，检修人员会采取各种安全防护措施，并使用专门的带电作业工具，以确保工作的安全进行。带电检修的内容通常包括设备的清扫、测试、检修和更换等，旨在发现并及时处理设备在运行过程中可能出现的各种问题。在进行变电带电检修时，通常会遵循一定的工作流程，包括设备信息收集、状态检测与分类、检修方案制订、实际操作等步骤。同时，也会使用一些先进的技术手段，如声学成像检测、红外测温、紫外成像检测等，以提高检修的准确性和效率。

3.3.1　带电水冲洗

带电水冲洗是一种特殊的清洗方法，主要应用于高压设备正常运行时的电气设备绝缘部分的清洁工作。在高压设备不停电的情况下，使用电阻率不低于一定标准的水，并通过专门的泵水机械装置，以一定的水压和安全距离对污秽的电气设备绝缘部分进行冲洗，如图 3.4 所示。这种方法能够有效地清除瓷质绝缘表面的污秽，保持设备的清洁，从而防止因绝缘子脏污而发生的闪络事故，确保电力系统的安全稳定运行。

图 3.4 带电水冲洗

带电水冲洗一般应在良好天气时进行，且操作前需进行一系列准备工作，如计算设备的爬电比距、测量水电阻率和盐密值等，以确保冲洗的安全性和有效性。同时，冲洗过程中也需要注意一些安全事项，如调整好水泵水压、防止灰尘等杂质进入冲洗用水等。

近年来，带电水冲洗技术得到了不断的创新与发展，如研发出车载式带电水冲洗设备系统等，进一步提高了带电水冲洗的便捷性和效率。

3.3.2 带电检修升降平台

带电检修升降平台是一种专用设备，主要用于电力线路维护和安装，如图 3.5 所示。在带电环境中，它能够有效提高电力工人的安全性，保障他们在高处作业时的安全。这种平台通常具备绝缘特性，以防止电流对工人造成危害。

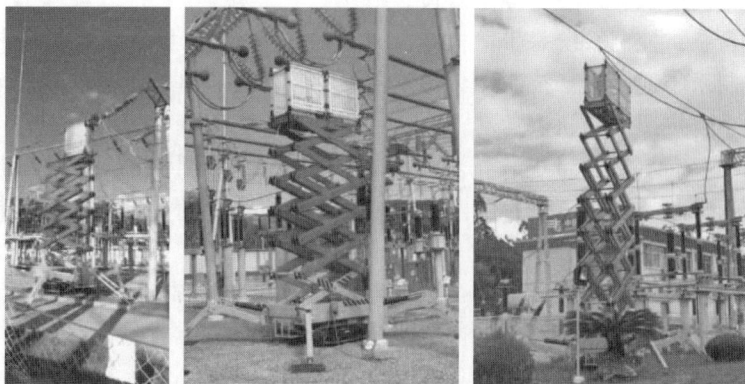

图 3.5 带电检修升降平台

带电检修升降平台的工作原理可能基于液压或电动执行机构。液压升降平台主要由油缸、液压泵站、控制阀等组成，通过液压油的流动来实现升降运动；而电动升降平台则是通过电动机驱动蜗轮蜗杆副或链条传动装置，实现升降运动。控制系统通常由控制器、传感器、电气元件等组成，用于控制升降平台的运行，确保精准和安全。

3.3.3　带电检修机械手

带电检修机械手是一种专门用于带电检修的设备。它通过机械手臂的运动，帮助工人安全、高效地完成带电检修作业，如图 3.6 所示。

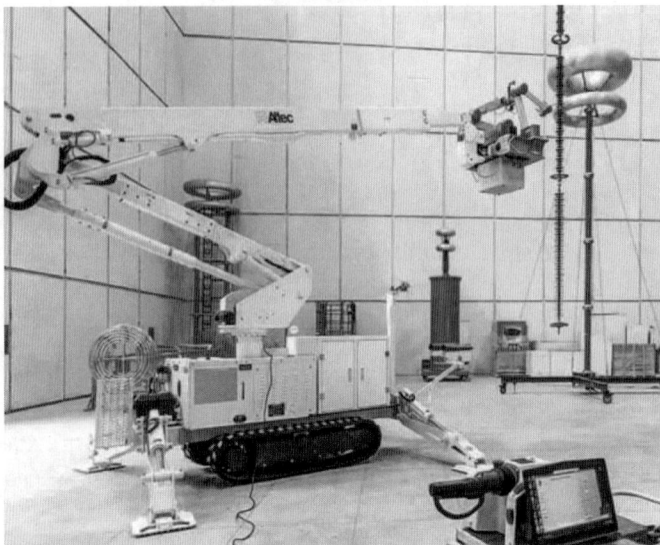

图 3.6　带电检修机械手

带电检修机械手通常由以下几个部分组成：

（1）机械手臂。机械手臂是带电检修机械手的核心部件，它能够模拟人的手臂动作，实现对带电设备的精准操作。机械手臂通常由多个关节组成，每个关节都可以进行灵活的运动，以适应不同形状和位置的隔离开关。

（2）控制系统。控制系统是带电检修机械手的"大脑"，负责接收指令并控制机械手臂的运动。控制系统通常包括控制器、传感器、执行器等部件，能够实现精确的控制和反馈，确保机械手臂按照预定轨迹运动。

（3）电源和驱动系统。带电检修机械手需要电力驱动，因此需要配备电源和驱动系统。驱动系统通常包括电机、减速器、链条或皮带等部件，将电能转化为机械能，驱动机械手臂运动。

（4）安全保护装置。为了确保安全，带电检修机械手通常配备有多种安全保护装置，如过载保护、短路保护、急停开关等。这些装置能够在发生异常情况时迅速切断电源或停止机械手臂的运动，以保障人员和设备的安全。

带电检修机械手的工作原理是，操作人员通过控制系统发送指令，控制机械手臂按照预定轨迹运动到指定位置，完成对带电设备的检修作业。由于机械手臂可以模拟人的手臂动作，因此可以实现对各种形状和位置的带电设备进行精准操作。同时，由于采用了电气隔离技术，操作人员可以在不接触带电部分的情况下进行检修作业，大大提高了安全性。

500kV变电站一次典型缺陷处理案例

第4章

4.1 断路器异常缺陷案例

4.1.1 SF_6 气体泄漏缺陷

【案例4.1】 断路器极柱漏气

1. 缺陷情况

某 110kV 断路器 SF_6 低气压告警补气后，不久又下降到 0.48MPa，怀疑此断路器存在 SF_6 泄漏问题，检修人员用红外检漏装置对断路器进行 SF_6 检漏，发现断路器 C 相极柱最上方法兰面存在泄漏现象，如图 4.1 所示。

2. 处理过程

将该断路器改检修，先用肥皂泡法再次确认漏气部位，如图 4.2 所示。

然后将断路器内 SF_6 气体回收，打开断路器极柱顶部盖板，密封圈表面呈现脏污状，已被腐蚀。清理密封圈放置槽并擦拭干净后，在槽内涂上一层密封脂，放上新的密封圈，在密封圈上再涂抹一层密封脂，并更换内部干燥剂，随后盖上新的顶部盖板，如图 4.3 所示，并使用力矩扳手将其紧固。

图 4.1 红外检漏仪图像

3. 原因分析

SF_6 气体泄漏直接原因为断路器极柱顶部盖板密封圈老化、密封不良。盖板下方有两层密封圈共用一个凹槽，如图 4.4 所示，内、外层密封圈与盖板压紧位置均出现明显脏污，说明外层密封圈已完全失去密封能力，内层密封圈密封性能也不足。

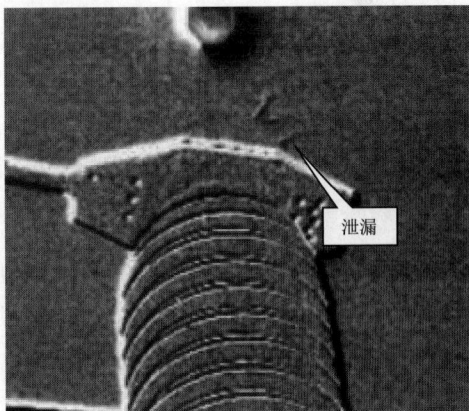

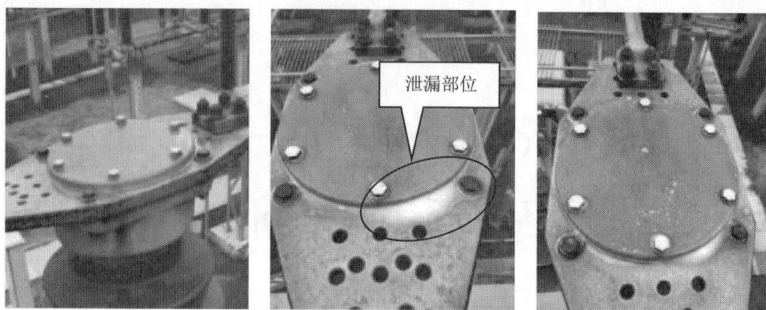

图 4.2 极柱顶部漏气

图 4.3 更换密封圈、干燥剂后盖上新盖板

【案例 4.2】 断路器压力表（密度继电器）漏气

1. 缺陷情况

某断路器 SF_6 额定气压 0.7MPa（该气压指绝对压力，下同），报警气压 0.62MPa，闭锁气压 0.60MPa。某日断路器报 SF_6 低气压告警，现场检查 SF_6 密度继电器显示压力约 0.61MPa（图 4.5），但数分钟后再次观察密度继电器读数，发现压力变为 0.64MPa，告警值信号复归，当时现场环境温度约为 20℃，用精密压力表校验气压为 0.64MPa，与第二次观察表记的压力相符，虽未达到报警值，但仍然偏低。

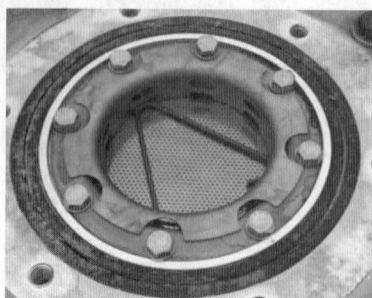

图 4.4 密封圈表面呈现脏污状

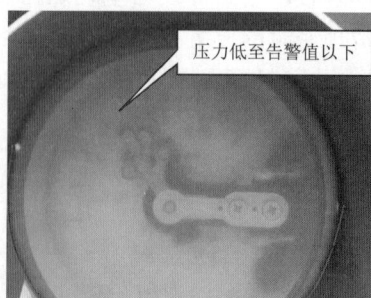

图 4.5 密度继电器压力偏低至 0.62MPa 以下

2. 处理过程

由于断路器压力仍然偏低，现场利用红外检漏仪进行了检查，发现断路器 C 相密度继电器存在明显的漏气，如图 4.6 所示。

检修人员同时检查 A、B 相的压力及气体泄漏情况，发现 B 相虽然气压正常（0.7MPa），但也存在十分轻微的漏气。因此判断断路器 C 相密度继电器漏气导致 C 相 SF_6 气压偏低引起告警。B 相气压虽然合格，但密度继电器处也有轻微渗漏，若任其发展，B 相压力也将会降低。

由于彻底处理漏气需要更换密度继电器，更换密度继电器需要结合停电进行，而轻微漏气不影响设备正常运行，因此设备可继续运行，但需加强监视。

3. 原因分析

密度继电器指示不准确的原因，考虑为在阳光照射或其他因素的影响下密度继电器温度补偿出现异常，导致测量不准确。

断路器投运时间较长，并且密度继电器运行于户外，有机玻璃老化模糊、难以观察，如图 4.7 所示，内部元器件、密封圈也必然存在一定程度的老化，导致表计漏气，引起断路器 SF_6 压力偏低。

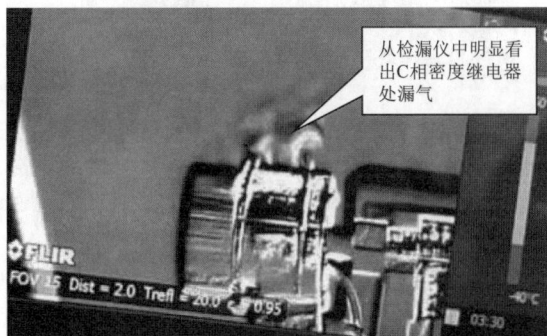

从检漏仪中明显看出C相密度继电器处漏气

图 4.6　密度继电器检漏

图 4.7　变电站运行时间长的密度继电器

【案例 4.3】　断路器接头漏气

1. 缺陷情况

某日，运维人员巡视时发现××变××断路器压力偏低，压力 0.58MPa（额定 0.64MPa，告警 0.54MPa），如图 4.8 所示。检修人员到现场带电对该设备进行了补气及检漏，发现 B 相极柱底部气体管道接口有漏气。

2. 处理过程

用红外成像仪、肥皂泡法等手段，发现该断路器 B 相极柱底部气路接口有漏气，如图 4.9 所示。

图 4.10 和图 4.11 为接头结构和接头部位构

图 4.8　压力低至 0.58MPa

造图。从图中可以看到，极柱底端接头结构较为复杂，由极柱底部接头、中间接头、接头铜套、气管接头组成，该接头部位有两个密封圈，每个密封圈发生问题均会导致该接头漏气。而根据现场的情况看来，密封圈都存在不同程度的损伤，严重的已经完全失去作用，如图 4.12 所示。因此密封圈损坏是导致接口漏气的主要原因。现场将所有密封圈全部更换，检漏无渗漏。

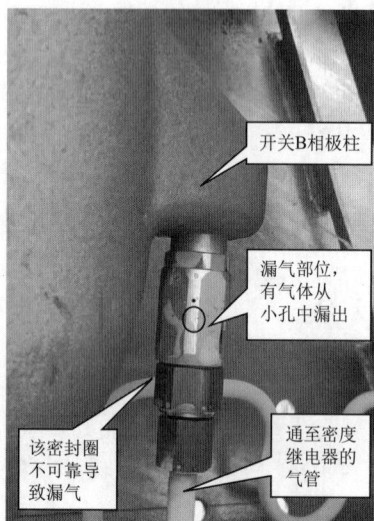

图 4.9 漏气部位检查情况

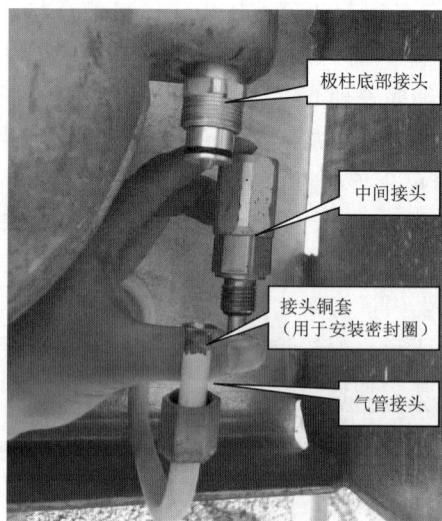

图 4.10 接头结构

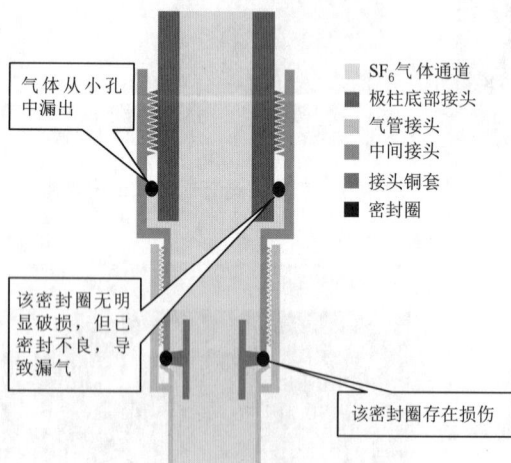

图 4.11 接头部位构造图（剖面图）

图 4.12 铜套上的密封圈破损状态

3. 原因分析

根据图 4.13 可以看出，密封圈的一侧与 SF_6 气体接触，不易老化，而另一侧与空气直接接触，受温湿度、环境等的等影响较大，表面容易发生老化，即使看上去外观正常，密封圈实质已经发生了劣化。因此若密封圈保持不动的状态，仍不易发生渗漏，但若密封圈经过上下滑动、压缩等变化，易受到损坏，该密封圈将不能起到可靠的密封效果，易发生渗漏。

　　某其他型号开关极柱底端接头采用更加简单的构造。接头没有中间接头、接头铜套等复杂部件，并使用了 3 个密封圈，并且，只有当 3 个密封圈同时发生渗漏的情况下，接头才会漏气，可靠性好，如图 4.14 所示。因此，在发生接头漏气的情况下，也可考虑更换可靠性更佳的接头结构。

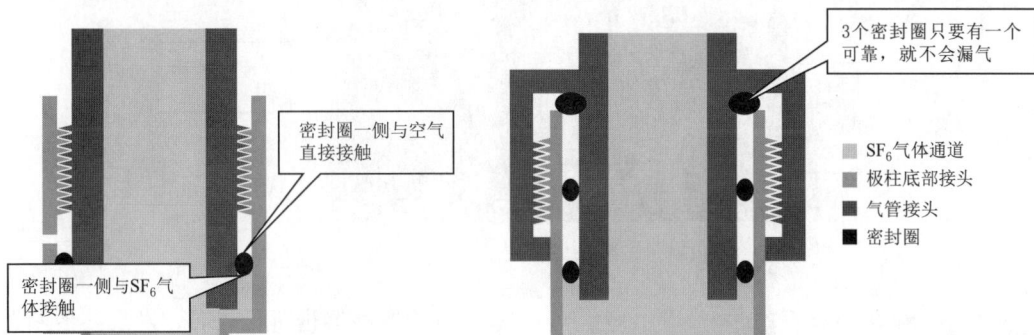

图 4.13　密封圈密封不良原因分析　　　图 4.14　可靠性较好的接头结构设计（剖面图）

4.1.2　断路器接线柱过热缺陷

【案例 4.4】　螺栓未紧固过热

1. 缺陷情况

红外测温发现某断路器接头过热，如图 4.15 所示。

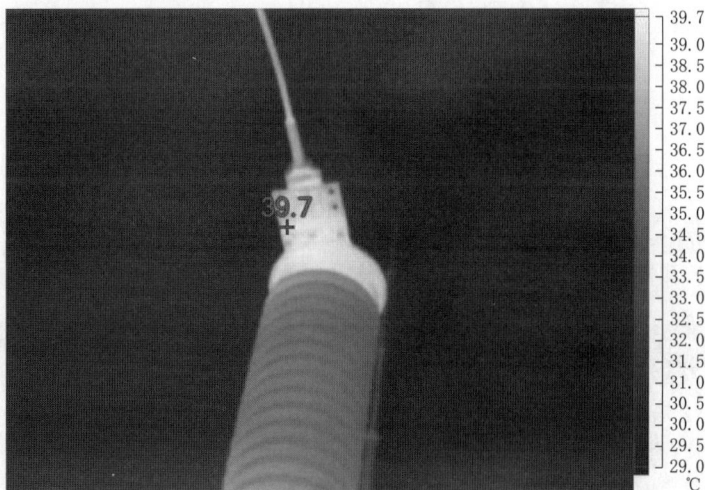

图 4.15　接线板过热红外测温图

2. 处理过程

　　检修人员对过热部位的接触电阻进行了测量，发现过热部位接触面电阻高达 $400\mu\Omega$，严重超过正常值（$20\mu\Omega$），在打开接触面处理的过程中，检修人员发现接触面的螺栓并未紧固到位，如图 4.16 所示。

图 4.16 过热接触面以及未紧固螺栓位置

图 4.17 断路器未紧固螺栓

在对其他断路器进行检查时,发现其他断路器的接线板接触面也存在螺栓不紧固的现象,如三颗螺栓只紧固了一颗,A相三颗螺栓都未紧固,可用手简单松开,如图 4.17 所示。

3. 原因分析

该缺陷案例主要原因为基建单位在进行安装时未对该部位的螺栓进行紧固,未紧固的接线板属于出厂时自带的部件,到现场后基建单位和厂家未再次仔细检查紧固螺栓,导致断路器存在多处螺栓未紧固造成过热。

【案例 4.5】 接触面不良过热

1. 缺陷情况

某断路器接头过热,处理前对其测量了接头的电阻,见表 4.1。

将接触面打开,发现接触面导电膏涂抹不均匀,并且存在毛刺,影响了接触面的导电能力,如图 4.18 和图 4.19 所示。

图 4.18 接触面导电膏不均匀

图 4.19 接触面毛刺

2. 处理过程

现场对接触面进行了处理，除去毛刺，重新涂抹导电膏，并涂抹均匀。将接头装回后测量接触面电阻 $8.7\mu\Omega$，阻值合格。接触面处理后如图 4.20 所示，处理后接触电阻见表 4.2。

3. 原因分析

这种过热比较常见，多是由于导电接头处理工艺不到位引起的，应加强对接头接触面处理工艺的要求，最大限度减少此类缺陷的发生。

图 4.20　接触面处理后

表 4.1	处理前接触电阻	单位：$\mu\Omega$
A 相	B 相	C 相
1627	44.9	916

表 4.2	处理后接触电阻	单位：$\mu\Omega$
A 相	B 相	C 相
8.7	8.8	7.7

4.1.3　断路器机构异常缺陷

【案例 4.6】　传动连杆断裂

1. 缺陷情况

××变××断路器动作后无电流，经检查发现断路器传动连杆断裂，如图 4.21 所示。

图 4.21　传动连杆断裂

2. 处理过程

更换传动连杆，进行机械特性试验，测得各项数据合格后方可投运。

3. 原因分析

该断路器主连杆存在材质缺陷，强度达不到要求，在断路器分合 84 次后即发生断裂。该问题为该型号断路器通病，后期已经进行了改进，一是采用双连杆进行传动，二是加强了传动连杆的强度。

【案例 4.7】　储能异常缺陷

1. 缺陷情况

某断路器现场检查已储能，但后台仍然发未储能信号，经过检查为储能微动开关动作不正确，导致误发未储能信号，如图 4.22 所示。

2. 处理过程

现场检查发现储能微动开关切换不可靠，更换微动开关后，更换微动开关后信号指示正确，多次操作后均指示正确。

3. 原因分析

断路器机构内各元器件随着运行时间的增加，不可避免地会产生老化，可靠性降低。

【案例 4.8】　机构受潮缺陷

1. 缺陷情况

阴雨天气，某运行中的断路器发控制回路断线信号。

2. 处理过程

在机构箱内发现断路器辅助开关上有一副常开节点生锈较为严重（图 4.23），测得其两端对地电压分别为 $-56V$ 和 $+29V$（正常的常开接点电压应该相同）。将 137、139 引线接到由一副接触良好的常开节点引出的端子上，更换后，监控后台显示断路器控制回路断线复归。

图 4.22　切换不可靠的微动开关

检修人员再次检查断路器机构箱，发现机构箱内存在一些受潮痕迹（图 4.24），无较严重的进水或凝露现象，且机构箱电缆穿孔封堵良好，加热器工作正常，机构箱门密封外观完好。

图 4.23　断路器辅助开关上节点锈蚀痕迹

图 4.24　机构箱内受潮霉变痕迹

3. 原因分析

该问题说明了断路器机构箱内受潮凝露对断路器的危害，受潮凝露将会影响断路器机构内元件的正常工作，从而影响继电保护装置工作，此时若发生接地缺陷，缺陷部位将不能够及时切除，扩大停电范围。

【案例 4.9】　液压机构渗油缺陷

1. 缺陷情况

某断路器液压机构漏油，现场检查为油泵漏油（图 4.25），液压机构高压油侧密封良好，机构油压正常。

2. 处理过程

如图 4.26 所示，拆开油泵检查密封中间密封圈，密封圈有老化现象，泵体安装密封圈的凹槽及平面处完好，在凹槽及平面处均留有密封圈残留物，取出密封圈观察两侧密封圈表面较毛糙，分析是密封圈老化，密封不良，引起漏油。

图 4.25　断路器油泵泵体中间密封处漏油

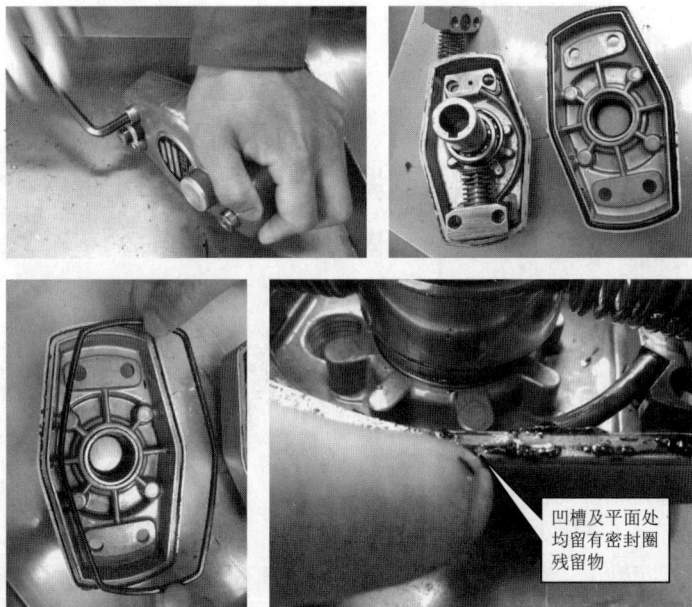

图 4.26　油泵解体

3. 原因分析

油泵是 1998 年出厂，年份已久，对同期产品加强检查，断路器维保项目里有检查油泵有无漏油，如无漏油，不会更换泵体内部的密封圈。鉴于以上情况，建议必要时定期更换油泵。

【案例 4.10】　断路器不能脱扣

1. 缺陷情况

某变电站某断路器不能分闸。检修人员进行手动分闸处理，在推动分闸铁芯时，如图 4.27 所示，断路器不能脱扣；检查储能回路，发现储能电机空转，不能储能。

图 4.27　分闸铁芯

2. 处理过程

该断路器投运 2 年，判定缺陷原因是机构合闸不到位，处理方式是逆时针敲击拉杆，使转动到合闸位置。

图 4.28 所示为合闸不到位时的拉杆位置，图 4.29 为合闸到位时的拉杆位置。

拉杆转动到合闸位置后，手动分闸成功。随后，将断路器状态改至冷备用进行后续调整。现场分别调整了合闸弹簧压缩量及凸轮与拐臂间隙，如图 4.30 和图 4.31 所示。

机构输出杆伸长，凸轮和拐臂的间隙增大，反之间隙减小，间隙要求（1.5±0.2）mm。上述调整，并更换烧毁的分闸线圈后，机构分合闸正常，低电压试验合格。

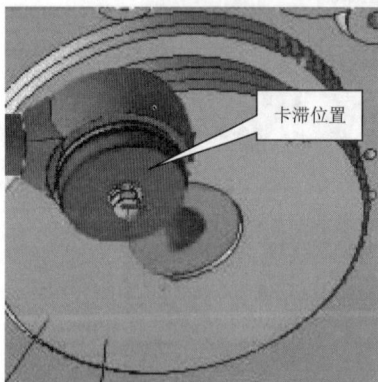

图 4.28　合闸不到位时的拉杆位置

图 4.29　合闸到位的拉杆位置

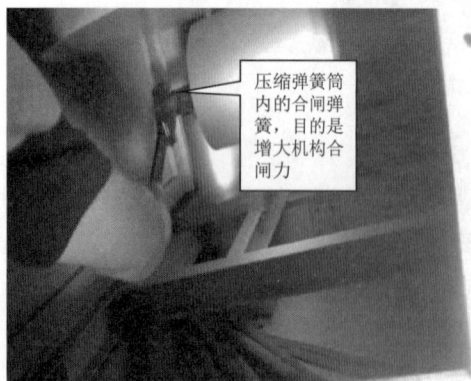

图 4.30　调整合闸弹簧压缩量

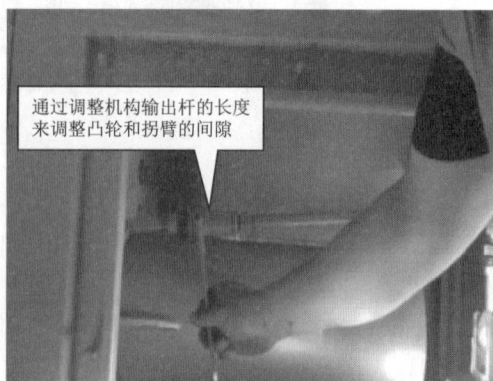

图 4.31　调整凸轮与拐臂间隙

3. 原因分析

(1) 合闸弹簧压缩量偏小，合闸力不足。

(2) 机构合闸凸轮与拐臂间隙偏小，调整间隙至（1.5±0.2）mm。

【案例 4.11】 SF$_6$ 低气压告警，实际压力正常

1. 缺陷情况

某变电站多台断路器在下雨后发生 SF$_6$ 低气压告警。

2. 处理过程

现场检查机构箱内干燥，压力正常；但密度继电器雨后存在凝露现象，密度继电器接点处于断开状态。控制回路示意图如图 4.32 所示。

3. 原因分析

(1) 密度继电器动作正常；但是由于凝露造成节点绝缘下降（正常为兆欧级，凝露后为 $100 \sim 500$kΩ），而发生 SF$_6$ 低气压告警。

(2) 密度继电器采用小型微动开关，接点间隙小，微量水汽造成绝缘下降。

图 4.32　控制回路示意图

(3) 保护装置光耦取样电阻太大或者取样电压太低造成误告警。

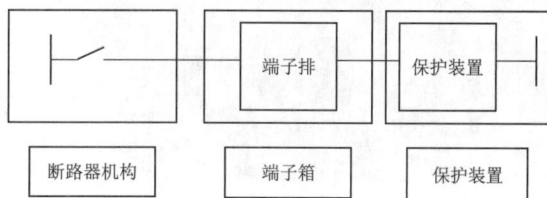

4.2　隔离开关异常缺陷案例

4.2.1　接触不可靠缺陷

【案例 4.12】 动、静触头接触不良过热

1. 缺陷情况

某副母隔离开关运行中存在过热缺陷，在对其进行检修的过程中，发现动触头和静触头接触面存在多处烧伤痕迹，如图 4.33 所示。

图 4.33　动、静触头烧伤痕迹

2. 处理过程

作业人员手动进行分合闸发现动静触头接触面烧伤位置存在空隙，推测可能是由于夹紧力不足（厂家规程夹紧力最低为400N），使动静触头接触面存在缝隙，进而引起拉弧。动、静触头夹紧力测试如图4.34所示。

仔细检查后，检修人员发现隔离开关的烧伤位置处于左右斜对面位置，进一步检查发现隔离开关合闸位置下静触头存在位置偏移，如图4.35所示。

图4.34 动、静触头夹紧力测试

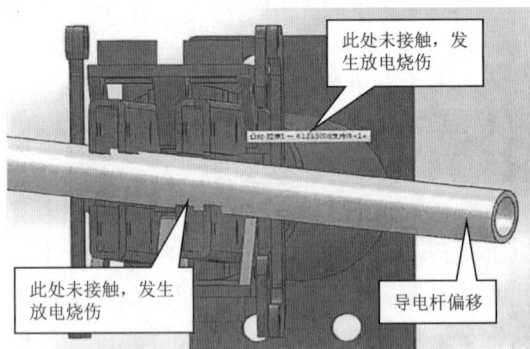

图4.35 隔离开关合闸位置偏移

现场更换了动、静触头，对偏移的隔离开关进行了调试并重新做了夹紧力测试及回路电阻测试，均合格。

3. 原因分析

隔离开关合闸位置动、静触头偏移、动触头夹紧力不够导致动、静触头间存在间隙，导致持续放电，使动、静触头烧伤。

【案例4.13】 材质不合格导致过热

1. 缺陷情况

某GW4型隔离开关运行中发现刀口过热缺陷。

2. 处理过程

停电检修对隔离开关进行清洗后发现隔离开关触头镀银层磨损严重，如图4.36所示，造成动、静触头接触不良，回路电阻过大。对该隔离开关动、静触头进行更换。

图4.36 隔离开关触头接触面镀银层磨损严重

3. 原因分析

触头材质、工艺不佳，造成多次操作后镀银层磨损严，动、静触头接触不良，造成运行中过热。

【案例 4.14】　螺栓松动、合闸不可靠缺陷

1. 缺陷情况

某副母隔离开关 B 相刀口过热，检查发现动触头内用于调整剪刀头张开幅度的螺栓松动。整个剪刀头松动，夹紧力不符合要求，如图 4.37 和图 4.38 所示。

图 4.37　剪刀头（动触头）松动，夹紧度不符合要求

明显可以看到此螺栓松动，弹簧垫未压紧

图 4.38　调整剪刀头（动触头）展开角度的螺母松动

此螺栓松动，会使动触头前端的剪刀头张开角度过大，从而导致隔离开关处于合位时动触头与静触头连接夹紧力不够，致使接触电阻异常增大，严重时会形成电弧放电，严重发热，损坏设备。若设备带缺陷长期运行，严重时甚至会引发引发停电事故，给社会和企业造成重大经济损失。

2. 处理过程

对刀口张开距离进行调整，使其符合厂家标准。

3. 原因分析

出现螺栓松动的原因，考虑在安装时没有对此螺栓进行足够的紧固，导致操作时的移动和振动使螺栓松动。

对于隔离开关来说，合闸到位的可靠性非常重要，因此在检修中要格外注意保持隔离开关合闸可靠性的几个位置，防止隔离开关因为合闸不可靠而引起过热。

【案例 4.15】　地基沉降造成合闸不到位缺陷

1. 缺陷情况

某副母隔离开关合闸不到位，如图 4.39 所示，发现基础有沉降，动、触头位置下沉，动、静触头之间距离增大，从而引起合闸不到位。

2. 处理过程

合闸不到位会给安全运行带来隐患，如静触头不能被夹在动触头底部，会减少合闸接触压力，增大合闸电阻，引起过热，严重时会烧毁触头；另外，合闸位置下导电臂未过死点，会使合闸保持不可靠，存在自行分闸的危险。

图 4.40 所示的合闸位置动触头明显下沉，静触头没有夹在动触头底部，而是夹在了动触头端部。

图 4.39 合闸不到位

图 4.40 动触头顶部与静触头距离过大

进一步检查发现地面有所沉降，导致隔离开关动触头高度不够，如图 4.41 所示。由于基础沉降难以复原，遂调整静触头，将静触头放低使动、静触头接触可靠。经调整静触头位置并对地面进行灌浆后后，合闸正常，如图 4.42 所示。

图 4.41 地面有明显沉降

图 4.42 调整静触头并对地面进行水泥灌浆

3. 原因分析

不管是隔离开关还是其他设备，设备的基础都是非常重要的，一个稳固的基础能够支持设备在投运后的几十年内平稳运行，而基础的问题又是非常容易被忽视的，因此需要提高对设备基础的重视，平时加强巡视，检修中加强检查。

4.2.2 传动机构缺陷

【案例 4.16】 连杆断裂缺陷

1. 缺陷情况

某隔离开关在操作过程中连杆万向节断裂，如图 4.43 所示。

图 4.43　万向节断裂

2. 处理过程

如图 4.44 和图 4.45 所示，对隔离开关动、静触头近距离观察及拆开防雨罩后发现，隔离开关动、静触头及内部传动辅件积灰非常严重，且触指弹簧存在不同程度锈蚀，触指弹簧锈蚀会使其弹性形变能力变弱，加上静触头传动辅件积灰造成的摩擦阻力，当动触头合闸进入静触头过程中需要更大的转动力矩克服转动阻力。

图 4.44　触头积灰严重

图 4.45　触头转动卡涩

3. 原因分析

由图 4.46 可知，假设隔离开关静触头帽因机械卡涩使动触头在合闸过程中多增加 1kg 力，则正母隔离开关水平传动轴需增加 12kg 力克服阻力才能正常分合闸。

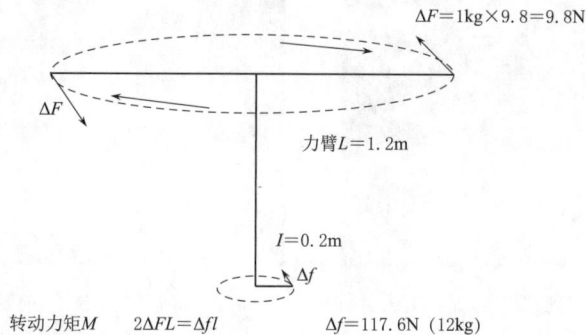

$$\Delta F = 1kg \times 9.8 = 9.8N$$

力臂 $L = 1.2m$

$l = 0.2m$

转动力矩 M　　$2\Delta FL = \Delta fl$　　$\Delta f = 117.6N$ (12kg)

图 4.46　触头转动受力分析

触头卡涩是才是造成连杆断裂的主因,因此在检修中应当透过现象看本质。只有发现问题的根节所在,才能更好地处理问题。

【案例 4.17】 机械闭锁失灵缺陷

1. 缺陷情况

××变隔离开关操作闭锁失效缺陷、线路接地隔离开关合闸操作后,监控及本地后台仍显示分位缺陷。

2. 处理过程

经过检查,隔离开关操作闭锁失效,主要是由于主刀与线路侧地刀机械闭锁板位置不正确,经过调整,主刀与线路侧地刀已能正常闭锁。

3. 原因分析

断路器线路侧接地开关操作机构箱内分合闸限位螺丝断裂,如图 4.47 和图 4.48 所示。

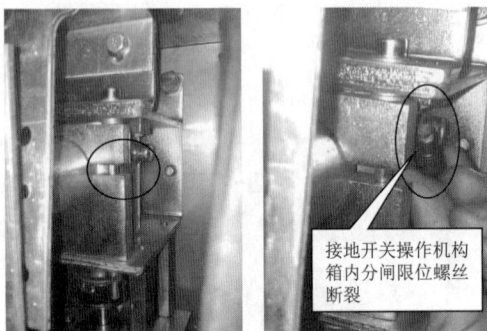

图 4.47 操作机构箱内分闸限位螺丝断裂

图 4.48 操作机构箱内断裂的分合闸限位螺丝

检修人员仔细检查,发现隔离开关操作手柄能 360°转动,隔离开关瓷瓶底座法兰的限位螺丝已安装,但是主刀合闸过死点后,还能继续往分闸方向转动,隔离开关瓷瓶底座法兰的限位螺丝起不到合闸限位的作用,如图 4.49 和图 4.50 所示。

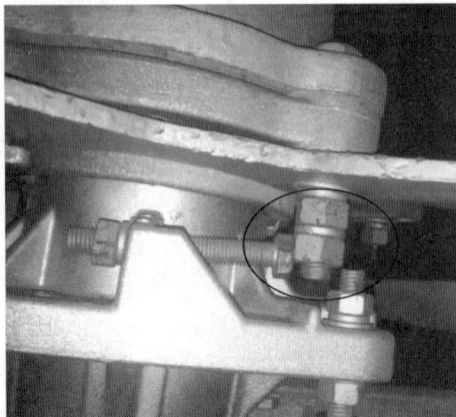

图 4.49 隔离开关合闸到位时瓷瓶底座法兰的限位螺丝已到位

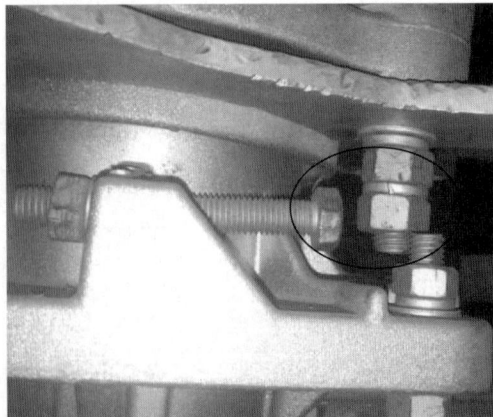

图 4.50 隔离开关合闸到位继续合闸时瓷瓶底座法兰的限位螺丝往分闸方向转动

【案例 4.18】　机械闭锁卡死缺陷

1. 缺陷情况

在某变电站检修过程中发现某副母隔离开关地刀闭锁存在卡死现象。

2. 处理过程

现场具体情况为检修人员在试验该隔离开关电动分合闸时发现，其合闸阻力特别大，合闸过程中电机发出异常响声，经检查为，隔离开关主刀与地刀间闭锁存在卡死现象，导致隔离开关难以顺畅合闸。

由图 4.51 可看出，隔离开关的闭锁杆过长，需进行调整处理。

如图 4.52 所示，拆下闭锁杆后发现，该闭锁杆长度是可调整的，但该闭锁杆长度已调节至最短，故无法通过调节长度来解决该问题。通过磨光机打磨闭锁杆两端来缩短闭锁杆长度，从而消除该缺陷。

主刀、地刀间闭锁杆与闭锁盘配合存在问题（闭锁杆过长）隔离开关合闸后，闭锁盘上留下闭锁杆磨过的痕迹

图 4.51　闭锁盘上的划痕

图 4.52　闭锁杆

3. 原因分析

安装工艺不佳，造成隔离开关主刀与地刀间闭锁存在卡死现象，导致隔离开关难以顺畅合闸。

【案例 4.19】　控制回路缺陷

1. 缺陷情况

某线路隔离开关无法电动操作。

2. 处理过程

如图 4.53～图 4.55 所示，检修人员到现场排查后，发现控制回路内的一副微动开关存在异常，该微动开关用于在隔离开关操作到位后断开控制回路，因此通常状态下为闭合接点，但本应接通的节点不通，将其拆下检查后，发现微动开关失去弹性，按下后无清脆的动作声，本应接通的常闭节点断开。

隔离开关操作到位后、机构内挡板压住微动开关，微动开关动作断开控制回路

微动开关　该微动开关用于在隔离开关操作到位后断开控制回路，因此通常状态下为闭合

图 4.53　微动开关在机构内的位置

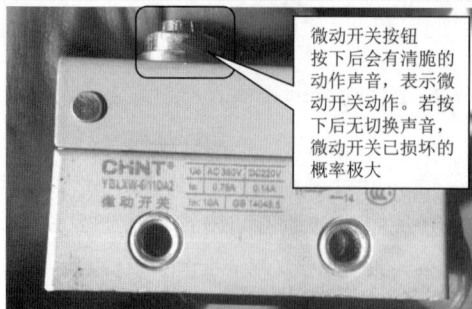

图 4.54 微动开关

图 4.55 微动开关内部弹簧片

3. 原因分析

回路内控制隔离开关分合位置的微动开关内簧片失去弹性。

【案例 4.20】 GW7 型隔离开关翻转机构不可靠导致合闸不到位

1. 缺陷情况

隔离开关合闸不到位。隔离开关合闸正常位置与异常位置对比如图 4.56 所示。

（a）正常 （b）异常

图 4.56 隔离开关合闸正常位置与异常位置对比图

2. 处理过程

（1）更换复位弹簧。

（2）更改双引弧方式为单引弧方式。

整改前后比较如图 4.57 所示。

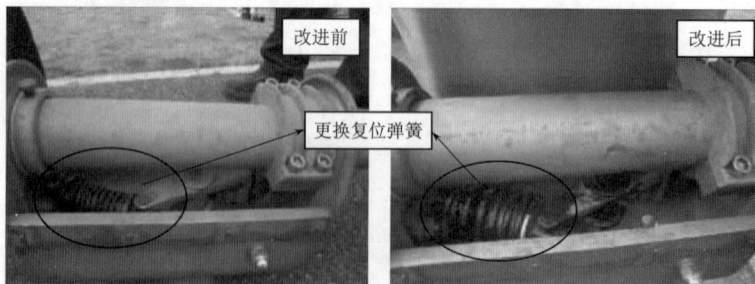

（a）更换复位弹簧前后

图 4.57（一） 整改前后比较图

（b）更改引弧方式前后

图 4.57（二） 整改前后比较图

3. 原因分析

隔离开关导电杆翻转机构（拔叉装置）翻转力矩偏小，这是主要原因。随着运行时间的延长，拔叉装置弹簧受力疲劳，加之启动力矩偏小，隔离开关主触头与静触头在合闸过程中，隔离开关主触头与静触头的引弧触头摩擦力增大，一减一增导致隔离开关主触头与静触头的引弧触头碰撞时拔叉装置提前动作开始翻转，导致合闸不到位。

【案例 4.21】　某变电站#2 主变 220kV 副母隔离开关无法操作

1. 缺陷情况

（1）问题一：隔离开关操作机构主刀与地刀之间闭锁连杆抱箍过紧，如图 4.58 所示，导致固定闭锁连杆的管子变形，中间的闭锁连杆不能正常活动，存在卡死现象。

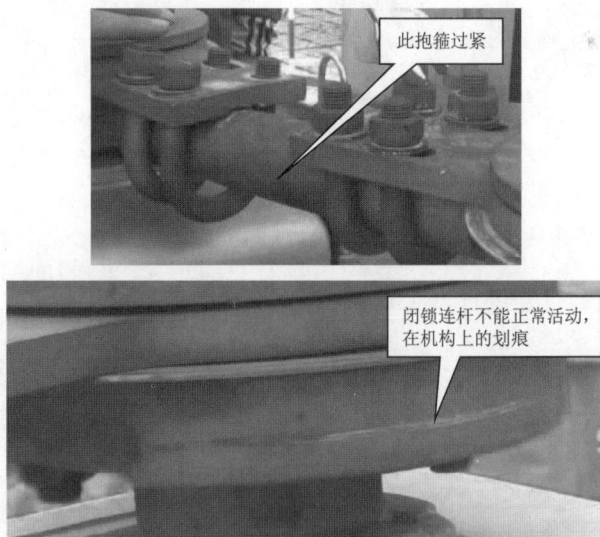

图 4.58　缺陷情况

处理过程：更换新的管子，使闭锁连杆活动自如。

（2）问题二：由于问题一的存在，强行操作后导致闭锁板机械变形，闭锁板垂直连杆与闭锁板之间间隙配合不良，卡死，使闭锁板不能活动，如图 4.59 所示。

图 4.59 间隙配合情况

处理过程：将垂直连杆最下端、闭锁板圆环内部用锉刀进行加工，修整变形，使其间隙配合满足要求，再涂以润滑脂，使其活动自如。闭锁板处理后如图 4.60 所示。

（3）问题三：由于问题二的存在，机构电气行程未终结时机械卡死，此时电机控制回路未断开，电机持续转动，然而垂直连杆卡死导致机械不能转动，导致机构箱内齿轮存在磨损情况，如图 4.61 所示。

图 4.60 闭锁板处理后

图 4.61 齿轮磨损

处理过程：将机构行程进行相应调整，使被磨损的齿轮在正常活动时不承受大的应力，如图 4.62 所示。

2. 原因分析

长期操作磨损以及金属部件质量不佳导致的隔离开关机构零部件变形，引起无法操作的缺陷。

4.2.3 操作机构缺陷

【案例 4.22】 机构箱进水受潮

1. 缺陷情况

某次大修过程中，发现某线路隔离开关机构箱内进水十分严重：电机齿轮已锈蚀，且箱内壁上挂有明显水

图 4.62 调整机构行程

珠，如图 4.63 所示。

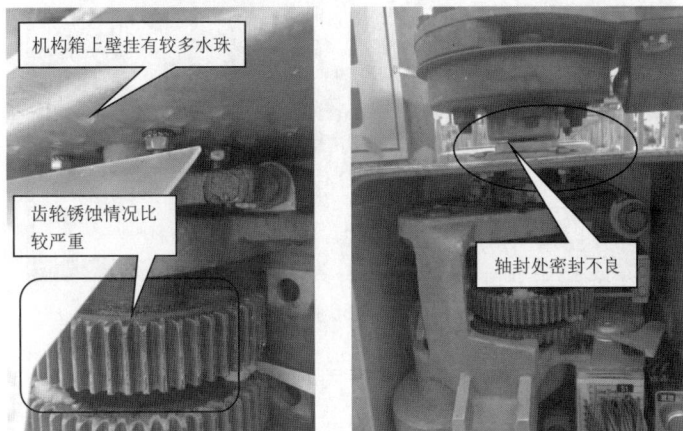

图 4.63　机构进水受潮锈蚀严重

2. 处理过程

用清洗剂、毛巾将齿轮轴承处的锈迹清洗干净，并将机构箱内的水珠用干毛巾擦拭干后，开启箱门保持通风一段时间。目的是通过通风将残留的水汽排出。将被堵的旧排气孔换成孔径更大的新排气孔，使箱内通风性变好。在机构轴承紧固螺栓处涂上防水胶，防止水汽再次进入机构箱，如图 4.64 所示。

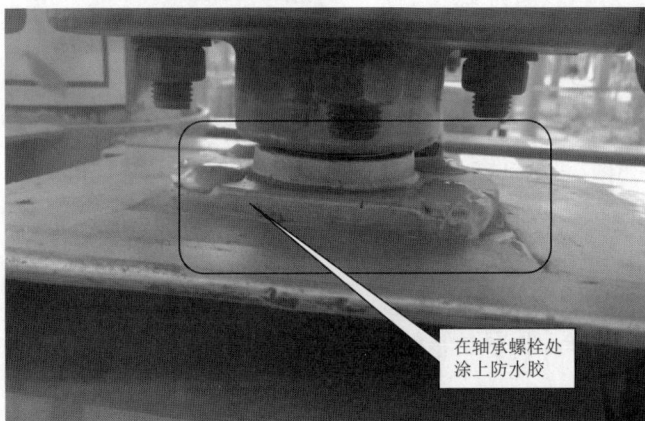

图 4.64　涂防水胶加强密封性能

3. 原因分析

潮气主要是在雨天或潮湿天气情况下通过机构箱轴承处 4 颗螺栓缝隙进来。

水汽进入机构箱后，由于机构箱内通风口被堵塞（图 4.65），导致进入机构箱内的水汽无法排除，在机构箱内越积越多。

机构箱防水防潮对于机构的正常运行十分重要，很大一部分机构箱控制回路的缺陷，是因为进水受潮导致的电气元器件失效引起的。

排气孔

拆下来的旧排气孔，可以看出排气孔已被堵塞

图 4.65　机构箱排气孔堵塞

【案例 4.23】　某变电站线路正母隔离开关辅助开关转换不到位

1. 缺陷情况

某变线路正母隔离开关实际位置已在合位，而后台机显示正母隔离开关位置不定。

2. 处理过程

检修人员对该正母隔离开关辅助开关驱动机构进行调整，将隔离开关辅助开关驱动连接片往左边顶一点，辅助开关就切换到位，如图 4.66 所示。所以检修人员调整辅助开关驱动机构的垂直连接杆，由于其底部是弧形连接，留有一定调整的裕度；经调整后，隔离开关位置指示正确，后台机位置正常，如图 4.67 所示。

将隔离开关辅助开关驱动连接片往左边顶一点，辅助开关就切换到位

图 4.66　该正母隔离开关辅助开关驱动机构调整

调整辅助开关驱动机构垂直连杆后，辅助开关切换到位

图 4.67　正母隔离开关辅助开关驱动机构

3. 原因分析

辅助开关转换不到位引起的缺陷。

【案例 4.24】　某副母隔离开关异常分闸

1. 缺陷情况

某副母隔离开关发生异常分闸。

2. 处理过程

现场检查发现该隔离开关机构箱内有明显凝露现象，分闸按钮处有明显水珠，如图 4.68 所示。现场工作人员分析认为导致该隔离开关异常分闸的原因是机构分闸按钮接点有凝露，凝露造成控制回路绝缘降低，引发分闸回路接通。

3. 原因分析

机构箱密封条老化，在大规模雨水天气下箱内元器件进水受潮。

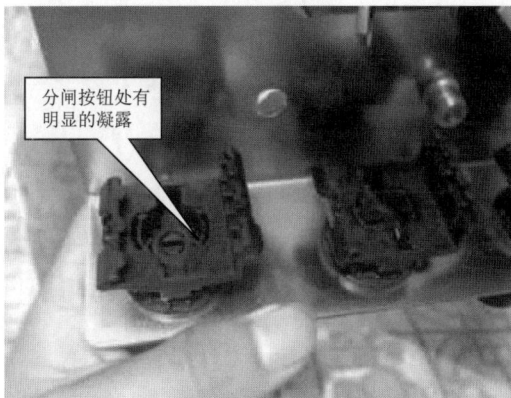

图 4.68　凝露情况

【案例 4.25】　某变电站线路副母隔离开关操作缺陷

1. 缺陷情况

某变电站复役操作过程中分别发生 220kV 线路 1 副母隔离开关不能电动操作、220kV 线路 2 副母隔离开关合闸后电机持续转动缺陷。

2. 处理过程

检修人员到达现场后对设备进行检查，两把副母隔离开关均为西门子 PR 系列剪刀式隔离开关，隔离开关本体确认正常，缺陷原因为电动操作机构缺陷。

缺陷出路过程及原因分析记录如下：

（1）220kV 线路 1 副母隔离开关：220kV 线路 1 副母隔离开关合闸按钮按下无反应，经检查控制回路，发现 K2 接触器 81-82 常闭节点处于断开位置，如图 4.69 所示，导致隔离开关合闸回路断开。

检查 K2 接触器 81-82 节点后发现接触器内部触片脱落，重新装回后控制回路恢复正常，机构动作正常。

（2）220kV 线路 2 副母隔离开关：220kV 线路 2 副母隔离开关合闸后电机不能停止转动，经检查为机构辅助开关 S1 不能正常切换，断开 K1 接触器，从而断开电机回路，同时机构内热耦继电器接触不良。缺陷原件如图 4.70 所示。

经检查，机构内部存在机械零件缺失，电机输出齿轮上原先带有 2 个止钉，分别在机构分闸与合闸时用于拨动辅助开关 S1，从而达到控制电机转动与停止的目的，而缺陷副母隔离开关机构内的齿轮盘上仅剩一个止钉，在机构分闸时能够带动 S1，合闸时带动 S1 的止钉缺失，如图 4.71 所示。同时，由于止钉缺失，导致合闸后 S1 未转动，辅助开关未处于合闸后位置，处于自由状态，可随意拨动，在分闸时可能会导致带动辅助开关的拨块机械损伤。

检修人员安装新止钉到隔离开关机构箱内，同时更换拨块、热耦继电器，机构工作正常，隔离开关分合正常。

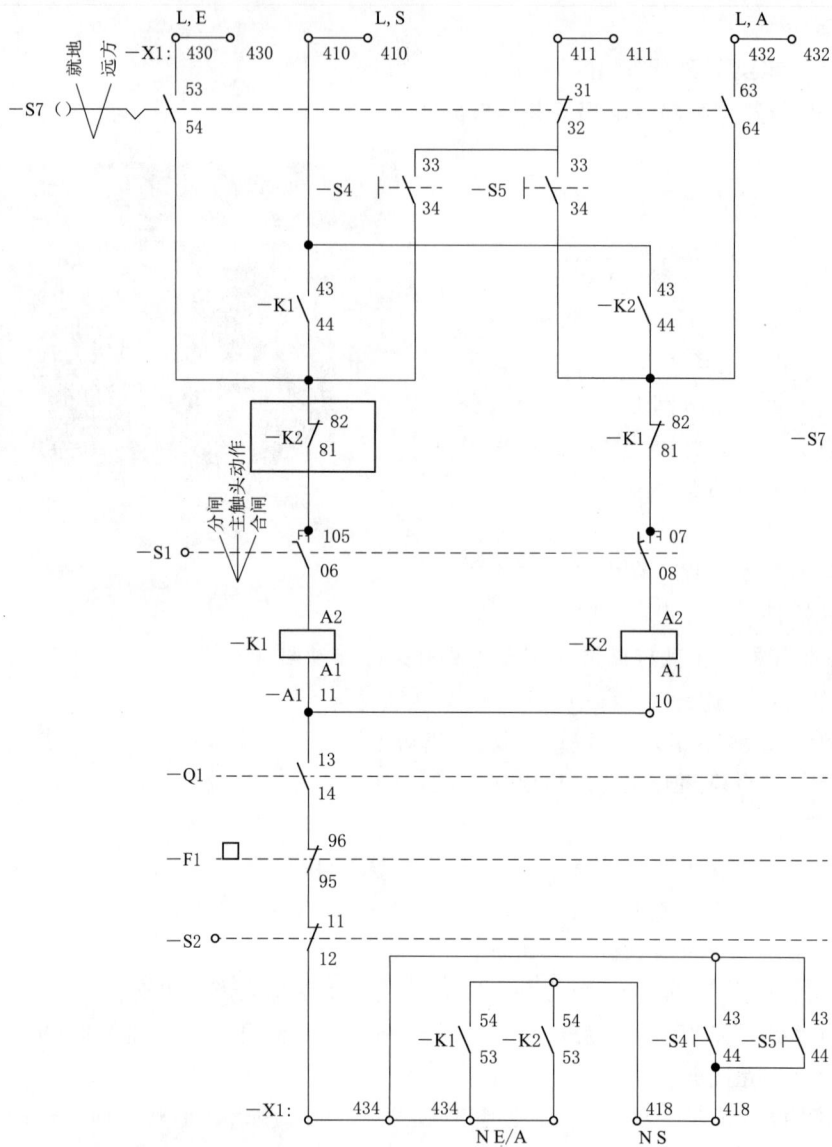

图 4.69　缺陷部分控制回路图

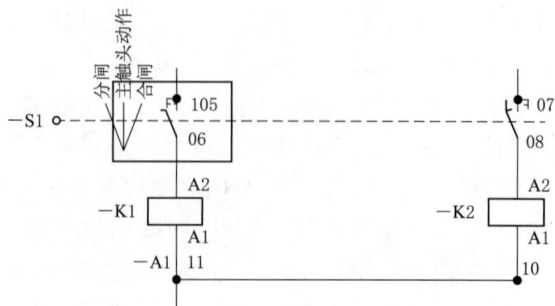

图 4.70　缺陷元件

图 4.71　拨块断裂

3. 原因分析

第（1）处缺陷为接触器内部缺陷引起工作异常；第（2）处缺陷为拨块断裂引起辅助开关异常。

4.3 组合电器异常缺陷案例

4.3.1　组合电器气体泄漏缺陷

【案例 4.26】　沙眼漏气缺陷

1. 缺陷情况

××变报 GIS 压力偏低，现场检查发现有漏气，经红外检漏确定漏点为一处砂眼。如图 4.72 所示。

2. 处理过程

由于设备运行，采用堵漏胶对砂眼进行了堵漏，堵漏后无气体渗漏。

彻底处理砂眼漏气需要停电更换整个罐体，这将导致大量时间和人力物力的浪费，因此对于轻微砂眼漏气，往往采用堵漏胶进行堵漏。砂眼漏气位置较难判断，建议使用红外检漏仪。

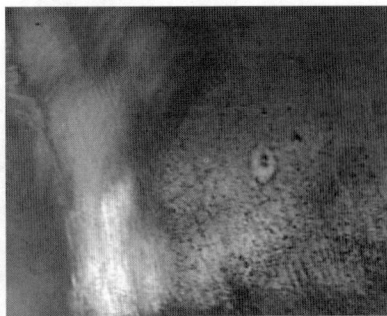

图 4.72　砂眼位置

3. 原因分析

砂眼引起的 GIS 设备漏气。

【案例 4.27】　接头漏气缺陷

1. 缺陷情况

500kV××变 GIS 发低气压告警。

2. 处理过程

现场补气至额定气压，检查后发现 SF_6 表计相间气管接头处有贯穿性裂纹，组合电器 SF_6 继电器校验接口处接头有贯穿性裂纹，如图 4.73 和图 4.74 所示。结合停电更换损坏的接头。

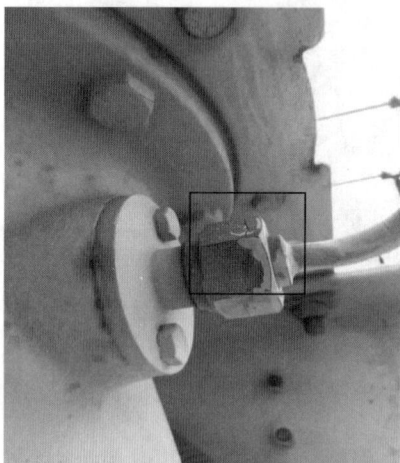

图 4.73　断路器 C 相极柱至 SF_6 表计相间气管接头处有贯穿性裂纹

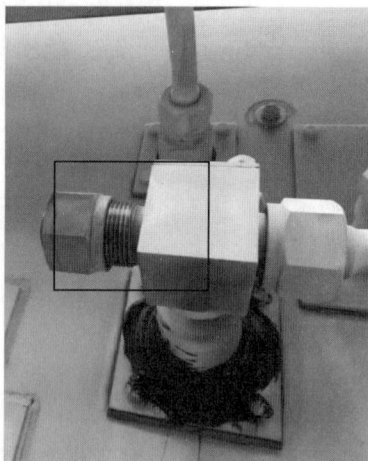

图 4.74　继电器校验口接头有贯穿性裂纹

3. 原因分析

气管接头处有裂纹引起的漏气。

4.3.2　组合电器无法操作缺陷

【案例 4.28】　卡涩缺陷

1. 缺陷情况

××变某副母隔离开关合闸失败，现场检查和隔离开关机构仅合了 20% 就无法继续操作，电机保护电阻烧毁，如图 4.75 和图 4.76 所示。

图 4.75　机构合闸失败，电机保护电阻烧毁

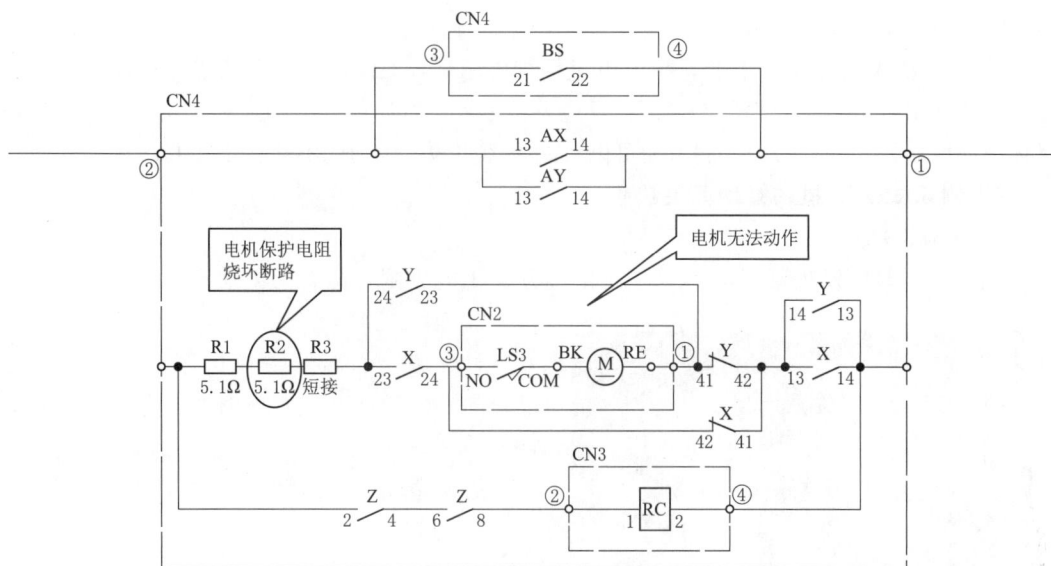

图 4.76　隔离开关机构原理图

2. 处理过程

检修人员用扳手直接转动相间连杆，感觉十分卡涩，用力将连杆往分闸方向转动，将机构完全分闸。做好标记后，将相间连杆脱开，每相小幅度试操作，发现 A 相非常卡涩，难以操作，同时齿轮盒轴承卡涩，加润滑油反复多次小幅度操作 50 次后，动作灵活，如图 4.77 所示。

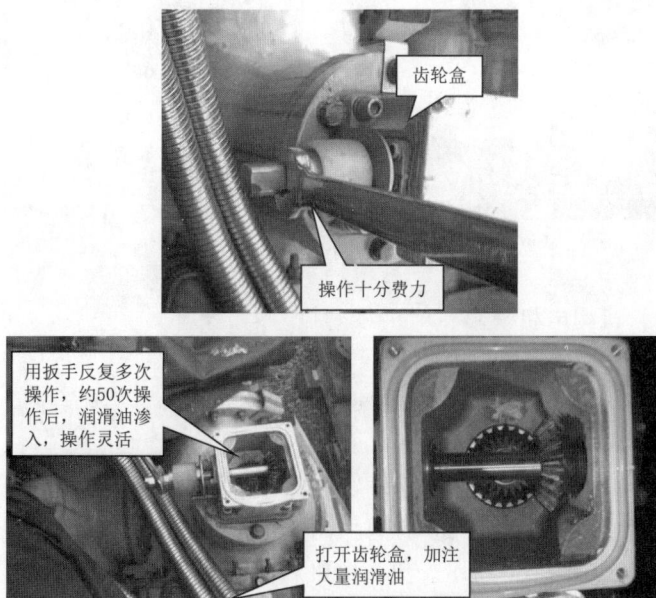

图 4.77　处理过程

齿轮未见明显锈迹，但确实存在卡涩，加润滑油多次操作后恢复灵活。

3. 原因分析

检查发现 A 相齿轮盒卡涩，导致电机保护电阻烧毁，隔离开关无法操作。检修人员担心卡涩的部位位于 GIS 内部，而据厂家反应，该轴承虽然通过 2 层轴封和 2 层密封圈与 GIS 罐体内部传动杆相连，若加注润滑油可以解决卡涩问题，则问题不会位于在 GIS 内部。

【案例 4.29】   机构微动开关缺陷

1. 缺陷情况

倒闸操作时，发现某 GIS 线路接地隔离开关不能分闸，检查为微动开关缺陷。

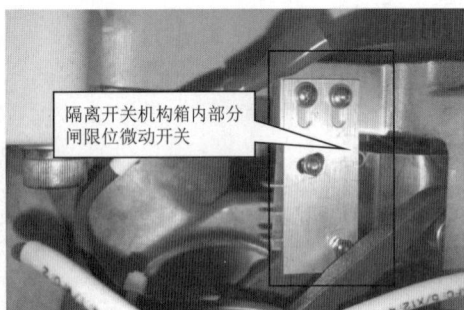

图 4.78   闸刀机构箱内部分闸限位微动开关

2. 处理过程

打开接地隔离开关机构箱，经检查，发现分闸限位微动开关已损坏，如图 4.78 和图 4.79 所示。

更换微动开关后恢复正常。

3. 原因分析

发现白色塑料顶块上下运动十分困难，存在卡涩，白色塑料顶块表面粗糙，且有倾斜迹象。对塑料顶块进行打磨后，微动开关可以正常动作，因此判断这是导致微动开关卡涩主要原因。微动开关长期处于动作状态，塑料块被顶牢，受到挤压微微变形，头部膨大，由于塑料块进出孔洞较小，塑料块发生卡涩。

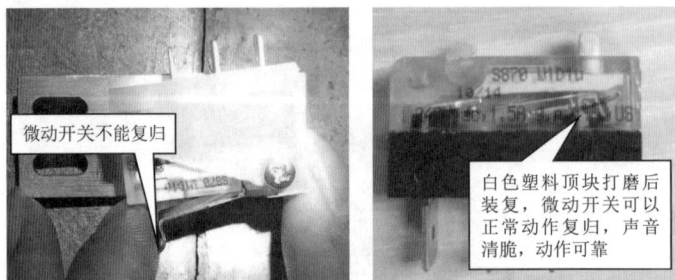

图 4.79   微动开关无法复归

【案例 4.30】   机构电机缺陷

1. 缺陷情况

某组合电器线路隔离开关合闸操作时机构电源空开跳开，不能合闸。

2. 处理过程

打开隔离开关机构箱进行检查，发现机构箱内继电器处于半吸合状态，通过手动操作杆将隔离开关置于半分半合状态，进行合闸操作，发现机构箱内电机火花较大，并瞬时将机构电源空开跳开，如图 4.80 所示。更换电机后恢复正常。

3. 原因分析

该缺陷是由于隔离开关机构内部电机绝缘不良造成的。

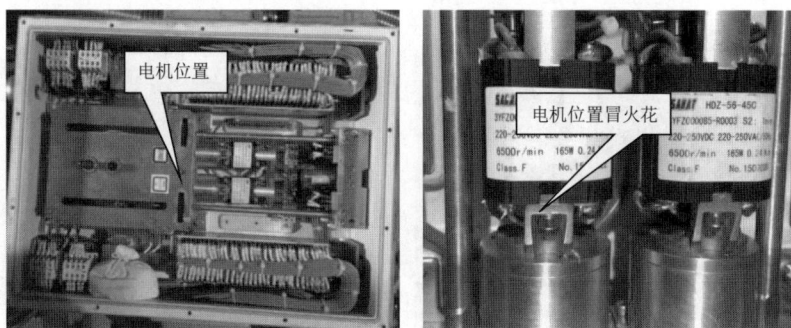

图 4.80　电机故障

4.4 主变异常缺陷案例

4.4.1 主变渗漏油缺陷

主变渗漏油通常由两个原因引起：一是密封渗漏；二是焊缝渗漏。

（1）密封渗漏。密封渗漏的主要原因在于密封面的结构、密封材料的质量和安装工艺等方面。因此，在以上三方面都要做到符合标准才能尽可能减少因密封不良引起的渗漏油。

（2）焊缝渗漏。油箱由于焊接质量不好，往往会在焊接处存在砂眼或焊接开裂，从而造成变压器渗漏油。处理这种渗漏油的方法一般是补焊，最好的方法是直接对油箱内壁的渗漏点进行补焊处理，这样既安全又可靠彻底。但这种补焊方法只能在变压器吊心时进行，变压器不吊心时，也可采用带油补焊。变压器带油补焊时，严禁使用气焊补焊，而采用电焊补焊的方法。带油补焊一般均采用负压带油补焊，也就是在关闭储油柜连管上阀门后，排除油箱部分油，对油箱抽一定真空，使油箱内处于负压状况。另外，带电补焊时应要有防火的措施。

【案例 4.31】　某变电站主变套管底部渗漏油严重

1. 缺陷情况

如图 4.81 所示，故障套管底部渗漏油严重，本体上堆积许多油迹，打开接线盒盖板发现实际是从接线盒中渗出。

2. 处理过程

起初采用堵漏胶封堵的办法制止渗油，如图 4.82 所示。然而并未见效，渗油现象依然严重。再次到现场，对比故障相与正常相的接线盒，发现两者密封垫安装不一样。松开接线盒线板上的螺栓，发现每颗螺栓一松即有油渗出，而且流量较大，表明其中的密封垫没有起到任何密封作用，只是靠几颗紧固螺栓勉强压紧作为密封。

3. 原因分析

分析推断，套管电流互感器接线盒的密封垫安装错误，起不到密封作用，需停主变更换密封垫。通过该问题，应重视结合运行环境对密封结构设计、密封材料、安装工艺等加强检查。

图 4.81　套管底部渗漏油

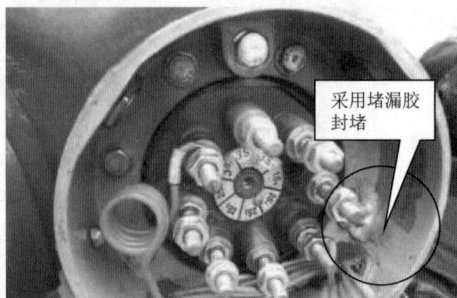

采用堵漏胶封堵

图 4.82　套管电流互感器接线盒

【案例 4.32】　某变电站#1 主变有载开关顶盖渗油

1. 缺陷情况

某主变本体顶部大面积渗油。根据现场油迹观察，初步判断为有载开关筒体顶盖密封不良导致渗油。

2. 处理过程

打开顶盖后对有载开关油筒顶盖密封圈进行更换。将有载开关顶盖重新安装后，将油迹擦拭干净后继续观察，发现渗油依然存在，确定新渗油点为有载开关筒体法兰与本体连接螺栓处，如图 4.83 和图 4.84 所示。对有载开关筒体法兰与本体连接螺栓进行全面紧固处理后，渗油情况得到明显改善，如需彻底处理，需更换筒体密封圈。

有载开关筒体法兰与本体连接螺栓多处存在不同程度渗油

图 4.83　渗油点

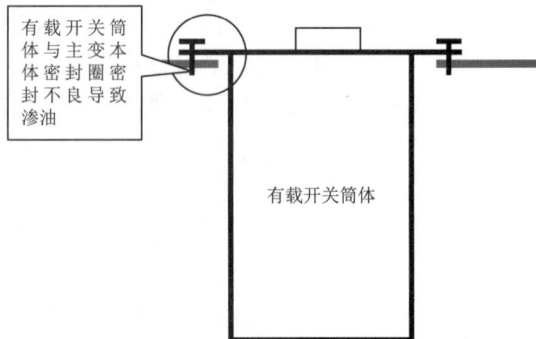

有载开关筒体与主变本体密封圈密封不良导致渗油

有载开关筒体

图 4.84　渗油点示意图

3. 原因分析

有载开关筒体法兰与本体连接螺栓处密封不良引起的渗油。

【案例 4.33】　某主变多处套管渗油

1. 缺陷情况

主变上部发现渗油部位较多，包括套管及中性点套管法兰连接处，以及主变低压套管下部均存在渗油。

套管渗油通常出现的部位，除了套管法兰以外，套管放气螺栓以及升高座二次接线盒也是渗油多发部位，如图 4.85 和图 4.86 所示。

图 4.85　套管放气螺栓渗漏油

从接线盒内部
渗油

图 4.86　升高座二次接线盒渗漏油

2. 处理过程

针对该类问题，除了加强基建施工工艺以及验收环节质量之外，检修人员应结合年检或主变停役对套管紧固及密封垫情况进行检查，并做适当紧固处理。尤其是一些老旧变压器，如果单纯紧固不起作用，应及时更换密封圈或套管。

3. 原因分析

出现渗油的原因可能出于两点：一点是由于密封圈长期压缩老化，密封性能逐渐下降；二是出厂安装工艺不到位，密封圈受力不均匀，当温度降低时，密封圈收缩，渗油迹象则开始显露。

【案例 4.34】　某变电站主变放油阀渗油

1. 缺陷情况

某变电站主变放油阀渗油，现场查看发现实为放油阀阀门未上定位螺栓，导致阀芯未被密封圈压紧，从而出现渗油，如图 4.87 所示。

2. 处理过程

正确安装定位螺栓，方式如图 4.88 所示。

图 4.87　放油阀未上定位螺栓

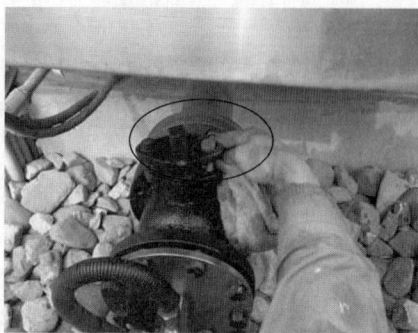

图 4.88　放油阀正确放置定位螺栓

3. 原因分析

放油阀阀门未上定位螺栓引起的渗油。类似问题，某主变安装在线监测装置时，由于紧固放油阀密封圈时工艺不当，使得密封圈发生偏移，从而密封不严导致渗油。目前主变在线监测装置已全面运行，而由于该装置的安装工艺不当引发的缺陷数不胜数。因此，对于该装置安装工艺的质量监督显得尤为重要。

【案例 4.35】　某变电站主变套管大量渗油

1. 缺陷情况

某主变 110kV C 相套管储油箱与瓷瓶连接处出现大量渗油，且渗油量随时间无衰减。渗油量很大，且渗油位置为储油箱与瓷瓶连接处，图 4.89 说明该位置密封已完全失效；渗油现象自发现到停电处理一直持续且渗油量无明显衰减，而套管自身容量非常有限，说明套管下部密封已失效，套管与变压器本体已发生贯通，所渗油来自主变内部。

2. 处理过程

在对缺陷主变做停电处理后，拆除缺陷相套管上端线夹。缺陷套管为典型电容式套管，其结构如图 4.90 所示。

图 4.89　渗油位置

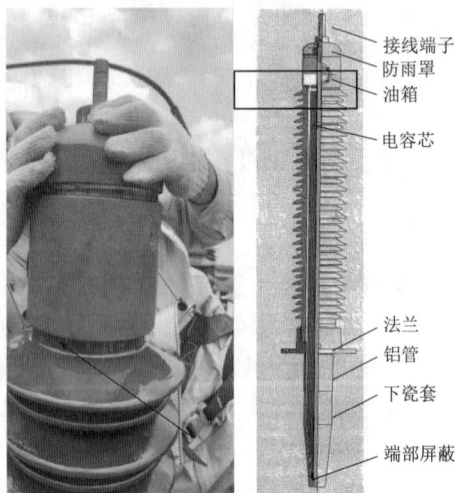

图 4.90　渗油套管结构示意

作业人员为检查密封失效原因，着手拆除套管将军帽。在拆除套管头部防雨罩时发现防雨罩与导管同步旋转，难以拆除，且油箱下部一圈与瓷套上端已完全脱离，见图 4.91 箭头所指位置。

作业人员据此判断，渗油非简单的密封圈老化导致；且导管跟随防雨罩转动，说明套管下部无法有效提供紧固力。

套管油箱是通过防雨罩内部压紧螺母对其进行压紧，实现密封效果。在拆除压紧螺母的过程中，发现导管无螺纹部分已露出。据此说明，套管下部无法有效拉住套管，下端紧固部件已完全脱离（图 4.91）。为验证判断，作业人员将套管整体吊出。

套管整体吊起后，发现电容芯整体裸露，下端铝管已脱落套管主体。在套管下端铝管脱离后，主变本体油通过套管内部空隙，向上方油箱与瓷套密封失效出渗出，此为渗油的通路，如图 4.92 所示。

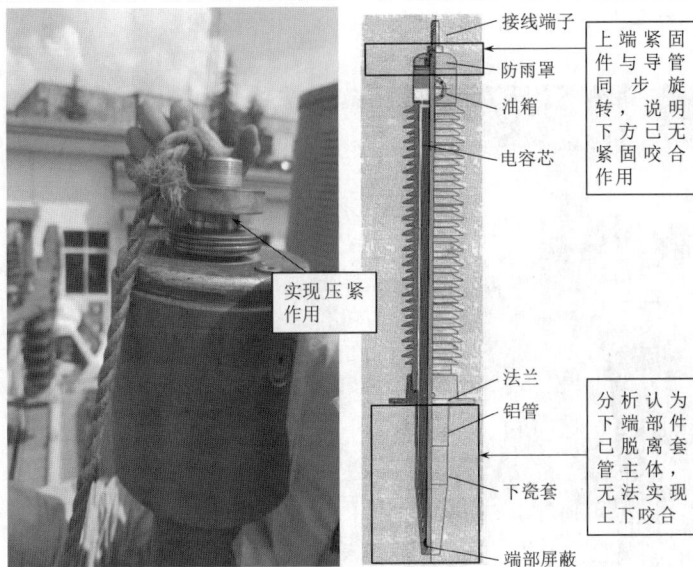

图 4.91　套管头内部结构示意

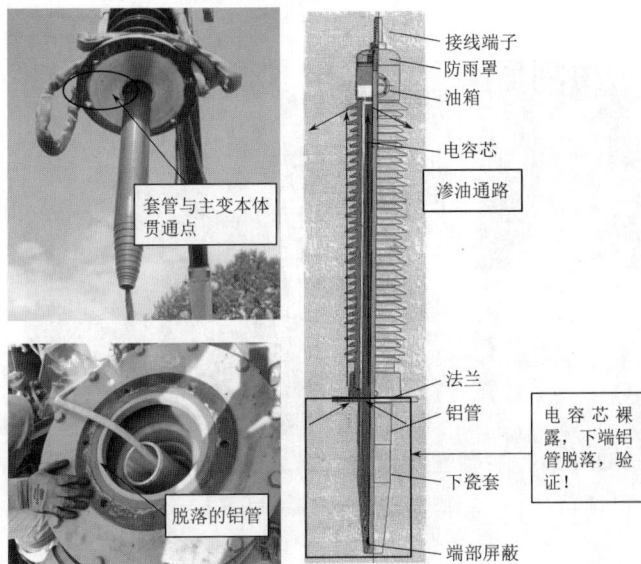

图 4.92　渗油通路示意

　　作业人员将下瓷套部分打捞上来后，顺着导线再未发现脱落部件，缺陷套管及脱落部件已全部取出，如图 4.93 所示。

　　作业人员仔细分析下瓷套与下端铝管脱离的原因时，发现导管下端出现锋利的断裂痕迹，如图 4.94 所示。作业人员取来下瓷套与其对接，发现下瓷套内部金属结构正好与导管下端断口处吻合。据此可知，下瓷套在加工过程中，通过金属铸件与套管形成一个整体，下端铝管受下瓷套挤压，实现密封作用。当下瓷套与导管末端连接处断裂脱离，下端铝管也失去挤压力而脱离套管整体。而上端紧固结构也因无法上下咬合而使密封失效，如

图 4.95 所示。此为本次主变套管渗油的原因。

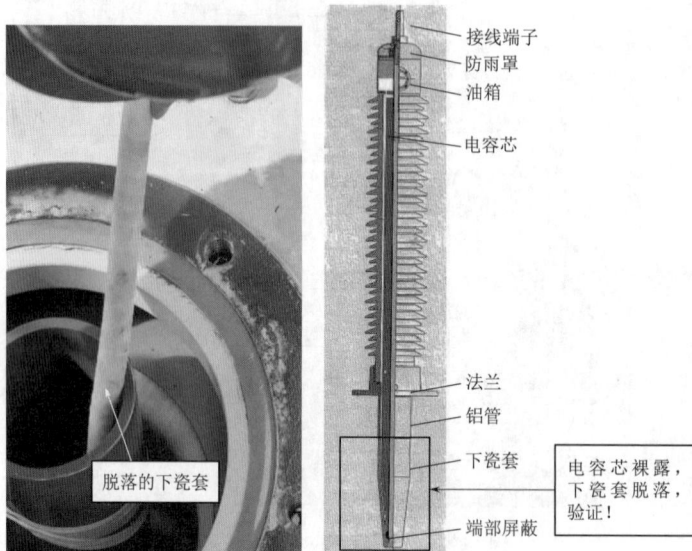

图 4.93 下瓷套脱离套管主体

图中标注：接线端子、防雨罩、油箱、电容芯、法兰、铝管、下瓷套、端部屏蔽；脱落的下瓷套；电容芯裸露，下瓷套脱落，验证！

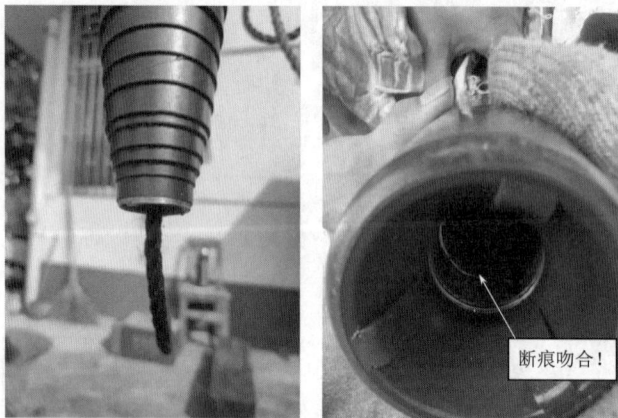

图 4.94 比对断裂痕迹

图中标注：断痕吻合！

据此认定，应重新更换该相套管。开始吊装新升高座与套管前，作业人员将变压器油排至升高座底部以下，再将原升高座进行拆除。新套管需与新升高座配合，新升高座与新套管的高度均在原部件的基础上有所增长。除电气试验等准备工作外，现场还根据实际调整，对导线进行了相应加长。现场采用冷轧方法进行导线加长，即进行高度比对之后，将原导线一段连同导线头部进行裁剪，再将新导线与原导线通过铜质连接套进行压接。在升高座吊到位之后，发现原导油管与新升高座油管接口存在明显高度差，后续在套管完成吊装、封好导线头部将军帽之后，从导油管上方三分之一处进行切割，加装对接法兰重新焊接，调整油管角度确保可以与新升高座法兰面正中对接，消除原有高度差，如图 4.96 所示。

在完成套管吊装以及导油管位置调整之后，作业人员开始对主变进行注油。注油后对主变进行多次排气，最终将油位调整至"变压器油位-油温曲线"指定位置。充分静置及排气后对主变进行工频耐压试验、局部放电等修后试验，试验结果合格。

3. 原因分析

高压套管下瓷套与导管末端连接处断裂脱离，下端铝管也失去挤压力而脱离套管整体。而上端紧固结构也因无法上下咬合而使密封失效。由于主变本体油枕位置高于高压套管头部，主变本体变压器油从密封失效处大量渗出。

4.4.2　主变有载开关内渗分析与处置

有载分接开关是变压器的重要组部件，其正确的运行及维护方式是保证主变安全稳定运行的必要条件。组合式分接开关配备了单独的油室，使切换开关内被电弧碳化的油与主变油箱内的油隔离开

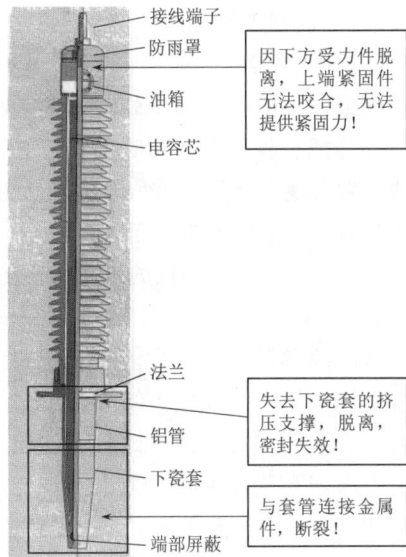

图 4.95　结构分析

来。而切换开关油室由于制造装配质量不良、密封件老化、检修维护不当等原因，将会导致切换开关油室与主变本体连通，即产生内渗。特别是在变压器调压过程中，受切换电弧的作用，易产生可燃性的特征气体和污垢。调压瞬间因分接开关的油室中油的压力大于主变本体油的压力，而使切换开关油室中的油渗漏到主变本体油箱内，污染主变本体油。有载开关内渗既会影响变压器运行工况的判断，同时也会影响油的绝缘性能，对变压器造成危害，给运行检修造成诸多不便。

（a）电气试验

（b）升高座到位

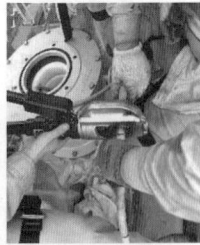
（c）导线加长

（d）套管吊装

（e）将军帽安装

（f）导油管位置调整

图 4.96　试验及复装作业

4.4.2.1 内渗现象判断

1. 油位观察

有载开关内渗不同于外渗，内渗由于仅在内部进行，没有外部的油迹表征，因此在日常运行巡视过程中不易及时发现。在内渗油量较明显的情况下，可以通过观察有载开关油枕油位来发现：严重内渗和油位差（主变本体与开关之间）比较大的情况下，调压开关油位在短时间内将会发生明显变化；另外，通常主变本体油位高于有载开关油位，因此当发生内渗时，有载开关油枕油位的表象往往是频繁升高，一般 2~3 个月有载开关小油枕即溢满。

2. 色谱分析

当内渗微量时，仅凭借直观观察油位难以作出判断。这时，通过采集变压器本体油样进行分析，如果油样中各组分浓度与上一次分析数据相比，除氢气和乙炔外，其余各组均分无明显变化，且经高压试验、油质分析等综合判断变压器本体确无缺陷，可怀疑是有载开关内渗。有载开关漏油至主变本体后，本体的色谱油样通常有如下特征：与上一次油样数据相比，最为显著的特征是油中乙炔单一组分从无到有，且达到或超过注意值（5ppm），甚至达注意值的 20 倍左右，占总烃含量的 60% 以上；氢气含量会有一定的增长，但一般不会超过注意值（150ppm）；甲烷、乙烷、乙烯一般无明显变化；一氧化碳和二氧化碳会有一定的增长，但增幅不大。采用跟踪本体油样分析油中各组分浓度是否有上述变化是确定有载分接开关是否内渗的有效手段。

4.4.2.2 可能导致内渗的渗漏点

（1）切换开关油室的绝缘筒法兰与头部法兰之间密封不良，如图 4.97 所示。

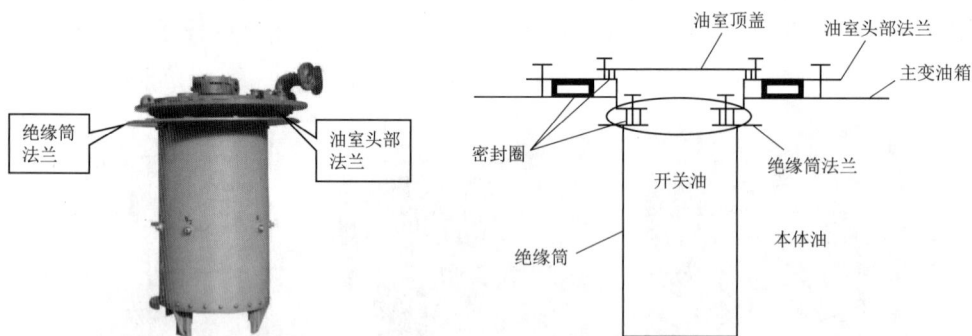

图 4.97 有载调压开关油桶结构示意图

（2）绝缘筒壁上的触头系统（1 个中性点引出触头和 6 个连接分接选择器的触头）密封不良，如图 4.98 所示。

（3）绝缘筒底部密封不良，如图 4.99 所示。

4.4.2.3 处理流程

1. 将主变停电，并办理好相关安全工作手续（布置完善的安全措施、办理工作许可手续等）

若涉及主变本体排大量油（器身需要暴露在空气当中），则应考虑空气湿度，当空气相对湿度大于 75% 时，不建议排主变本体油处理，当空气相对湿度不大于 65% 时，器身暴露在空气当中的时间不超过 16h；当空气相对湿度不大于 75％时，器身暴露在空气当中的时间不超过 12h。

图 4.98　绝缘桶壁上的触头系统

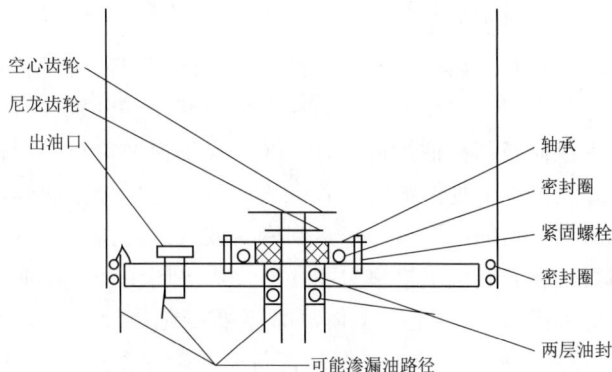

图 4.99　可能渗油路径示意

2. 修前试验

对有载分接开关以及主变（如有必要）进行相关试验，用于修后的数据比对。

3. 确定渗油点

首先将有载开关油室中的油完全排出（小油枕内的油可保留），然后拆除水平传动轴以及油室顶盖，利用吊车将切换开关芯子吊出，并将芯子妥善保管（做好防雨、防潮措施，建议将芯子浸入变压器油中）。用干净白布擦干有载开关油室内壁，确保油室内部油迹清除干净。盖回油室顶盖，静置一段时间（根据内渗严重程度决定静置时间，渗油量不大者需静置较长时间），利用主变本体与有载开关油室之间的油压观察油迹，确定渗漏点。

4. 具体渗油点处理

（1）切换开关油室的绝缘筒法兰与头部法兰之间密封不良。此处密封不良会导致主变本体油从绝缘筒法兰衔接处渗出。若要处理此处渗油，首先需关闭主变本体油枕和散热片蝶阀（确保所有蝶阀都能可靠关闭），并对本体放油，将油位降至距箱顶 200mm 左右（此时变压器器身仍然浸在变压器油中）。将托板（专用工具）扣在绝缘筒法兰下沿，并利用吊车将托板连带绝缘筒整体拎住（钢丝绳拉紧）。然后拆除绝缘筒与头部法兰之间的周圈紧固螺母（拆除前做好标记，以便回装），并将吊钩缓缓下落，确保绝缘筒（下部连接分接选择器）法兰平稳放置在支架上。此时绝缘筒与头部法兰分离，可看到在绝缘筒法兰上有一 O 形密封圈（一圈均匀打孔）套装在周圈螺杆根部，通过周圈螺母的紧固来压紧该密封圈，从而达到密封的效果。该密封圈较薄，通过紧固螺母的方法一般无法奏效，因此需要更换新的密封圈。将该密封圈取下，利用酒精清洗上下法兰密封面，确保密封圈安装位置清洁、平整，再将新密封圈重新安装回位。按和拆除相反的顺序将绝缘筒法兰与头部法兰重新连接，需要注意的是，绝缘筒上升过程中应确保其法兰周圈螺杆与头部法兰螺孔对位正确，当上下法兰紧密贴合后，仍然将绝缘筒拎住，并均匀对称紧固法兰上的紧固螺母。紧固完毕后，撤除吊钩和托板。

（2）绝缘筒壁上的触头系统（1 个中性点引出触头和 6 个连接分接选择器的触头）密封不良。此处密封不良会导致主变本体油从绝缘筒内壁中部渗出。若要处理此处渗油，首先需关闭主变本体油枕和散热片蝶阀（确保所有蝶阀都能可靠关闭），并排空主变本体油。打开人孔门，处理人员穿好防护服进入本体内部对绝缘筒上漏油的触头进行检查，视情况进行紧固或更换密封垫。

（3）绝缘筒底部密封不良。绝缘筒底部密封不良往往表现为筒底积聚一层变压器油。绝缘筒底部与主变本体之间存在多处密封，分别为：①绝缘筒底部法兰与内壁之间密封；②绝缘筒底部排油螺钉密封；③贯穿切换开关与分接选择器中心传动轴的密封。

当发生①处渗油时，若由于底部法兰压板紧固螺栓松动或紧固不均匀引起渗油，则可重新均匀紧固周圈螺栓来达到密封效果。若由于密封圈老化或装配工艺不到位导致渗油，则需重新安装或更换密封圈：首先需关闭主变本体油枕和散热片蝶阀（确保所有蝶阀都能可靠关闭），并将主变本体油排至低于绝缘筒底部，然后拆除底部法兰压板的紧固螺栓，然后将U形胶垫取出，清洗密封面并确保密封面平整，再将完好的U形胶垫平整放置在底部法兰与压板之间，最后均匀紧固压板螺栓。

当发生②处渗油时，首先需关闭主变本体油枕和散热片蝶阀（确保所有蝶阀都能可靠关闭），并排空主变本体油。打开人孔门，处理人员穿好防护服进入本体内部对绝缘筒底部排油螺钉进行检查，视情况进行紧固或更换密封垫。

③处密封圈实际上有三个，分上层、中间、下层布置，上层的密封圈套在轴承上，并通过螺栓紧固，在筒底法兰与轴承之间压紧；中间和下层的密封圈尺寸相同、背靠背安装，从而组成双层油封。其中，上层和中间的密封圈渗油处理，可在切换开关油室内进行，无需排主变本体油，另外需要注意的是，上层密封圈可视情况进行紧固或更换密封，但中间密封圈如果密封不良则只能更换；而当下层密封圈渗漏时，首先需关闭主变本体油枕和散热片蝶阀（确保所有蝶阀都能可靠关闭），并排空主变本体油，然后一名作业人员通过人孔进入油箱内部，拆除切换开关油室与分接选择器之间的连接引线，将油室与分接选择器分离，并与切换油室内的作业人员配合，将中心传动轴及密封圈取出，清洗密封面并重新安装上层密封圈和新的下层密封圈，最后按相反的顺序将切换开关油室和分接选择器复装还原。

5．观察处理效果

若处理过程中涉及排主变本体油，则在渗油处理完毕后，应首先清理工作痕迹（主要是油迹），并关闭人孔以及油室顶盖，再打开之前关闭的阀门，对主变本体进行抽真空并注油至合适位置（抽真空时将切换开关油室与主变本体连通一起抽真空，注油后需静置并排尽本体内部的残余空气）。然后利用主变本体油压，静置24h后打开油室顶盖，观察切换开关油室内部有无油迹，若无渗油则可认为内渗消除。最后将切换开关复装并将油室注满油（注油后需静置并排尽油室内残余空气）。

6．修后试验

对有载分接开关以及主变（如有必要）进行相关验证试验，确保设备复装到位，绝缘等各项指标符合运行要求，设备能够正常投运。

4.4.3   冷却装置的常见缺陷

充油设备的冷却装置包含散热器、风机、油泵等，其常见缺陷主要表现有：自冷式散热器可能产生渗漏油；风冷散热器除了渗漏油外，还有风扇的控制回路和风扇本身产生的缺陷。

冷却器的常见缺陷表现有：对于强油风冷循环的冷却器，可能产生控制回路、油泵、风扇等缺陷，还要注意冷却器的密封，因为油泵工作时，冷却器内部为负压区，若冷却器的密封不良，空气和水分被吸入变压器内部，使变压器内部的绝缘受潮，进入的空气轻则可使轻瓦斯经常动作发信，重则可能会造成重瓦斯误动作，使变压器跳闸，同时冷却器在工作时，污物会积在表面，影响冷却器的散热效果，使变压器的油温上升；强油水冷却器若发生渗漏，则冷却水就会进入变压器，造成变压器的烧毁等。

另外，所有的冷却装置工作时的阀门都应处于完全打开状态。

【案例 4.36】 某主变散热片贴编号处漏油

1. 缺陷情况

该主变散热片贴编号处漏油，掀开编号贴片，可见粘贴处已严重锈蚀，如图 4.100 和图 4.101 所示。

图 4.100 散热片编号处渗油

2. 处理过程

在准备封堵之前，现场用砂布小心除锈，但由于散热片本身比较薄，加上锈蚀相当严重，除锈过程中发现沙眼扩大，因此只能带锈封堵。

由于严重锈蚀的散热器均为户外变，分析原因是由于贴牌后，雨水进入后不易排出，引起锈蚀严重（也不排除贴牌使用的玻璃胶有腐蚀性引起）。

全面拆除变压器散热器上所贴的序号牌，主变标牌改用支架安装，散热器序号改用油漆涂刷，如图 4.102 和图 4.103 所示。

图 4.101 主变标示牌拆除后散热器锈蚀

3. 原因分析

在变电所检修过程中，已经发现许多变压器散热器贴标牌及序号牌的部位严重锈蚀，且散热器本身的铁皮非常薄，铁皮容易烂穿，腐蚀现象一方面跟玻璃胶有腐蚀作用有关，另一方面跟散热片本身材质有关。现场检查其他贴片，有同样现象。

采用紧固件夹紧的固定方式安装主变标示牌，安装方式简单，又不损害散热片

图 4.102　标示牌新安装方式

图 4.103　标示牌夹件

【案例 4.37】　某主变风控回路发冷却器缺陷信号

1. 缺陷情况

运行人员报冷却器启动时缺陷信号发生。现场检查正常，模拟按温度启动、按负荷启动冷却器试验时发现，当按温度启动返回时发冷却器缺陷信号。发信回路如图 4.104 所示。

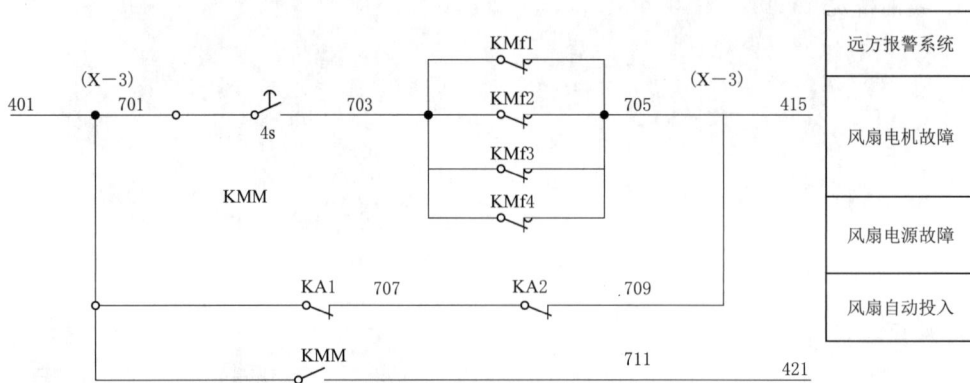

图 4.104　主变冷却器缺陷信号发信回路图

按油温启动：当油温大于 65℃时，65℃油温接点闭合，启动 KA1，并由 50℃油温接点自保持，KA1 控制回路上的常闭接点断开使 KA2 失电，其常闭接点闭合，因此在启动时不会发缺陷信号。中间继电器 KA1、KA2 动作顺序如图 4.105 所示。

当油温低于 50℃时，50℃油温接点断开，KA1 失电，信号回路上的常闭接点闭合，同时 KA1 控制回路上的常闭接点闭合使 KA2 励磁，KA2 励磁后才把信号回路上的常闭接点打开，打开需要几十毫秒的时间，KA1 失电 KA2 得电的瞬间，负电导通，发缺陷信号。

2. 处理过程

由 KA1 的辅助接点来控制 KA2，势必存在着 KA1 的辅助接点先于 KA2 的辅助接点动作的现象。针对较灵敏的保护装置来说，该回路设计不合理，因此，将 KA1 控制 KA2 的辅助接点短接，KA1 信号回路上的辅助常闭接点短接。然而实际功能不变，KA2 继续起到电源监视的作用。

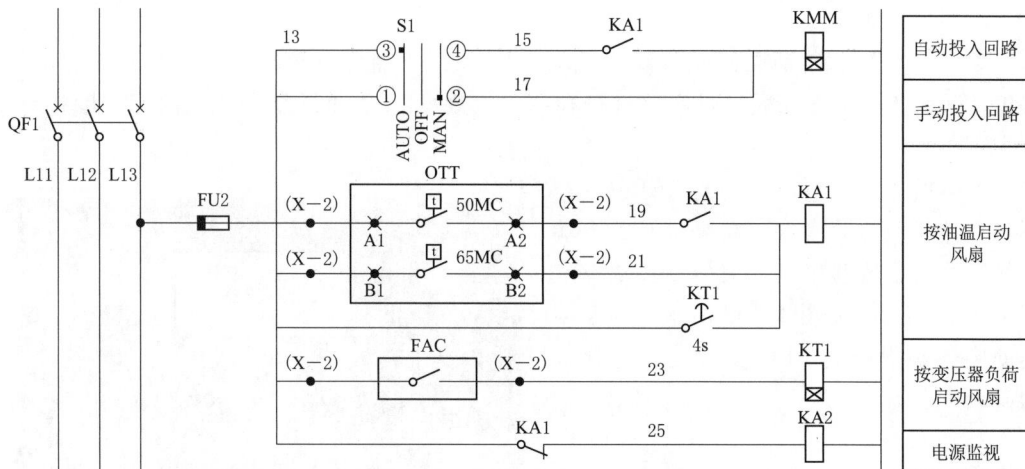

图 4.105　中间继电器动作回路图

3．原因分析

中间继电器之间配合不合理引起的冷却器缺陷误发。

【案例 4.38】　某主变冷却装置电源无法从Ⅰ段自动切换至Ⅱ段

1．缺陷情况

Ⅰ段电源能够正常运行，但是无法自动切换到Ⅱ段。

2．处理过程

检查发现Ⅱ段电源上的相序保护器灯不亮，然而其上端三相端子存在正常交流电，判定该相序保护器已失效，如图 4.106 所示。

此外还发现 KM1 接触器上端 B 相电缆有烧焦痕迹，在更换 KM1 继电器时发现接线端头烧焦情况非常严重，如图 4.107 所示。更换相序保护器及 KM 接触器后恢复。

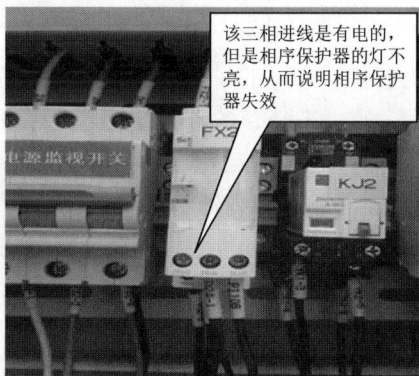

图 4.106　相序保护器

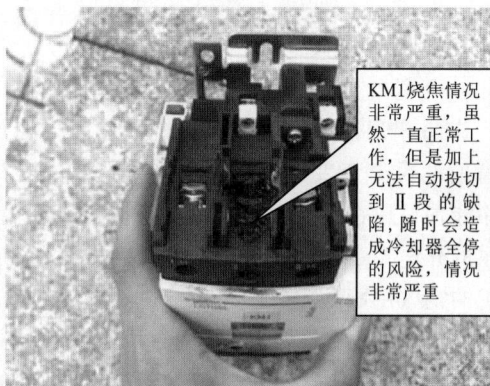

图 4.107　KM1 接触器

3．原因分析

根据判断，由于上端头进线没有彻底和 KM1 紧固，导致电阻增大引起过热。

【案例 4.39】　某主变冷却器缺陷，控制系统显示"#3、#4 油泵缺陷"

1．缺陷情况

该变电站#2 主变冷却器缺陷，控制系统显示"#3、#4 油泵缺陷"。

2．处理过程

现场检查$^\#$3、$^\#$4油泵缺陷灯亮。现场重启$^\#$3、$^\#$4油泵电源空开，复合开关"缺陷"灯灭，开始正常工作。通过对回路进行检查，发现$^\#$3、$^\#$4油泵复合开关内部辅助接点不可靠。

更换损坏或者不稳定的复合开关，并拆除复合开关辅助接点，在复合开关上端空气开关加装辅助接点，信号直接从空气开关送至PLC，如图4.108所示，避免因辅助接点缺陷影响PLC正常运作，导致油泵无法启动。

3．原因分析

复合开关及相关元器件质量不稳定引起的损坏缺陷。

4.4.4 套管的常见缺陷

（1）电容式套管的密封不良。电容式套管的密封问题表现在两个方面：一是套管自身密封不良；二是套管将军帽（导电头）密封不良。

1）套管自身密封不良。油纸电容式套管的内绝缘由于工作场强较高，且油量较少，密封不良，将对套管的绝缘构成很大危险。若套管油面以上部件密封不好，将造成套管内部进水受潮，使电容芯子受

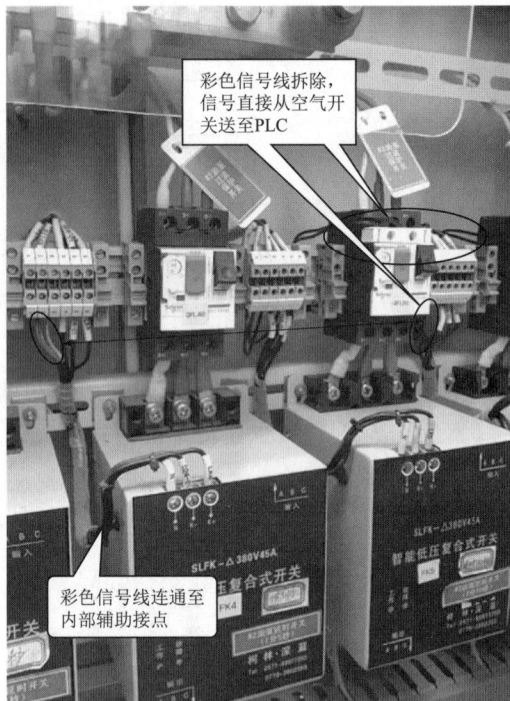

图 4.108 控制元件

潮劣化。上瓷套与中间法兰、下瓷套的各密封口及小套管密封不好，在油压的作用下更多地表现为向套管外部渗漏油，造成套管内缺油缺陷。其中下瓷套各密封口密封不好时，由于套管的油位高于变压器油位，将向变压器内渗漏油，且平时运行维护时渗漏不易被发现。用介损试验在一定程度上能发现电容式套管的密封不良，套管进水受潮时，$\tan\delta$ 增大，由于水的介电系数比变压器油的介电系数大，所以套管电容量 C 也增大；套管缺油时，储油柜上的空气膨胀，由于空气的介电系数比变压器油小，则套管的电容量 C 有所下降。

2）套管将军帽（导电头）密封不良。对油纸电容式套管的引线是穿缆式结构的，如果在套管顶部将军帽密封结构不好或是将军帽的沟槽与胶垫配合不好，雨水沿着套管铜导管中的引线渗进变压器引线的根部，并扩散到附近线段使其受潮，导致变压器线段的匝间短路损坏。因此套管将军帽的密封优劣将直接危及变压器本体的安全运行。所以在变压器安装或检修时，特别要注意此处密封处理。

（2）均压球松动脱落。均压球装在套管铜导管的末端，用以改善套管末端的电场分布，它利用铜导管末端的螺纹将其拧紧固定。变压器运行时产生振动有可能使均压球松动甚至脱落，造成均压球产生悬浮放电。所以在安装和检修时，必须检查其紧固情

况。为了防止均压球松动脱落，有些新式套管采用均压球与铜套管连接后再用固体胶将其粘住。

（3）末屏断线。套管的末屏用一根焊接在电容芯子最外屏表面的细软线通过中间法兰上的小套管引出，工作时小套管必须接地。在试验时，小套管可供测量套管的介损和测量变压器局部放电时取信号之用，所以在改变小套管接线时，可能使末屏的细软线发生转动，造成末屏断线，使电容芯子开路并出现放电现象。这种缺陷发生时，套管油色谱气体分析中会有少量的乙炔产生；另外，由于末屏断线相当于在原有电容芯子上再串入一电容，套管电容量 C 将变小。

（4）电容芯子受潮或击穿。电容芯子整体受潮造成 $\tan\delta$ 增大有两种可能：一种是套管密封不良进水使电容芯子整体受潮，这种情况水分是向电容芯子内层扩散的；另一种是套管制造工艺不良造成的，电容芯子真空干燥不彻底，内层的水分没有被抽尽，运行一段时间后，内层的水分慢慢向外扩散，使电容芯子整体受潮。

若套管的制造过程中，电容芯子的两个电容屏之间绝缘处理不好，运行中可能会造成电容屏之间击穿，相当于将电容芯子的一个电容短接，套管的电容量 C 将增大，完好电容屏之间承受的电压也将增加。

（5）瓷绝缘导杆式套管的缺陷。瓷绝缘导杆式套管的缺陷主要有引线与导杆连接不可靠，造成此处局部过热；导杆式套管顶部密封不良，造成渗漏油等。

【案例 4.40】 某主变高压套管介损偏高

1. 缺陷情况

某主变高压套管介损试验显示介损数据偏高。

2. 处理过程

对缺陷套管将军帽各组件进行解体检查，拆卸部件后发现金属压帽内部聚集一滩水迹，如图 4.109 所示。

对受潮点进行干燥处理后，装复将军帽，再次进行套管介损试验，试验数据在合格范围内。

3. 原因分析

造成套管将军帽内部受潮的原因可能是由于金属压帽密封纸垫老化，导致密封不良，主变水冲洗过程中水分渗入，如图 4.110 所示。

图 4.109　水迹　　　　　　　　　图 4.110　密封纸垫位置

【案例 4.41】　某主变高压套管 B 相油位低于正常油位的下限，油位不可见

1. 缺陷情况

某主变高压套管 B 相油位不可见。

2. 处理过程

检修人员当即停电检查处理，打开将军帽发现内部只有极少量油。查找渗油点，发现该套管末屏存在渗油，需要更换末屏，如图 4.111 所示。

更换末屏后，试验人员对套管和末屏进行了介损和绝缘试验，油化人员对套管的油进行了色谱和微水试验后均合格，最后油务人员对该套管补充油。

3. 原因分析

套管末屏位置渗油引起的套管油位低于下限。

图 4.111　套管末屏位置渗油

【案例 4.42】　某主变套管末屏烧损

1. 缺陷情况

某主变 A 相套管末屏发生烧损。

2. 处理过程

试验人员对缺陷主变本体及三相套管的油进行色谱分析，报告见表 4.3。

表 4.3　　　　　　　　　　　　某主变绝缘油色谱分析报告　　　　　　　　　　单位：$\mu L/L$

单　　位	某　变　电　站	
设备名称	套管 A 相	某主变
甲烷	27.81	14.05
乙烯	24.01	1.45
乙烷	9.32	2.44
乙炔	13.77	0.24
氢气	195.58	326.25
一氧化碳	838.09	871.05
二氧化碳	2199.94	4584.89
总烃	74.91	18.18
分析意见	乙炔、氢含量超过注意值 三比值编码：101 缺陷性质：电弧放电（#2 主变 A 相套管）	氢含量超过注意值

由主变本体及 A 相套管绝缘油色谱分析报告得出：

（1）A 相套管乙炔含量为 $13.77\mu L/L$，超出注意值 $2\mu L/L$ 比较多。

（2）主变本体氢气含量为 $326.25\mu L/L$，超出注意值 $150\mu L/L$ 比较多。

（3）其他组分正常，微水含量 $6.8\mu L/L$。

（4）三比值编码为 101，缺陷性质为 A 相套管电弧放电。

经检修人员检查，发现主变 A 相套管末屏有放电烧焦的痕迹，如图 4.112 所示。更换套管末屏，试验数据合格。

3. 原因分析

套管末屏接地不良造成套管末屏烧损。

【案例 4.43】　某变主变套管渗油

1. 缺陷情况

某主变高压套管 A 相渗油。

2. 处理过程

检修人员拆除接线柱及将军帽，如图 4.113 所示。

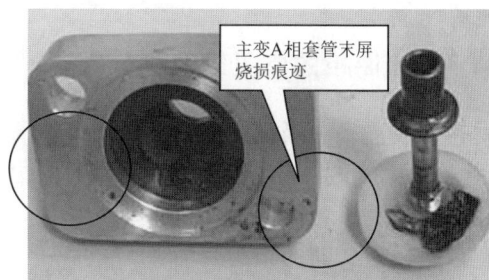

图 4.112　套管末屏烧损位置

图 4.113　拆除接线柱及将军帽

拆除将军帽后，发现该处密封圈已经被挤压变形损坏，如图 4.114 所示。此为套管渗油原因。

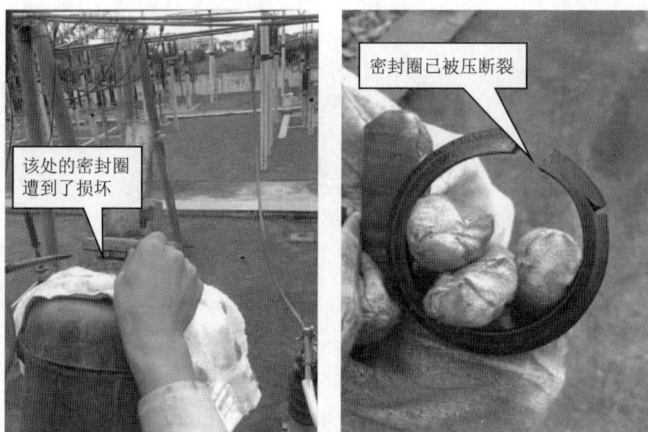

图 4.114　密封圈压裂

3. 原因分析

将军帽内侧密封圈已经被挤压变形损坏，推测该处密封圈被挤压变形损坏为出厂安装工艺不到位导致。

4.4.5　储油柜的常见缺陷

由于胶囊式和隔膜式储油柜采用简洁的方法来指示储油柜的油位，运行中可能会出现假油位。假油位是指油位计指示油位与储油柜的实际油位不相符，不同储油柜结构产生假油位的原因是不相同的。

（1）胶囊式储油柜的假油位。

1）小胶囊油位计本身指示不准。若在小胶囊的油位计注油时其内部的气体未排尽，由于空气的膨胀系数比油大，造成油位计的指示偏高，当环境温度高、变压器负载大时，油位计可能会喷出油。若油位计顶部的呼吸塞拧得过紧，造成油位计内的空气不能自由呼吸，也会发生假油位。

2）吸湿器堵塞。吸湿器堵塞时，胶囊内部的空气不能自动地与外界呼吸，储油柜油面上会产生额外的空气压力，并作用到小胶囊上，使油位计产生假油位，这种情况往往使指示油位偏高。

3）储油柜与胶囊之间的空气未排尽及胶囊破裂。这两种情况会对变压器油产生劣化，胶囊破裂可能危及变压器的正常安全运行。但从假油位方面而言，只要吸湿器畅通，对油位计的指示油位影响不是很大。

（2）隔膜式储油柜的假油位。

1）磁力式油位计本身指示不准。磁力式油位计转动卡涩、连杆弯曲等，都会造成磁力式油位计本身指示不准，从而产生假油位。

2）吸湿器堵塞。吸湿器堵塞时，隔膜上部的空气不能自动地与外界呼吸，对变压器运行是不利的。由于隔膜紧贴在油面上，油热胀冷缩时隔膜应能随油面的变化上下位移，从而带动磁力式油位计的指针转动，所以假油位应该不明显。

3）隔膜与油面之间的空气未排尽。由于空气的膨胀系数比油大，造成磁力式油位计的指示偏高。

4）隔膜破裂。隔膜破裂时，在重力作用下，使隔膜沉入油中，造成磁力式油位计指示偏低。

【案例 4.44】　某变电站后台发"#2 主变油位偏高"

1．缺陷情况

现场观察#2 主变有载油位计指示正常，而后台发"#2 主变有载油位高"告警。

2．处理过程

对#2 主变有载开关进行放油，准备拆卸油位计进行检查。发现当有载开关油放净后，油位计指示未发生变化，拆下油位计发现两个问题：①摆动油位计摆杆时，指针卡住不动；②油位计接点外包玻璃罩破裂，接点受潮严重。

导致指针卡涩的应该是油位计内部进入水汽，中心轴承以及相关部件受潮生锈导致转动轨迹受阻。从图 4.115 和图 4.116 中可以看出生锈部件在转动轨迹上摩擦产生的锈迹。

通过绝缘电阻表对油位计接点进行绝缘电阻检测，结果不合格，需更换油位计。此外，通过对油位计加装防雨罩能较好地防止油位计接点进水受潮从而引起误发信。

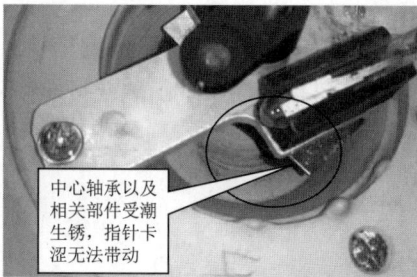

图 4.115　指针卡涩

图 4.116　生锈部件

3. 原因分析

油位计内部进入水汽,中心轴承以及相关部件受潮生锈导致转动轨迹受阻。

【案例 4.45】　某变电站#2 主变本体油位高报警

1. 缺陷情况

某变电站#2 主变本体油位高报警。

2. 处理过程

检查发现本体油位已到顶。采取放油的办法,放油 200kg 左右,油位仍不下降。怀疑油位计缺陷导致指示不正确。之后,采取红外测温的方法检查实际油位,发现主变大多数散热器蝶阀未打开,而实际主变已运行近一年时间。可见当时投产时就没有将阀门打开,而验收时也未及时发现。因此,加强验收工作十分必要。

3. 原因分析

该主变大多数散热器蝶阀未打开,导致主变无法通过散热器散热,油温偏高导致油位冲顶。

【案例 4.46】　某主变本体油位低报警

1. 缺陷情况

某主变本体油位低告警。

2. 处理过程

现场检查本体油位指示为最低值,#2 主变无漏油异常现象。结合#2 主变停役,对本体油位计进行检查处理。拆除油位计发现浮球连杆弯曲变形,如图 4.117 所示。拆除油枕侧面闷盖,将油位计浮球连杆拆除,调整后重新安装,补油后油位计指示正常。

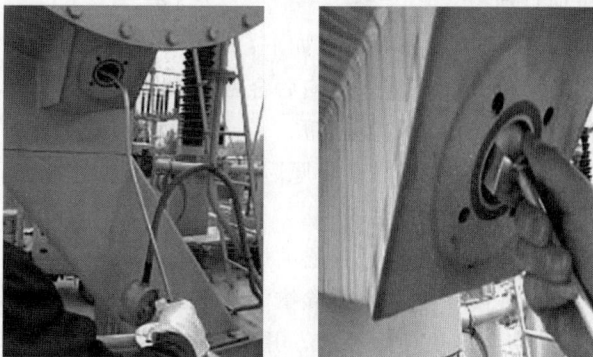

图 4.117　浮球连杆弯曲变形

3. 原因分析

由于浮球被油枕底部钢丝卡住，导致油位变化时油位计不能正常指示并将油位计浮球连杆顶弯。

【案例 4.47】 某变电站#2电抗器（油浸式）油位计指示卡涩

1. 缺陷情况

某变电站#2电抗器（油浸式）油位计指示卡涩。

2. 处理过程

现场检查发现是油枕内部的胶囊破裂，压断了油位计的浮球连杆，从而导致油位指示不正确。打开油枕发现胶囊破裂，如图4.118所示。

对胶囊和油位计连杆进行更换。在更换的过程中发现油枕内胶囊的两个固定挂钩的边缘处非常锋利，当胶囊膨胀时将导致胶囊极易被此处割破。用平锉对挂钩进行打磨处理，使其外表光滑无毛刺。对胶囊和油位计连杆进行更换，将油补充至当前合适位置，再对胶囊进行充气处理，缺陷消除。

图 4.118　油位计连杆变形

3. 原因分析

油枕内胶囊的两个固定挂钩的边缘处非常锋利，当胶囊膨胀时导致胶囊被此处割破。油枕内部的胶囊破裂，压断了油位计的浮球连杆，从而导致油位指示不正确。

4.4.6　在线净油装置的常见缺陷

在线净油装置通常会出现以下缺陷：

（1）电源灯不亮，原因及排除措施如下：

1）电源没接通，应接通电源。

2）空气开关掉闸，应检查线路排除缺陷后合闸。

3）指示灯坏，应换灯泡。

（2）按起动钮不起，原因及排除措施如下：

1）空气开关掉闸，应检查线路排除缺陷后合闸。

2）热继电器动作，应按热继电器复位钮。

（3）有载分接开关切换时装置不联动，原因及排除措施如下：

1）信号线缺陷应检查信号回路。

2）信号回路熔断器缺陷应检查信号回路的熔断器。

（4）报警灯LP03/LP04亮，原因及排除措施如下：

1）滤颗粒/滤水滤芯堵塞应更换新滤芯，并按复位按钮。

2）油温低，油温升高则自然排除。

（5）噪声或震动，原因及排除措施如下：

1）进油阀门关闭应打开进油阀门。

2）进油管堵塞应清洗进油管。

3）出油阀门关闭应打开出油阀门。

4）出油管堵塞应清洗出油管。

5）滤芯堵塞应更换新滤芯。

（6）压力表指针不动，原因及排除措施如下：

1）压力表开关关闭应打开压力表开关。

2）压力表坏应更换压力表。

（7）压力大于 0.6MP，原因及排除措施如下：

1）出油阀门关闭应打开出油阀门。

2）油管堵塞应清洗出油管。

【案例 4.48】　某变电站#1 主变在线滤油装置频繁启动且有载机构无法电动操作

1. 缺陷情况

某变电站#1 主变在线滤油装置频繁启动且有载机构无法电动操作。经检查，滤油装置正常，实际为有载调压机构内 K2 一副常闭节点粘死，导致滤油装置一直启动（联动回路一直导通）。

2. 处理过程

检修人员将有载调压机构内一副已坏的 K2 常闭节点更换，合上#1 主变有载调压电源开关，然而发现有载机构不能电动调档。观察机构调档过程，发现问题：K1、K2 继电器能吸合，但是其他继电器均不能动作，检修人员确认是由于 K21 不能动作所导致的问题。K21 的常开接点 1、2 和 3、4 不能闭合，导致电机主回路不能接通。

3. 原因分析

有载调压机构内 K2 一副常闭节点粘死，导致滤油装置一直启动。

4.4.7　气体继电器的常见缺陷

气体继电器缺陷主要是发生误动作，其原因有：

（1）二次回路绝缘不良。气体继电器顶盖积有水，将出现端子短接；二次回路绝缘破坏，造成回路被短接，使继电保护误动作。

（2）气体继电器的动作整定值过低。气体继电器的动作整定值过低，可能会造成气体继电器误动作。特别对强油循环的变压器，油泵的开停都会在气体继电器产生一定的油流，若动作整定值过低，可能会发生变压器误跳闸。

（3）发生穿越性缺陷。系统内发生短路缺陷时，强大的短路电流流过变压器内部，短路电流的冲击可能使气体继电器误动作。

【案例 4.49】　某变电站#1 主变本体瓦斯渗油

1. 缺陷情况

该变电所全所一次设备巡检时发现#1 主变本体瓦斯渗油严重，平均每秒一滴，地面积聚较大面积油迹。观察本体瓦斯发现整体布满油迹，并挂有油滴，如图 4.119 所示）。

2. 处理过程

检查本体瓦斯两侧与油管连接紧密，不存在螺栓松动现象。打开本体瓦斯上盖，发现探针外部波纹管以及整个瓦斯表面均布满油迹，如图 4.120 所示，怀疑是探针某部位存在裂缝。

图 4.119 本体瓦斯布满油迹

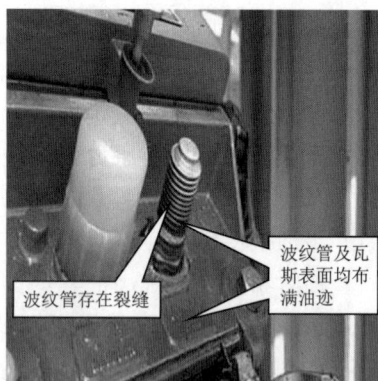

波纹管及瓦斯表面均布满油迹

波纹管存在裂缝

图 4.120 波纹管存在裂缝

与运行人员沟通得知该缺陷刚刚出现。据分析，该缺陷刚刚发生，并且油渗漏速度较快（每秒 1 滴），当时气温刚刚大幅回升，可能由于油温快速上升从而膨胀导致油压增加，将探针某部位胀破，产生裂缝。之后更换本体瓦斯过程中发现波纹管焊接处存在焊缝，推测得到了证实。

3. 原因分析

本体瓦斯波纹管焊接处存在焊缝引起渗漏油。

4.5 其他设备缺陷案例

4.5.1 电流互感器缺陷处理

【案例 4.50】 电流互感器接线座渗油缺陷处理

1. 缺陷情况

某电流互感器接线座发现渗油。经过前期现场摸底，作业人员判断出为 B 相断路器侧电流互感器接线座处渗油（其余两相检查无渗油），处理前情况如图 4.121 所示。

2. 处理过程

为了处理该缺陷，需将电流互感器顶部金属膨胀器拆除，进而才能从电流互感器内部拆下接线座，更换该部位密封圈，如图 4.122～图 4.124 所示。

更换密封圈后对设备进行装复，经检查确认渗油缺陷消除后，工作结束。

3. 原因分析

检查拆下的密封圈并未发现明显的老化现象，因此可排除密封圈质量问题导致了渗油缺陷。

图 4.121　渗油部位

图 4.122　拆除金属膨胀器

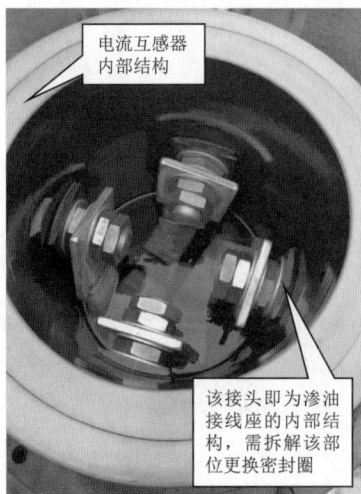

图 4.123　电流互感器内部结构

图 4.124　密封圈位置

排除设备本身问题后，现场作业人员发现搭接在接线座上的是双分裂导线，且该段导线横跨过道长度较长，导线质量很大。因此，判断渗油原因为导线搭接后对接线座有一个很大的斜向下的拉力，造成了该部位密封出现问题。现场回装时，对接线座的内部安装螺母加强紧固，防止下次再出现同样原因的渗油问题。

【案例 4.51】　电流互感器接头部位过热缺陷处理

1. 缺陷情况

某油浸式电流互感器的接头部位存在过热现象，如图 4.125 所示，一方面接触面可能存在毛刺，另一方面导电膏涂抹可能不均匀。应停电后进行接触面处理。

2. 处理过程

现场打开接触面后发现，接触面上的导电膏已经固化，失去提高导电性能的作用，如图 4.126 所示。

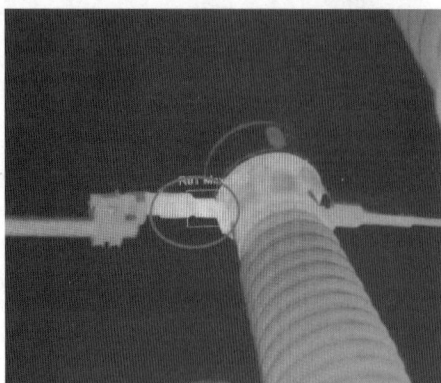

图 4.125　过热部位是电流互感器　　　　图 4.126　接触面导电膏固化，失去
　　　　　接线座的接触面　　　　　　　　　　　　提高导电性能的作用

接触面经过彻底清洗并均匀涂抹导电膏后，装回后再对回路电阻进行复测合格，最终缺陷消除。

3. 原因分析

接触面上的导电膏已经固化，失去提高导电性能的作用，引起接触面接触电阻偏大。

4.5.2　电压互感器常见缺陷处理

【案例 4.52】　电磁式电压互感器过热缺陷处理

1. 缺陷情况

某变电站 220kV 正母线 A 相电压下降趋势明显，为 19.9kV，其余两相正常为 130.5kV 左右，220kV 正母线电压为 144.69kV，$3U_0$ 为 109.67kV，遥信显示 220kV 正母压变电压互感器计量二次电压空气开关跳开，相关保护装置异常。运维人员对 220kV 正母压变进行红外测温时，发现 220kV 正母压变 A 相异常过热，温度达到 37℃，B 相温度 8℃，C 相温度 8℃。设备状态：220kV 正母压变为运行状态。

2. 处理过程

检修人员对正母压变 A 相进行拆头试验。直流电阻试验与绝缘电阻试验数据合格，电容单元试验介损有较大的增长（合格范围内），电容量正常，电压互感器一次加压后二次基本无电压输出，变比无法测试。B、C 相相关诊断试验均合格。

经商议决定，更换三相电压互感器，对拆下的电压互感器进行返厂解体检查。

油化专业人员对旧的三相电压互感器采取油样分析，分析结果显示 A 相压变总烃、乙炔、氢含量超过注意值，三比值编码：022，缺陷性质：高温过热（高于 700℃）。

结合高压试验缺陷的 A 相压变的变比无法测得数据，同时存在过热情况，二次直阻试验完好，初步判断怀疑电压互感器一次绕组存在异常。

后续在厂家厂房内对压变进行第三方解体分析。经解体检查发现，该电压互感器电磁单元一次线圈有外力损伤痕迹，一次线圈匝间短路，层间绝缘用薄膜烧焦发黑，二次引线绝缘层开裂。

对同组 B 相无异常电容式电压互感器进行对比解体检查，电磁单元一次线圈无异常，但一次、二次线圈外绝缘（类似保鲜膜的极薄的薄膜）及层间绝缘（电缆纸）与 A 相电压互感器（一次、二次线圈外绝缘及层间绝缘为较厚的薄膜）不同。

（1）解体检查 A 相异常电压互感器，发现：

1）二次线圈引线外层绝缘开裂，如图 4.127 所示。

2）一次线圈端面有胶状的黑色物质，如图 1.128 所示。

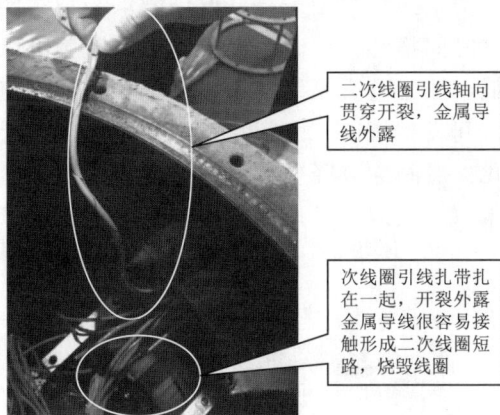

图 4.127　二次线圈引线外层绝缘层开裂

图 4.128　一次线圈端面有黑色物质

3）一次绕组外层绝缘包绕很厚的绝缘膜，膜大面积烧损变黑，一次线圈表面有一处轴向损伤凹痕，如图 4.129 和图 4.130 所示。

图 4.129　一次线圈外包绝缘膜大面积
烧损变黑

图 4.130　一次线圈表面有一处
轴向损伤凹痕

4）线圈层间绝缘为薄膜，薄膜烧黑融化与导线固化黏结成一体，导线表面绝缘膜损坏脱落，如图 4.131 所示。

（2）解体检查 B 相无异常电压互感器，发现：

1）二次线圈引线外层绝缘开裂。

2）一次线圈外绝缘为塑料薄膜，层间绝缘为电缆纸，如图 4.132 和图 4.133 所示。

3）二次线圈外径较 A 相二次线圈外径偏大，且与一次装配无加撑，二次线圈外层绝

图 4.131　一次线圈层间薄膜烧黑融化与导线固化黏结成一体

缘为塑料薄膜，层间绝缘为电缆纸。A 相、B 相产品二次线圈绝缘不一致，如图 4.134 所示。

3. 原因分析

（1）从电压互感器电磁单元一次线圈表面外力损伤痕迹及线圈烧蚀情况判断，最外层线圈受外力损伤后导线表面绝缘受损，绝缘强度下降，但仍能承受正常的运行电压，随着时间推移，导线绝缘层逐渐老化，绝缘强度进一步降低，加之电力系统的操作过电压作用，使此处受损导线匝间发生短路，匝间短路产生的能量将层间薄膜烧损融化，层间绝缘降低后引发导线层间短路，层间短路一步步由一次线圈外层到里层，直至中压直接对地短路，使二次线圈无电磁感应电压。

图 4.132　一次线圈外绝缘塑料薄膜

图 4.133　层间绝缘为电缆纸

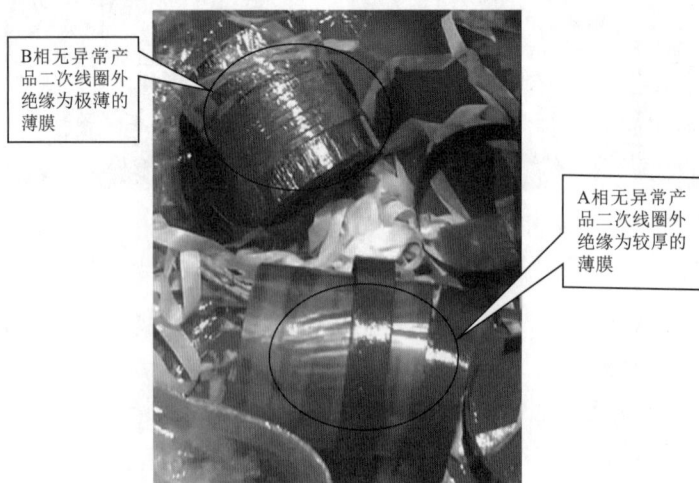

B相无异常产品二次线圈外绝缘为极薄的薄膜

A相无异常产品二次线圈外绝缘为较厚的薄膜

图 4.134　A、B 相产品二次线圈绝缘不一致

（2）二次线圈引线外绝缘层耐变压器油性能差，绝缘层开裂，金属导线外露，且二次引线用扎带扎在一起，极易发生二次线圈短路异常，导致二次线圈烧毁缺陷。

（3）A 相异常产品与 B 相无异常产品的一次、二次外绝缘及层间绝缘差异很大，同一批产品使用不同的绝缘材料，且线圈绕制尺寸不一，同一物件四角固定螺栓口径大小不一，工艺一致性很差。

综合以上分析，A 相电压互感器缺陷，是由于该电压互感器一次线圈外层导线绝缘受损，随时间推移绝缘进一步老化，导致绝缘进一步降低引起匝间短路，匝间短路产生的能量将层间薄膜烧损融化，层间绝缘降低后引发导线层间短路，层间短路一步步由一次线圈外层到里层，直至中压直接地短路，使二次线圈无电磁感应电压。

【案例 4.53】　线路压变电容变化量超标

1. 缺陷情况

某压变试验数据异常，电容量变化率及整组介损超过规程规定。从测试结果来看，该压变整组电容量变化量超过 2%，介损也大于 0.25%，且 C1 和 C2 的电容量也超过 2%。

2. 处理过程

电容量测试结果分析：根据 $C = \varepsilon S / d$，可以判定为压变内部介质的介电常数 ε 较正常值增大，也就是说：①压变内部介质可能已经发生了老化或受潮；②也可能为电容层间的距离 d 变小。

从介损角度出发考虑，其等值电路如图 4.135 所示。

由以上等效电路，可以很容易看出 $\tan\delta = 1/\omega CR$，在测得的电容 C 增大的基础上，$\tan\delta$ 如果也相应增大，那么绝缘电阻 R 必须减小，且其变化率要大于电容量 C 的变化率。这种情况在内部油老化或者受潮时会发生。

通过以上分析，再进一步分析测试结果，分两种情况：

（1）假设内部电容层间无短路现象，则分析如下：C2 的介损在合格的范围之内，那么可以初步排除介质老化的可能性（老化为整体性的，不应该存在上节介质老化，下节介质正常的情况）；进一步假设压变内部介质发生受潮，由于水密度大于绝缘油，水分子聚集在压变底部，加之水的介电常数 80 大于绝缘油的介电常数 2.3，理论上会造成 C2 的电容变化率大于 C1，但考虑水分子带来的电导效应大于介电效应，理论上 C2 的 $\tan\delta$ 应大于 C1 的 $\tan\delta$，这与实际测得的结果违背，因此可以初步认为电容层有短路现象。

（2）内部电容层间有短路现象，则分析如下：压变内部介质发生整体老化或受潮（该变为室内变，受潮可能性低），导致 C1 和 C2 的介损和电容量发生增大变化，在这种情况下，如果 C2 发生电容层间的短路，则 C2 的电容量变化率将超过 C1 的变化率，并可能由此引起 C2 的介损值处于正常值状态。

为验证上述分析，对该压变进一步展开了油化试验，油样提取如图 4.136 所示。取油过程发现取油口有气体放出，油样偏黄，初步判断内部油已经老化，且可能经受过放电或过热，导致气体产生。

对取回的油样进行分析，结果见表 4.4。

根据油化报告可以判定：C2 发生电容层间的短路（导致过热），压变内部介质发生老化（油介损变大）。对该线路压变进行了更换，更换后的压变各项交接试验合格。

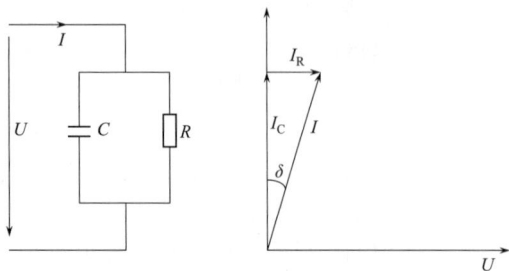

图 4.135　等值电路

图 4.136　油样提取

表 4.4　　　　　　　　　　　　油　化　报　告

油耐压试验	合格
油相对介损	tanδ＝1.25％；相对偏大
油中微水	合格
油中溶解气体	

绝缘油色谱分析报告

编号：　　　　　　　　　　　　含量单位：μL/L

单位	广福变
设备名称	东福线路压变
相别	
取样日期	2017-3-10
分析日期	2017-3-10
甲烷	91.96
乙烯	5.10
乙烷	6.26
乙炔	0.10
氢气	84.98
一氧化碳	314.28
二氧化碳	4128.86
总烃	103.42
分析意见	总烃含量超过注意值！三比值编号：020 故障性质：低温过热150~300℃ 低温过热

3. 原因分析

内部油已经老化，且经受过放电或过热，导致气体产生，引起压变试验数据异常。

4.5.3　电容器常见缺陷处理

电容器组缺陷突出表现在过热和熔丝熔断问题上，夏季是电容器组投入运行的高峰期，且环境温度高，易导致发热问题；另外，由于部分户外安装运行年限长的外熔断器老化，会导致熔丝熔断问题。

【案例 4.54】 **某变电站电容器组熔丝熔断缺陷处理**

1. 缺陷情况

某日，××变#2电容器组三相不平衡动作跳开#2电容器断路器，现场检查发现#2电容器组 B 相 B01、B02、B07、B08 四只电容器熔丝熔断，如图 4.137 所示，且现场发现松鼠遗体一具。

2. 处理过程

检修人员到现场后对电容器再次充分放电，检查电容器本体外观正常，对四只熔断的电容器分别测量单只电容量，测量数据与历史数据相比基本未变化，电容量合格。

检修人员更换熔断的熔丝后，测试 B 相整组电容器电容量，将测试结果与历史数据对比合格，因此判断电容器正常。

另外发现 A 相电容器组串联电抗器表面有烧焦发黑痕迹，进一步检查发现烧焦部位位于电抗器层间，其绝缘层已经炭化，如图 4.138 所示，联系厂家后认为该电抗器已受损不可投运。

图 4.137　电容器熔丝熔断

3. 原因分析

现场检查熔丝熔断的电容器均属于 B 相，而烧焦的电抗器位于 A 相，据运行人员描述松鼠位于 B07、B08 电容器附近。判断缺陷原因为松鼠窜入电容器组引起短路，短路电流使 B 相电容器熔丝熔断；由于短路瞬间电流变化率较大，在电抗器上产生较大的电流变化率 di/dt，在电抗器线圈上产生过电压 Ldi/dt，三相电抗器尾端互联且中性点不接地，因此 A 相电抗器线圈匝间也存在过电压，检修人员认为 A 相电抗器存在匝间绝缘相对薄弱环节，在过电压作用下烧损。

异常发黑痕迹

层间绝缘材料
烧焦、变形

图 4.138　串联电抗器内部绝缘烧焦

【案例 4.55】 **某变电容器过热缺陷处理**

1. 缺陷情况

某日，运行人员通过红外测温仪对某变电容器组进行测温，发现#2电容器中性点 A、

B 两相温度过热。其中中性点 A 相接头最高位 153.7℃，中性点 A 相接头最高位 89.2℃，如图 4.139 所示。

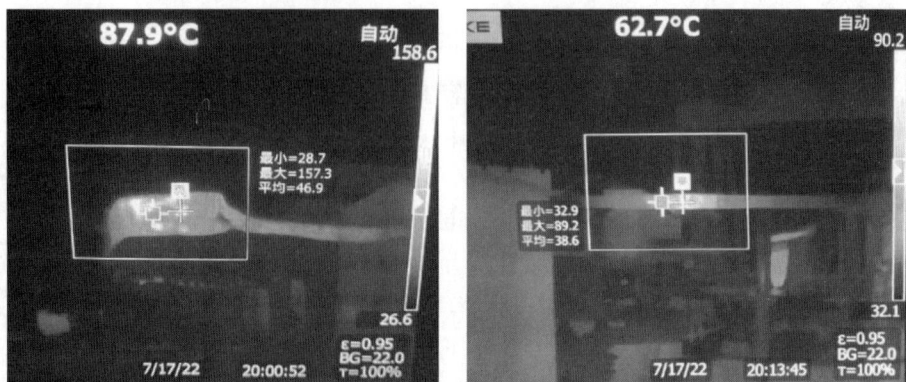

图 4.139　红外测温情况

2. 处理过程

检修人员对 ＃2 电容器再次充分放电，并对 ＃2 电容器本体外观进行检查，发现 ＃2 电容器中性点 A 相、B 相接头出的引线腐蚀严重，多股铜丝断裂，如图 4.140 所示。

接着检修人员分别测量了 A、B 两相中性点接头到其电容器接头之间的回路电阻，A 相的回路电阻为 4.086mΩ，B 相的回路电阻为 1.952mΩ。回路电阻的测量值远远超出的规定值，也是造成发热的原因。

随后检修人员对 A、B 两相的铝排、螺栓螺母、铜铝过渡片等连接部件表面的氧化层进行处理，并将铝排往电容器方向移动了一段距离，把锈蚀铜线前端完好的铜线接入线槽中。处理完成后，重新其进行了回路电阻测试，测试结果如图 4.141 所示。

图 4.140　中性点接线情况

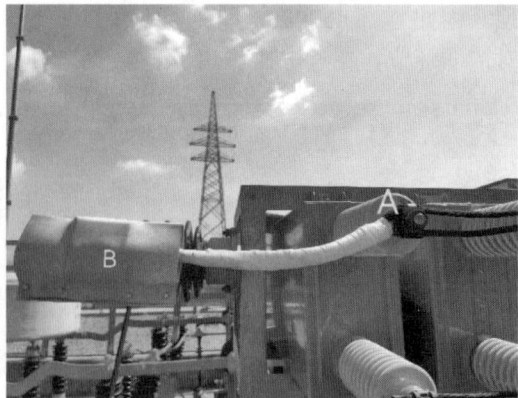

图 4.141　电容器引线位置关系

检修过程中发现，引线与电容器的连接点（A 点）比引线与铝排的连接点（B 点）的地理位置要高（如图 4.141 所示）。因此在雨天，雨水会从 A 点往 B 点流，堆积在 B 点绕包处，并在电流作用下会发生电化学腐蚀，故造成 B 点多股铜丝因腐蚀断裂，使接触电阻增大，发热严重。

应对连接处有绕包的地方做好排水措施，避免雨水的堆积。在引线总截面积不变的情况下，换用横截面积更大的铜丝，增强其承受腐蚀的能力。

现场对电容器组连接铜排过热接触面进行打开处理发现，有过热的接触面均存在接触表面粗糙、紧固螺栓锈蚀现象，导致接触电阻增大引起发热。

3. 原因分析

（1）电容器属频繁投切设备，连接导体在通流与不通流（也即自主发热与不发热）之间频繁切换，连接面部分频繁热胀冷缩，且在夏季高温环境下，氧分子热运动加剧，导致接触面氧化，氧化后的过热导致恶性循环，接触情况日益恶化。

（2）铜（连接铜排）和铁（螺栓）的膨胀系数存在差异，高温的作用更放大了膨胀差异，加之夏季环境湿度大，雨水较多，铜排和螺栓之间产生的微小缝隙使得氧气和水分腐蚀了螺栓，造成接触面压力下降。

（3）导电膏涂抹不够均匀，长期运行后存在微小缝隙，使得氧分子更易进入接触面。

（4）系统谐波影响。谐波频率高，使得电容器谐波阻抗变小，在工频电压和谐波电压作用下，产生稳态电流之外的谐波分量，使得总电流增大，造成过热影响。

第2篇

变电二次专业

第5章 500kV变电站二次系统

5.1 变电站综合自动化系统

综合自动化系统是将变电站二次设备（包括仪表、信号系统、继电保护、自动装置和远动装置）经过功能的组合和优化设计，利用先进的计算机技术、现代电子技术和通信设备及信号处理技术，实现对全变电站主要设备和输配电线路的自动监视、测量、自动控制和微机保护以及调度通信等综合性自动化功能。

5.1.1 变电站监控系统

变电站监控系统是综合自动化系统的重要组成部分，主要为调度提供厂站实时运行状态及数据，同时接收并处理调度下发的控制命令。

变电站监控系统通常由各种智能电子设备（IED）完成数据采集，由远动通信工作站完成数据的转发。

变电站监控系统的主要功能包括：数据采集与处理、控制操作、报警处理、事件顺序记录、事故追忆、远动功能、时钟同步、人机联系界面、与其他设备接口、运行管理等。

变电站监控系统整体框架如图5.1所示。

5.1.1.1 变电站监控系统网络结构

变电站监控系统分为站控层、间隔层、过程层，智能变电站的两网结构分为过程层交换机（光口以太网）和站控层交换机（电口以太网）。变电站监控系统"三层两网"结构如图5.2所示。

站控层通过变电站内的数据交换网获得间隔层设备内的数据，并在操作员工作台上进行数据组合、整理，完成对一次设备的控制和监视；根据各级调度的不同要求通过远动通信工作站转发变电站内的一次、二次设备相关信息。

间隔层典型设备由每个间隔的控制、保护或监视单元组成，间隔层通过数据交换网络与站控层设备之间进行数据通信。

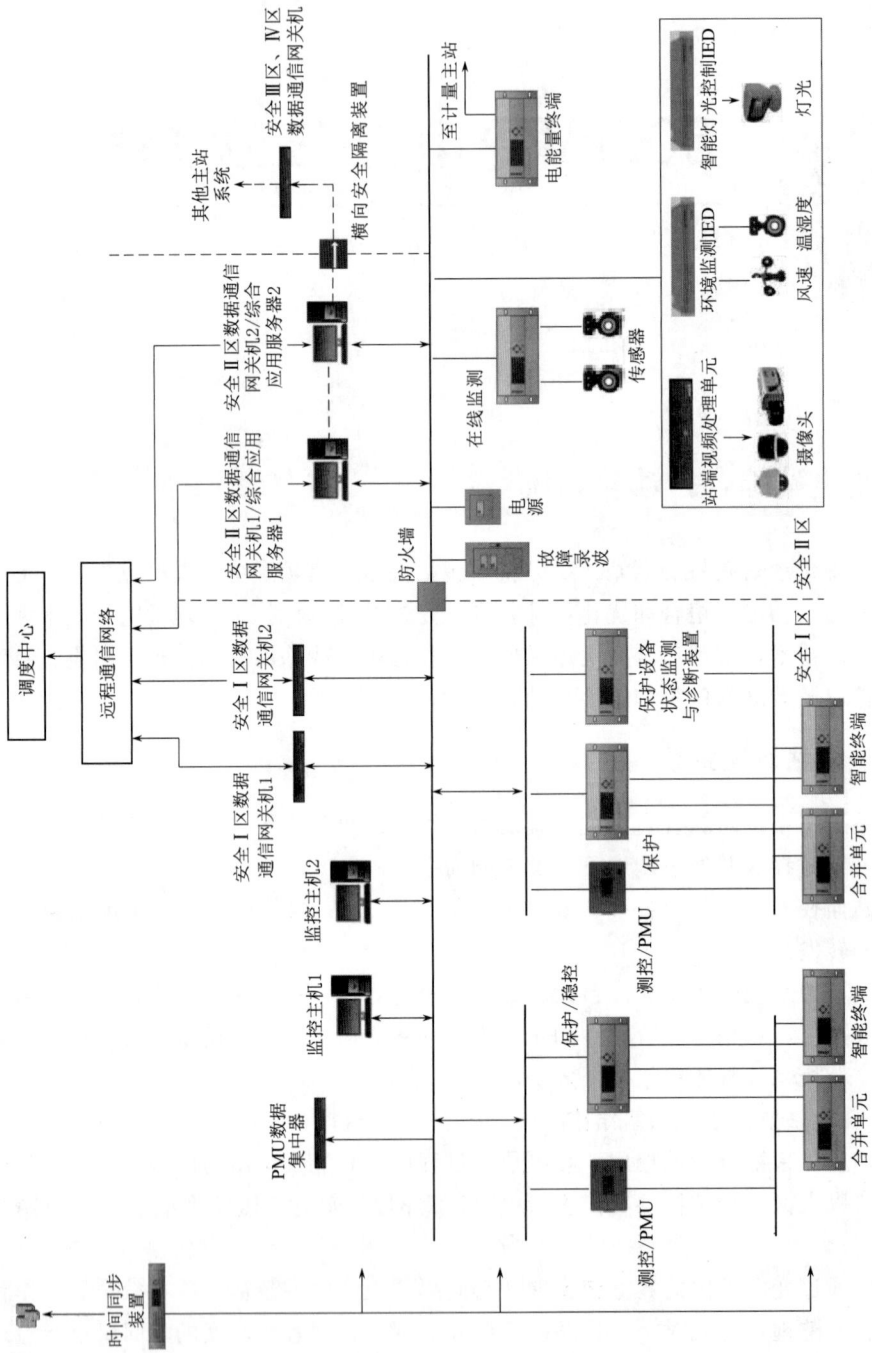

图 5.1　变电站监控系统整体框架图

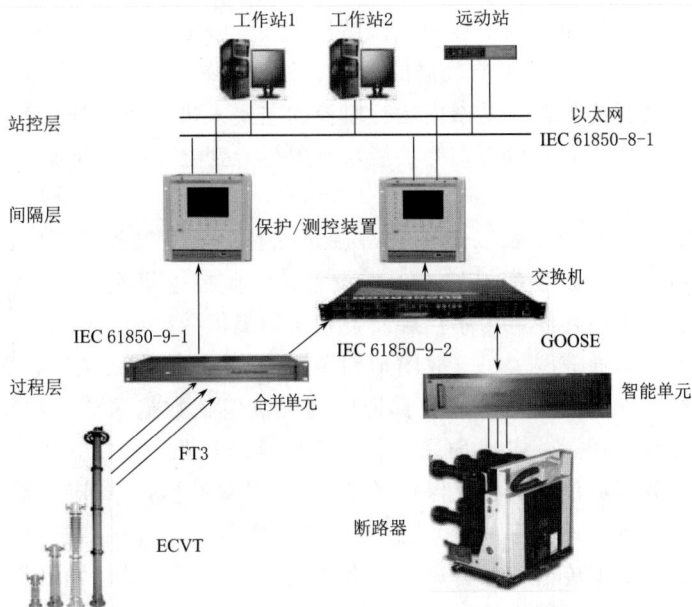

图 5.2　变电站监控系统"三层两网"结构图

过程层设备对一次设备进行状态的采集并对断路器、隔离开关进行分合控制。遥测采集包括电流、电压、功率、功率因数、频率等交流量和各种直流电压、温度等直流量的采集；遥信采集包括断路器、隔离开关等位置信号采集，一次、二次设备及回路告警信号采集，本体信号采集，保护动作信号和变压器档位信息采集。

5.1.1.2　变电站监控系统三层两网

1. 站控层设备

站控层设备由监控主机、数据通信网关机、数据服务器、综合应用服务器和数据服务器等一体化业务平台、智能设备接口及网络打印机等设备构成，如图 5.3 所示。站控层的功能是提供站内运行的人机联系界面，实现管理控制间隔层、过程层设备等功能，形成全站的监控、管理中心，并与远方监控/调度中心通信。

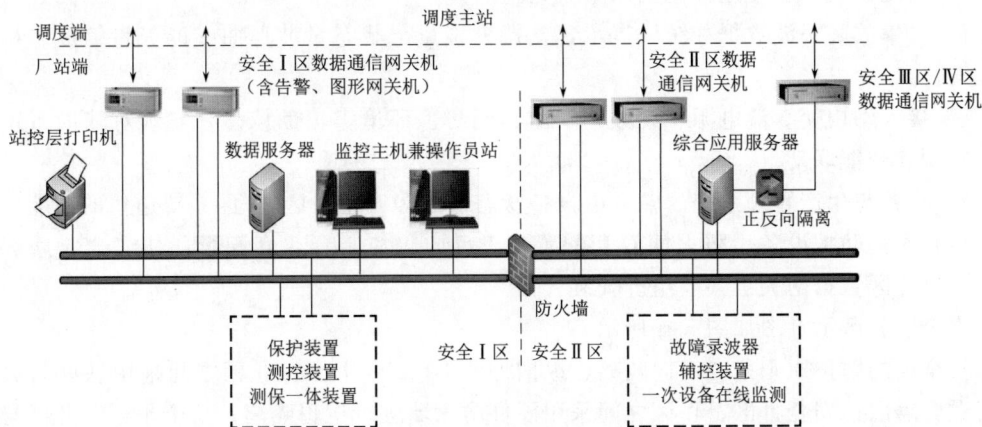

图 5.3　站控层设备结构图

（1）监控主机（兼操作员及工程师工作站）。监控主机采用服务器，双套配置，共享显示器，组屏安装，负责站内各类数据的采集、处理，站内设备的运行监视、操作与控制、信息综合分析及智能告警，是站内运行监控的主要人机界面，具有事件记录及报警状态显示和查询、设备状态和参数查询等功能，实现智能变电站一体化监控系统的配置、维护和管理。

（2）数据服务器。220kV 及以上变电站独立设置，采用服务器，单套配置，单显示器，组屏安装；110kV 及以下变电站不独立设置，由监控主机实现功能。数据服务器用于变电站全景数据的集中存储，为站控层设备和应用提供数据访问服务。

（3）安全Ⅰ区数据通信网关机（兼图形网关机）。采用嵌入式装置，无机械硬盘和风扇，双套配置，组屏安装。安全Ⅰ区数据通信网关机包括数据采集、数据远传、图形浏览、告警直传、等传输功能，实现 SOE、告警事件等以及顺序控制。

（4）安全Ⅱ区数据通信网关机（保信子站）。采用服务器，220kV 及以上变电站双套配置（110kV 及以下变电站单套配置），组屏安装。实现安全Ⅱ区数据（非实时数据）向调度（调控）中心的数据传输，具备远方查询和浏览功能。支持主站和厂站间的模型/图形转换、数据订阅发布、源端维护，实现主站对厂站模型、数据的灵活配置和动态管理；支持故障报告、波形文件等数据的远方召唤、查询功能。

（5）安全Ⅲ区/Ⅳ区数据通信网关机。采用服务器，单套配置，与安全Ⅱ区数据通信网关机同屏安装。实现与 PMS（设备管理系统）、输变电设备状态监测等其他主站系统的信息传输；传输的内容主要包括：状态监测数据和监测分析结果，设备台账信息、设备缺陷信息，保护定值单、检修票和操作票。系统通过正反向隔离装置向安全Ⅲ区/Ⅳ区数据通信网关机传送数据，实现与其他安全Ⅲ区/Ⅳ区系统的信息传输。

（6）综合应用服务器。采用服务器，单套配置，单显示器，组屏安装。其具有以下功能：

1）具备母线、线路电能质量监测功能。

2）具备一次设备状态监测信息的综合展示和告警功能。

3）实现二次设备运行状态信息的监测、展示和告警。

4）实现保护专业使用信息的采集、处理。

5）采集故障录波数据并统一展示，支持模拟量、状态量波形曲线的矢量缩放、移动和比对。

6）接入站内交直流电源、视频、安防、消防、环境等辅助信息，实现对辅助系统的远程控制和智能联动。

7）具备与生产管理系统、输变电设备状态监测等安全Ⅲ区/Ⅳ区系统通信的功能。

（7）安全防护设备。防火墙双套配置，正反向隔离装置双套配置，与综合应用服务器、安全Ⅱ区数据网关机共同组屏安装。

安全区分区示意图如图 5.4 所示。

安全区的防护原则是"横向隔离、纵向加密"：安全Ⅰ区、Ⅱ区之间采用硬件防火墙进行逻辑隔离；安全Ⅲ区、Ⅳ区之间采用硬件防火墙进行逻辑隔离；安全Ⅰ区、Ⅱ区与安全Ⅲ区、Ⅳ区之间应该采用电力专用横向单向安全隔离装置；安全Ⅰ区、Ⅱ区接入电力调度数据网 SPDnet 时，应配置纵向加密认证装置；安全Ⅲ区连接 SPTnet 的生产子网或其他电力企业数据网时通过硬件防火墙接入。

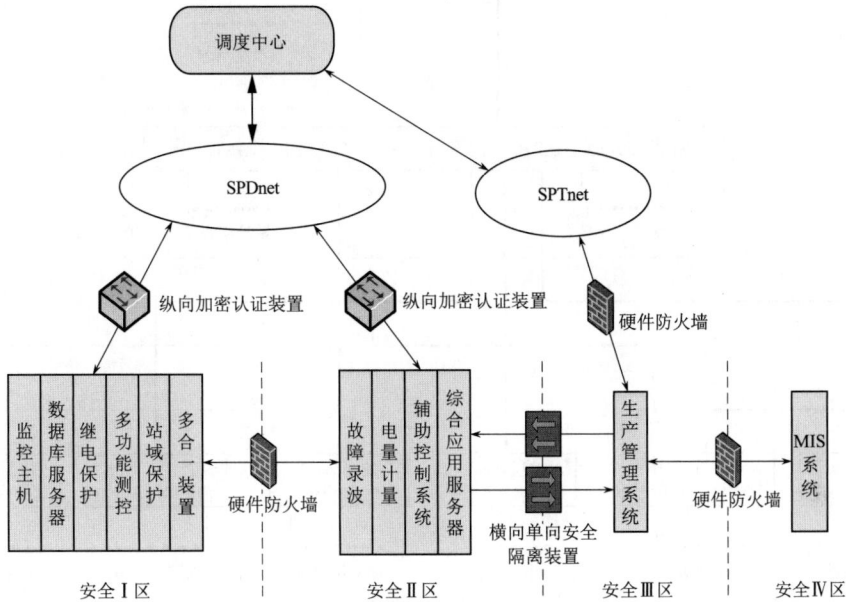

图 5.4　安全区分区示意图

2. 站控层网络及交换机配置原则

站控层网络可传输 MMS 报文和 GOOSE 报文，一般使用电口以太网组网，用于间隔层装置（如保护等）与变电站监控系统之间交换事件、状态数据、控制数据，以及变电站站控层之间（如控制主机和操作员站）交换数据，例如信号上送、测量上送、定值、遥控、故障报告等。站控层 MMS 网络的可靠性要求相对较低，但数据量相对较大，部分类似于常规变电站中的监控网。

站控层组成如图 5.5 所示。

站控层网络交换机配置原则如下：

（1）220kV 及以上电压等级变电站宜冗余配置 2 台站控层中心交换机；110kV 及以下电压等级的智能变电站可采用单星型网络。

（2）站控层中心交换机宜采用百兆电口（可带级联光口）工业以太网交换机，级联光口数量应根据实际需求配置。

（3）站控层交换机宜按照设备室或按电压等级配置，交换机端口数量宜满足应用需求。

3. 间隔层设备

间隔层由若干个二次子系统组成，一般指继电保护装置、系统测控装置、监测功能组主 IED 等二次设备。间隔层主要功能包括：①实施对一次设备保护控制功能；②汇总本间隔过程层实时数据信息；③实施本间隔操作闭锁功能；④实施操作同期及其他控制功能；⑤对数据采集、统计运算及控制命令的发出具有优先级别的控制。

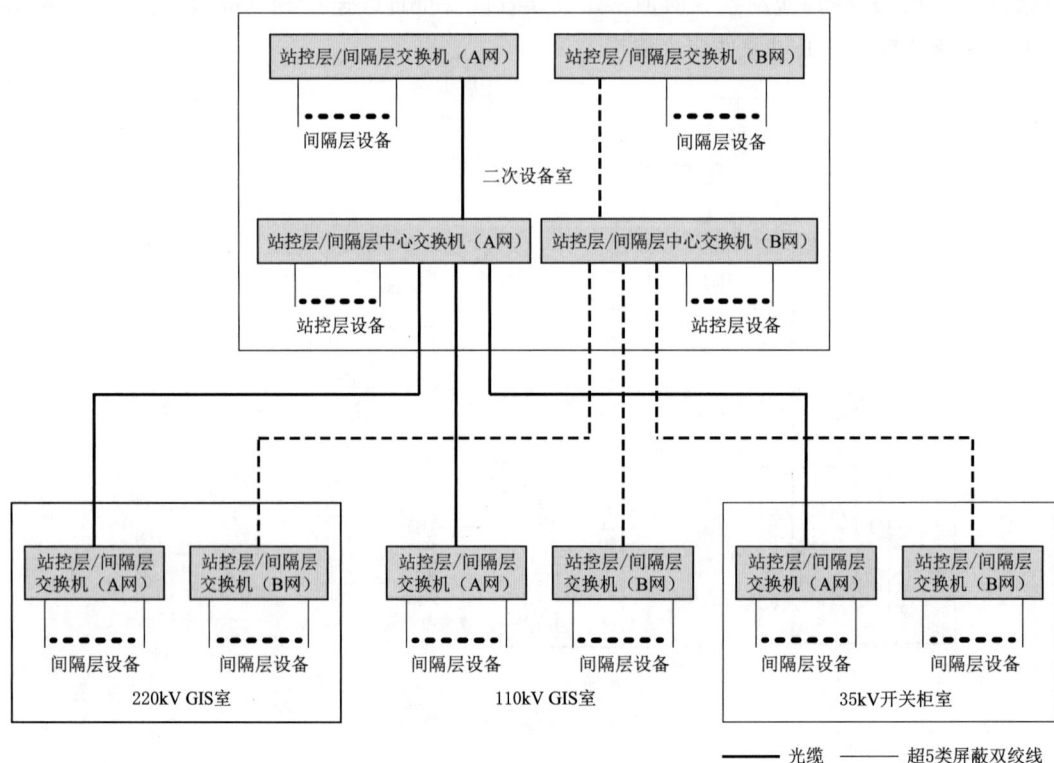

图 5.5　站控层组成

4. 过程层设备及交换机配置原则

过程层设备由合并单元、智能终端等设备构成，如图 5.6 所示。

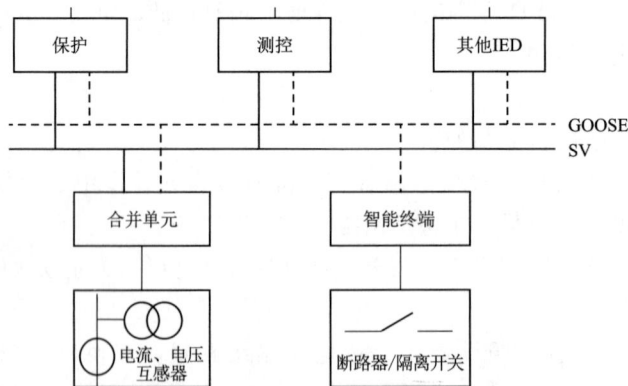

图 5.6　过程层设备原理图

过程层网络可传输 GOOSE 和 SV 报文，220kV 及以上电压等级的应用中，过程层网络应双重化配置，双重化的网络在物理上独立，双网冗余配置，一个网络故障或瘫痪不影响另一个网络的正常运行，如图 5.7 所示。110kV 及以下电压等级的应用中，过程层网络可采用单重化网络配置，也可根据可靠性要求采用双重化网络配置，若采用双重化网络配置，双重化的网络在物理上独立，双网冗余配置，一个网络故障或瘫痪不影响另一个网络的正常运行。单套配置的测控装置等通过独立的数据接口控制器接入双重化网络；对于相量测量装置、电度表等仅需接入 SV 采样值单网。

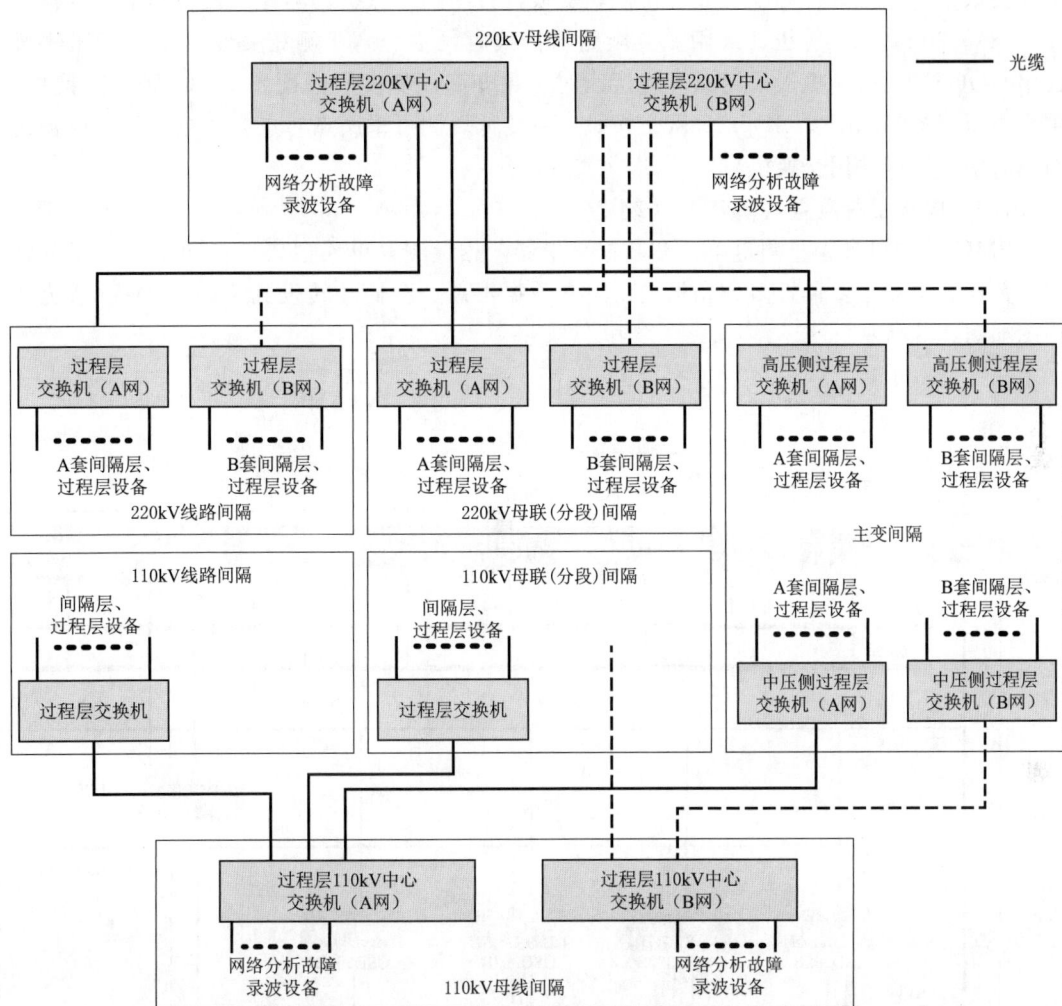

图 5.7　过程层交换机配置示意图

过程层网络交换机配置原则如下：

（1）宜采用 100M 光口工业以太网交换机，宜选用 16 口、8 口、6 口交换机，也可根据需要选用 24 口交换机。

（2）每台交换机的光纤接入数量不宜超过 16 对，备用端口应划入虚拟网段。

（3）任两台智能电子设备之间的数据传输路由不应超过 4 个交换机。

（4）过程层中心交换机宜按照电压等级配置，用于同一电压等级过程层跨间隔数据的汇总与通信。

（5）3/2 断路器接线方式过程层交换机按串独立安装组柜。

（6）750kV/500kV/330kV 电压等级、3/2 断路器接线方式，过程层 GOOSE 网交换机宜按串冗余配置，每串按双重化配置 4 台 GOOSE 交换机。

（7）330kV 电压等级、双母线接线时，过程层 GOOSE 交换机宜按间隔配置，每个间隔按双重化配置 2 台 GOOSE 交换机，交换机按间隔与保护、测控装置共同组屏（柜）。

（8）330kV 电压等级、采用 3/2 断路器接线时，主变高压侧相关设备接入高压侧所在串 GOOSE 网交换机；采用双母线接线时，主变高压侧按间隔配置 GOOSE 网交换机；主变中压侧按间隔配置 GOOSE 网交换机；主变低压侧可采用点对点方式接入相关设备或与高（中）压侧共用交换机。

5.1.1.3　同步相量测量（PMU）系统

PMU 系统包含相量测量单元和数据集中器，相量测量单元主要负责同步采集相量数据，数据集中器主要负责多台相量测量单元数据汇总、存储并转发到主站。PMU 系统结构图如图 5.8 所示。

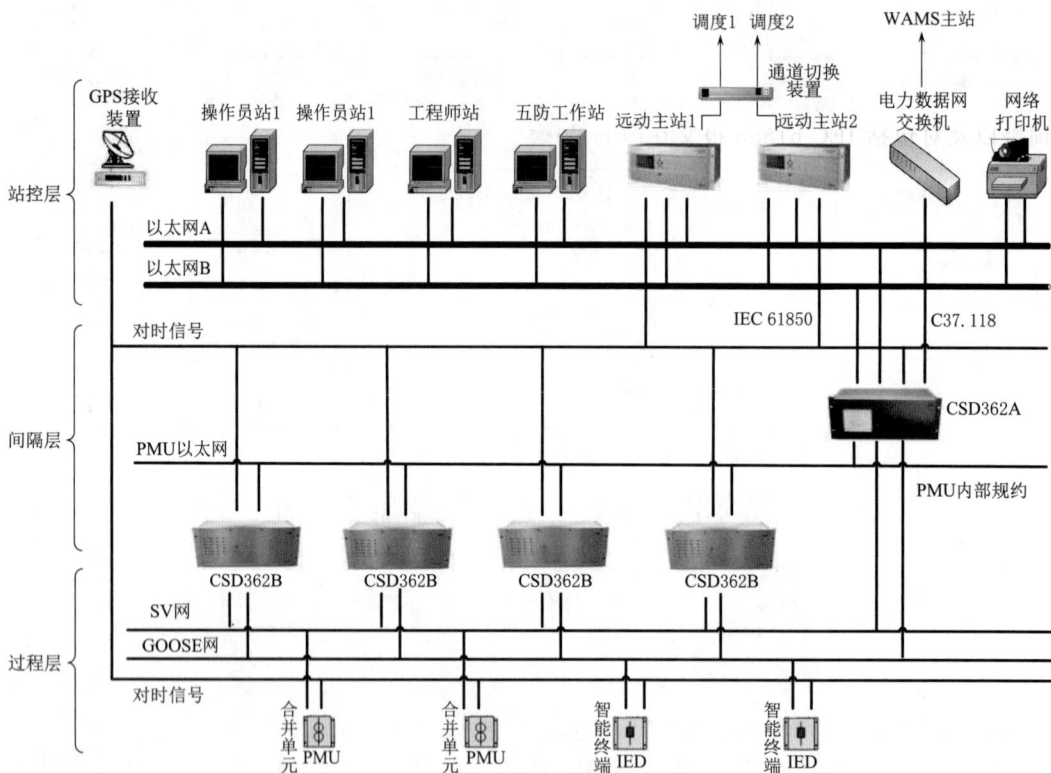

图 5.8　PMU 系统结构图

PMU 系统配置原则如下：

（1）220kV 及以上变电站可配置 PMU 系统。

（2）按变电站配置一台数据集中器，根据接入支路数量配置多台 PMU。

（3）PMU 有数字化采样和模拟量采样两种方式。

（4）数字化采样可以采用直采或网采方式接入。

5.1.1.4 网络录波分析系统

网络录波分析系统（图5.9）主要用于智能变电站，可在系统发生故障时自动地、准确地记录故障前后过程中各种电气量的变化情况，通过这些电气量的分析、比较，分析处理事故、判断保护是否正确动作。

网络录波分析系统功能如下：

（1）智能变电站稳态过程和暂态过程记录，分连续记录和触发记录。

（2）采集过程层GOOSE和SV，以MMS上送至管理系统进行分析。

（3）录波启动方式主要有电压、电流的突变和越限启动，开关量启动，谐波电压启动，频率越限启动，故障测距，变压器短路、接地、过电压、差动等触发启动。

（4）电力系统数据实时监测及分析。

（5）录波数据的分析。

（6）二次设备状态监测。

5.1.1.5 网络报文分析系统

网络报文分析系统（图5.10）主要用于实现变电站内各运行实体（监控、远动、保护/测控装置、智能终端等）间通信报文的监听和记录、站内设备间通信异常及故障的在线预警以及对包括IEC 61850报文在内的多种通信报文的专业分析，其主要功能如下：

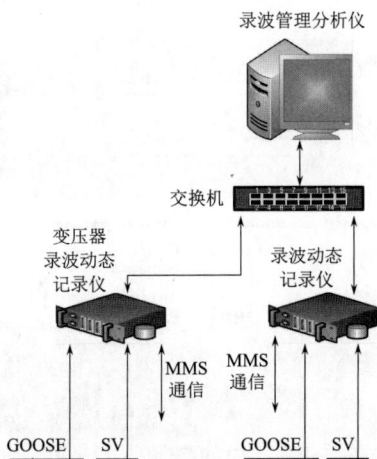

图5.9　网络录波分析系统结构图　　　　图5.10　网络报文分析系统结构图

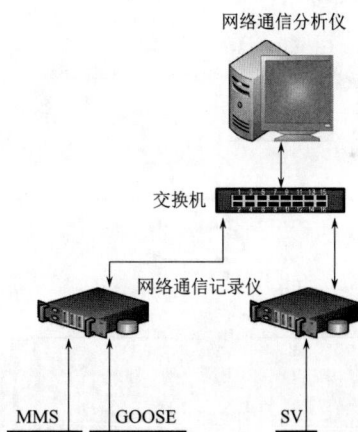

（1）智能变电站网络通信的监视、记录、存储、分析，主要是为故障排查提供原始数据及高效易用的分析功能。

（2）监视所有网络通信，以分析IEC 61850通信为主，兼顾其他重要的通信信息分析，如PTP、GMRP、SNTP。

（3）实时分析及预警，包括通信节点的状态、流量、通信异常、数据曲线。

（4）电力系统数据分析，主要针对SV报文分析，如谐波、矢量、序分量、功率、双A/D同步性、间隔离散性等。

5.1.1.6　电能质量监测系统

电能质量监测系统（图 5.11）主要用于监测、统计监测点的电能质量，监测装置通过 SV 网络采集采样数据，实时监测的主要指标为基本电气参量、电压偏差、谐波、间谐波、频率偏差、三相电压不平衡度、电压波动与闪变等，针对电能质量越限、电压暂升、电压暂降，提供事件告警和录波分析功能。站内电能质量监测系统功能在站控层安全Ⅱ区综合应用服务器实现。

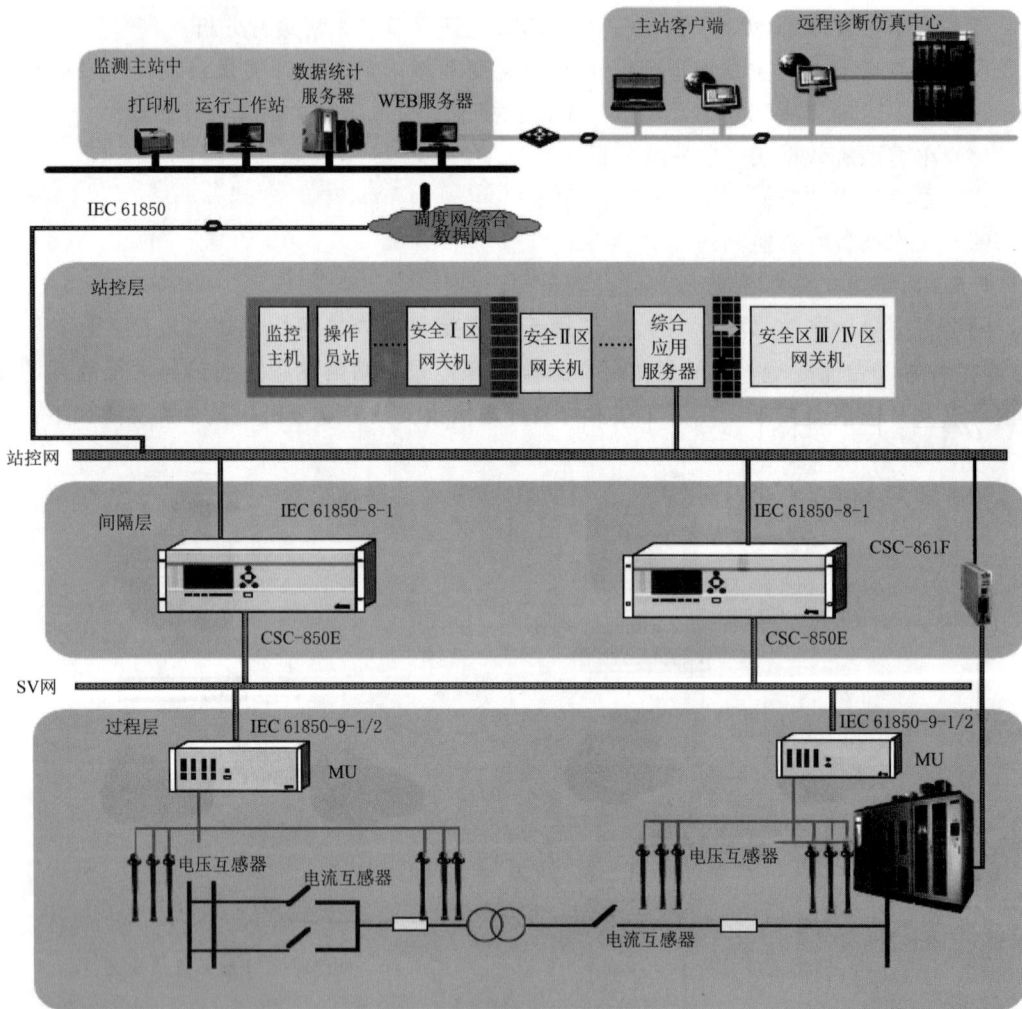

图 5.11　电能质量监测系统结构图

5.1.1.7　对时系统

对时系统（图 5.12）功能如下：

（1）支持标准的同步信号输出、满足二次设备同步授时应用。

（2）采用多源授时的外部时间基准信号（GPS、北斗、外接 B 码）。

（3）支持 IRIG - B 码、IEEE 1588、脉冲、差分信号、串口报文、SNTP、PTP 等对时信号的输出。

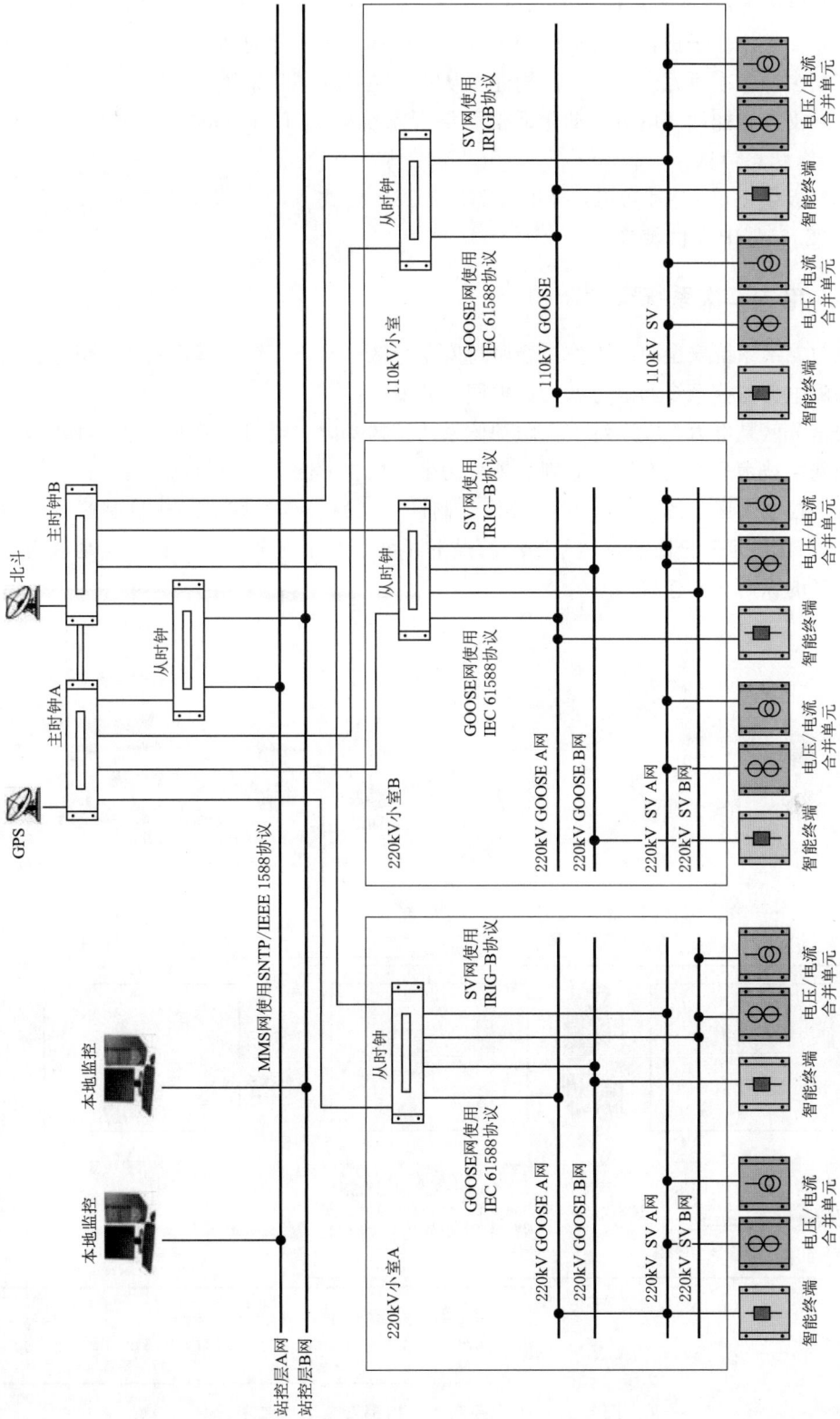

图 5.12　对时系统结构图

（4）具有光纤、空节点、TLL、RS 422/485、RS 232、以太网等对时接口类型。

（5）支持铷原子钟，可实现优于 $1\mu s/24h$ 的高精度自守时功能。

（6）多源基准可冗余配置，以构建主从式、主备式同步系统。

（7）支持智能站《电力自动化通信网络和系统》（DL/T 860）标准化建模，可通过 MMS 上送状态信息。

（8）提供 PTP 授时功能，支持 E2E 或 P2P 模式下的一步法和两步法，并可选择 IEEE 802.3 或 IPv4 的帧输出。

5.1.2   电力二次系统安全防护

电力二次系统安全防护工作应当坚持安全分区、网络专用、横向隔离、纵向认证的原则，保障电力监控系统和电力调度数据网络的安全。

安全分区是电力二次系统安全防护体系的结构基础。电网企业和供电企业内部基于计算机和网络技术的应用系统，原则上划分为生产控制大区和管理信息大区。

生产控制大区（图 5.13）可以分为控制区（又称安全Ⅰ区）和非控制区（又称非实时区Ⅱ），在满足安全防护总体原则的前提下，可以简化安全区的设置，但是应当避免不同安全区的纵向交叉连接。

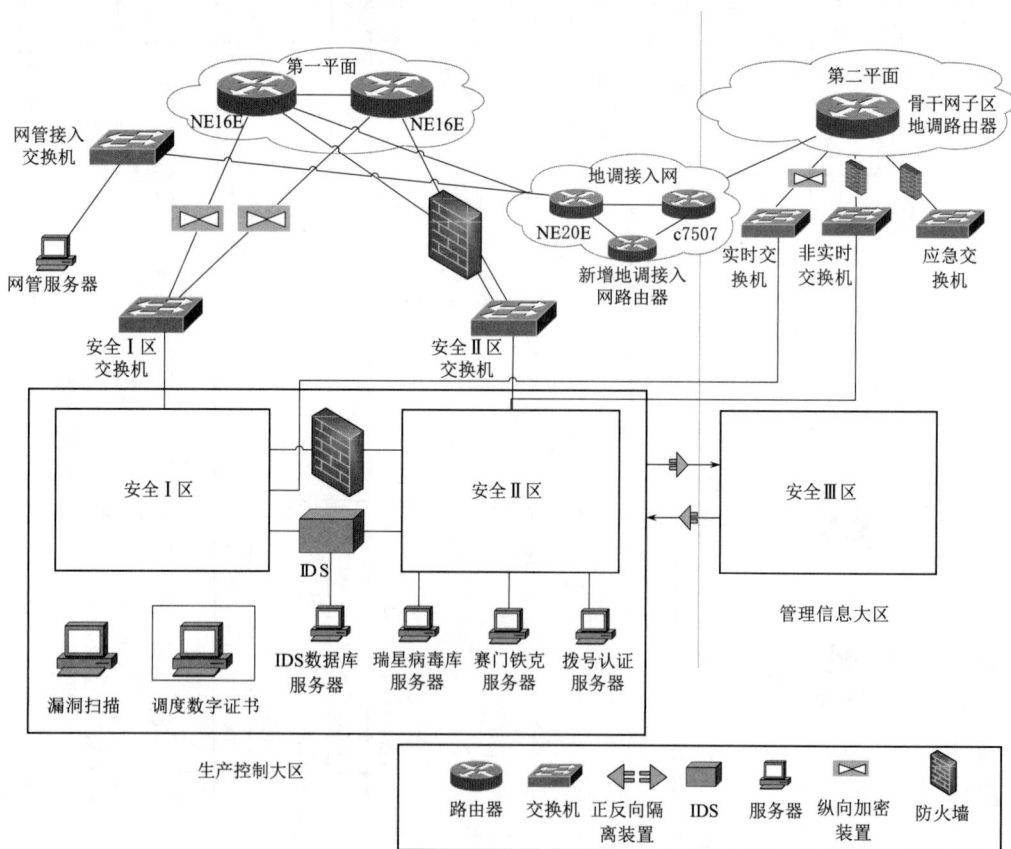

图 5.13   生产控制大区内部安全防护要求

5.1.2.1　生产控制大区内部安全防护要求

（1）禁止生产控制大区内部的 E-Mail 服务，禁止控制区内通用的 WEB 服务。

（2）允许非控制区内部业务系统采用 B/S 结构，但仅限于业务系统内部使用。允许提供纵向安全 WEB 服务，可用经过安全加固且支持 HTTPS 的安全 WEB 服务器和 WEB 浏览工作站。

（3）生产控制大区重要业务（如 SCADA、AGC、电力市场交易等）的远程通信必须采用加密认证机制，对已有系统应逐步改造。

（4）生产控制大区内的业务系统间应该采取 VLAN 和访问控制等安全措施，限制系统间的直接互通。

（5）生产控制大区的拨号访问服务，服务器和用户端均应使用经国家指定部门认证的安全加固的操作系统，并采取加密、认证和访问控制等安全防护措施。

（6）生产控制大区边界上可以部署入侵检测系统（intrusion detection system，IDS）。

（7）生产控制大区应部署安全审计措施，把安全审计与安全区网络管理系统、综合告警系统、IDS、敏感业务服务器登录认证和授权、应用访问权限相结合。

（8）生产控制大区应该统一部署恶意代码防护系统，采取防范恶意代码措施。病毒库、木马库以及 IDS 规则库的更新应该离线进行。

5.1.2.2　管理信息大区安全防护要求

地级调度中心调度生产管理功能应当在管理信息大区部署网关机，承载生产控制大区与管理信息大区的数据交互及与上级调度生产管理功能通信功能。

调度生产管理功能与生产控制大区之间的数据通信必须采用专用横向单向安全隔离装置实现强隔离：通过正向型电力专用横向单向安全隔离装置从生产控制大区向管理信息大区传输实时数据和交易信息等；通过反向型电力专用横向单向安全隔离装置从管理信息大区向生产控制大区传输计划数据和气象信息等。

应当统一部署防火墙、IDS、恶意代码防护系统等通用安全防护设施。调度生产管理功能使用电力企业数据网的生产 VPN 进行广域网通信，并采用硬件防火墙实现安全隔离。

5.1.2.3　电力调度数据网安全防护措施

电力调度数据网是为生产控制大区服务的专用数据网络，承载电力实时控制、在线生产交易等业务。

安全区的外部边界网络之间的安全防护隔离强度应该和所连接的安全区之间的安全防护隔离强度相匹配。电力调度数据网应当在专用通道上使用独立的网络设备组网，采用基于 SDH/PDH 不同通道、不同光波长、不同纤芯等方式，在物理层面上实现与电力企业其他数据网及外部公共信息网的安全隔离。

电力调度数据网划分为逻辑隔离的实时子网和非实时子网，分别连接控制区和非控制区。可采用 MPLS-VPN 技术、安全隧道技术、PVC 技术、静态路由等构造子网。

1. 安全防护措施

（1）网络路由防护。按照电力调度管理体系及数据网络技术规范，采用虚拟专网技术，将电力调度数据网分割为逻辑上相对独立的实时子网和非实时子网，分别对应控制业务和非控制生产业务，保证实时业务的封闭性和高等级的网络服务质量。

（2）网络边界防护。应当采用严格的接入控制措施，保证业务系统接入的可信性。经过授权的节点允许接入电力调度数据网，进行广域网通信。数据网络与业务系统边界采用必要的访问控制措施，对通信方式与通信业务类型进行控制；在生产控制大区与电力调度数据网的纵向交接处应当采取相应的安全隔离、加密、认证等防护措施。对于实时控制等重要业务，应该通过纵向加密认证装置或加密认证网关接入调度数据网。

（3）网络设备的安全配置。网络设备的安全配置包括关闭或限定网络服务、避免使用默认路由、关闭网络边界 OSPF 路由功能、采用安全增强 SNMPv2 及以上版本的网管协议、设置受信任的网络地址范围、记录设备日志、设置高强度的密码、开启访问控制列表、封闭空闲的网络端口等。

2. 横向隔离

横向隔离是电力二次系统安全防护体系的横向防线。采用不同强度的安全设备隔离各安全区，在生产控制大区与管理信息大区之间必须设置经国家指定部门检测认证的电力专用横向单向安全隔离装置，隔离强度应接近或达到物理隔离。电力专用横向单向安全隔离装置作为生产控制大区与管理信息大区之间的必备边界防护措施，是横向防护的关键设备。生产控制大区内部的安全区之间应当采用具有访问控制功能的网络设备、防火墙或者相当功能的设施，实现逻辑隔离。控制列表、封闭空闲的网络端口等。

按照数据通信方向电力专用横向单向安全隔离装置分为正向型和反向型：正向型电力专用横向单向安全隔离装置用于生产控制大区到管理信息大区的非网络方式的单向数据传输；反向型电力专用横向单向安全隔离装置用于从管理信息大区到生产控制大区的单向数据传输，是理信息大区到生产控制大区的唯一数据传输途径。反向型电力专用横向单向安全隔离装置集中接收管理信息大区发向生产控制大区的数据，进行签名验证、内容过滤、有效性检查等处理后，转发给生产控制大区内部的接收程序。电力专用横向单向安全隔离装置应该满足实时性、可靠性和传输流量等方面的要求。

严格禁止 E-Mail、WEB、Telnet、Rlogin、FTP 等安全风险高的通用网络服务和以 B/S 或 C/S 方式的数据库访问穿越电力专用横向单向安全隔离装置，仅允许纯数据的单向安全传输。控制区与非控制区之间应采用国产硬件防火墙、具有访问控制功能的设备或相当功能的设施进行逻辑隔离。

3. 纵向认证

纵向加密认证是电力二次系统安全防护体系的纵向防线。采用认证、加密、访问控制等技术措施实现数据的远方安全传输以及纵向边界的安全防护。对于重点防护的调度中心、发电厂、变电站在生产控制大区与广域网的纵向连接处应当设置经过国家指定部门检测认证的电力专用纵向加密认证装置或者加密认证网关及相应设施，实现双向身份认证、数据加密和访问控制。暂时不具备条件的可以采用硬件防火墙或网络设备的访问控制技术临时代替。

纵向加密认证装置及加密认证网关用于生产控制大区的广域网边界防护。纵向加密认证装置为广域网通信提供认证与加密功能，实现数据传输的机密性、完整性保护，同时具有类似防火墙的安全过滤功能。加密认证网关除具有加密认证装置的全部功能外，还应实现对电力系统数据通信应用层协议及报文的处理功能。

对处于外部网络边界的其他通信网关，应进行操作系统的安全加固，对于新上的系统应支持加密认证的功能。

重点防护的调度中心和重要厂站两侧均应配置纵向加密认证装置，当调度中心侧已配置纵向加密认证装置时，与其相连的小型厂站侧可以不配备该装置，此时至少实现安全过滤功能。

传统的基于专用通道的数据通信不涉及网络安全问题，新建系统可逐步采用加密等技术保护关键厂站及关键业务。

5.2 变电站继电保护系统

目前 500kV 普遍采用 3/2 断路器接线方式，该接线方式下的保护电流互感器配置情况如图 5.14 所示。

5.2.1 线路保护

5.2.1.1 基本要求

500kV 线路应设置两套完整、独立的全线速动保护，其功能满足：

（1）每一套保护对全线路内部发生的各种故障（单相接地、相间短路、两相接地、三相短路、非全相再故障及转移故障）应能正确反映；每套保护具有独立的选相功能，实现分相和三相跳闸，当一套停用时，不影响另一套运行。

（2）两套保护的交流电流、电压、直流电源彼此独立。

（3）每套保护分别经断路器的两个独立跳闸线圈出口。

（4）每套主保护分别使用独立的通道信号传输设备，若一套采用专用收发信机，另一套可与通信复用通道。

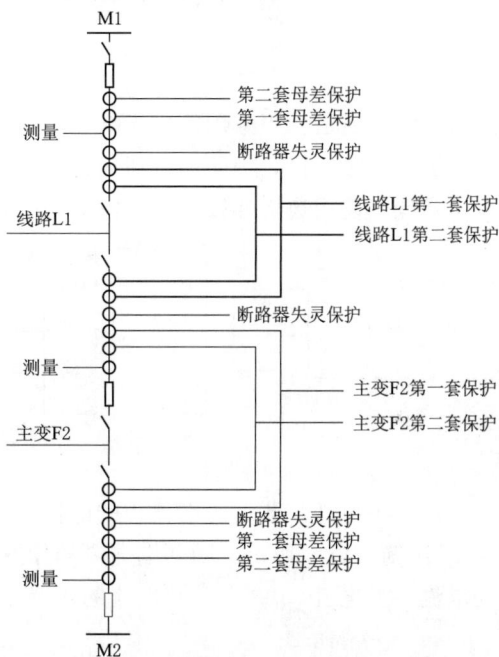

图 5.14　3/2 断路器接线下的保护电流
互感器配置情况

5.2.1.2 保护配置

500kV 线路主保护包括纵联差动保护和距离保护，其中纵联差动保护为主要使用的主保护。

（1）纵联差动保护：包括以分相电流差动和零序电流差动为主体的快速主保护，由工频变化量距离元件构成的快速Ⅰ段保护，由三段式相间和接地距离及零序反时限等构成的全套后备保护。

（2）距离保护：包括以纵联变化量方向和零序方向元件为主体的快速主保护，由工频变化量距离元件构成的快速Ⅰ段保护，由三段式相间、接地距离和零序反时限等构成的全套后备保护。

后备保护主要包括距离保护、零序保护、过压及远跳保护。

5.2.1.3　纵联差动保护

纵联差动保护动作逻辑简单、可靠、动作速度快，在故障电流超过额定电流时，确保跳闸时间小于 25ms。保护借助光纤通道传输两路远传及一路远跳信号，利用两侧电气量进行双端测距等。

（1）专用通道。当采用专用光纤光缆时，线路两侧的装置通过光纤通道直接连接。传输距离不宜过长，一般不超过 50km，若距离过长，宜采用复用通道。专用通道连接方式如图 5.15 所示。

图 5.15　专用通道连接方式

（2）复用通道。当采用复用光纤光缆时，线路两侧的装置通过通信网通信，需要用通信设备进行信号复接，中间需要通信接口装置实现光电转换，环节多，可靠性差，保护性能有所降低。复用通道连接方式如图 5.16 所示。

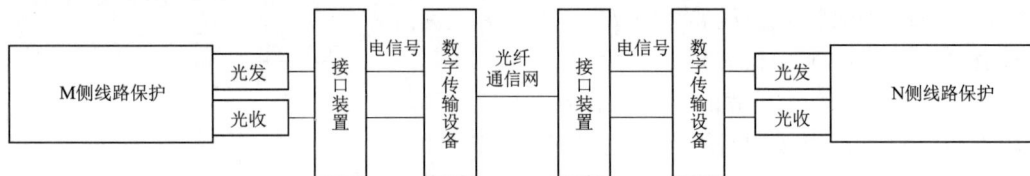

图 5.16　复用通道连接方式

（3）保护原理。流过两端保护的电流，以母线流向被保护线路的方向为其正方向，如图 5.17 中箭头方向所示，则两端电流的相量和作为差动保护的动作电流（该电流也称作差动电流、差电流），并以两端电流的相量差作为其制动电流，即

$$\begin{cases} I_\mathrm{d} = |\dot{I}_\mathrm{M} + \dot{I}_\mathrm{N}| \\ I_\mathrm{r} = |\dot{I}_\mathrm{M} - \dot{I}_\mathrm{N}| \end{cases} \tag{5.1}$$

纵联差动保护动作特性一般如图 5.18 所示，其中阴影区为动作区，非阴影区为不动作区，I_qd 为差动继电器的启动电流，K_r 是该斜线的斜率。

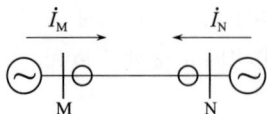

图 5.17　纵联差动保护原理图　　图 5.18　纵联差动保护动作特性

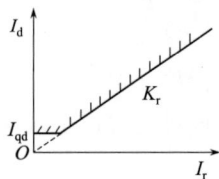

（4）电流互感器断线对电流差动保护的影响。电流互感器断线瞬间，断线侧的启动元件和差动继电器可能动作，但对侧的启动元件不动作，不会向本侧发差动保护动作信号，从而保证纵联差动不会误动，电流互感器断线时发生故障或系统扰动导致启动元件动作。

若电流互感器断线闭锁差动整定为1，则闭锁电流差动保护；若电流互感器断线闭锁差动整定为0，且该相差流大于电流互感器断线差流定值，仍开放电流差动保护。

5.2.1.4　距离保护

距离保护是以距离测量元件为基础构成的保护装置，一般是三段式或四段式。第一、第二段带方向性，作本线路的主保护，其中第一段保护线路的80%～90%，第二段保护余下的10%～20%并作相邻母线的后备保护。第三段带方向或不带方向，有的还设有不带方向的第四段，作本线及相邻线段的后备保护。距离保护范围如图5.19所示。

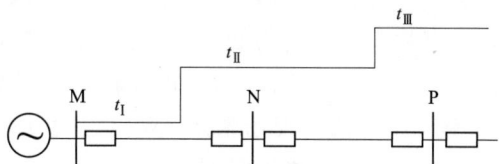

图5.19　距离保护范围

（1）除常规距离保护Ⅰ段外，为快速切除中长线路出口短路故障，应有反映近端故障的保护功能。

（2）用于串补线路及其相邻线路的距离保护应有防止距离保护Ⅰ段拒动和误动的措施。

（3）为解决中长线路躲负荷阻抗和灵敏度要求之间的矛盾，距离保护应采取防止负荷阻抗进入动作阻抗范围误动的措施。

5.2.1.5　零序保护

500kV线路保护多配置零序反时限保护，所谓反时限保护，即零序电流越大，保护动作时限越短。反时限的零序电流保护的动作逻辑是：根据零序电流元件计算得到的零序电流值，从IEC标准反时限特性曲线（图5.20）中得到其动作时间，即

$$t(I_0) = \frac{0.14}{\left(\dfrac{I_0}{I_P}\right)^{0.02} - 1} T_P \tag{5.2}$$

式中：I_0为计算得到的零序电流值；I_P为电流基准值，对应零序反时限电流定值；T_P为时间常数，对应零序反时限时间定值上查得延时时间，经该延时发跳闸命令。

5.2.1.6　过压保护

本侧线路过电压动作后并不能解决线路过电压问题，需要发远方跳闸命令使对侧跳闸才能避免过电压。

原则上，500kV线路长度不小于150km才考虑配该保护；测量电压不小于$1.3U_N$，延时0.3s保护动作。

过压保护反映系统的工频过电压，仅在本侧断路器三相断开时，检测到三相过电压，经延时远跳线路对侧断路器。

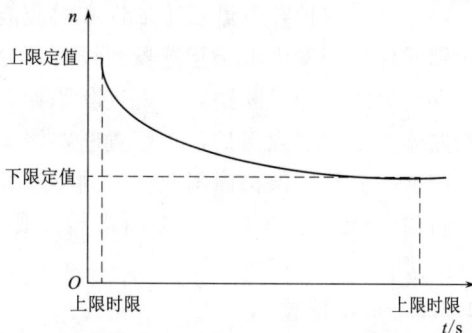

图5.20　IEC标准反时限特性曲线

5.2.1.7 远方跳闸功能

对于 500kV 的超高压线路，当发生某些故障时，仅断开本侧的断路器并不能真正切除故障，而需要将对侧断路器也跳开时，就需要进行远方跳闸，典型的情况包括以下几类：

（1）线路过电压保护动作。

（2）断路器失灵保护动作。断路器失灵后需要发远方跳闸命令将和失灵断路器连接的电源切除。

（3）高压侧无断路器的线路并联电抗器保护动作。并联电抗器未配置专用断路器而和线路共用时，本侧断路器跳开并不能切除故障，需要发远方跳闸命令使对侧跳闸。

远方跳闸的就地判据通常包括电流变化量、零负序电流、零负序电压、低电流、低功率因数、低有功功率等，在实际使用中各个判据均可由整定方式字决定其是否投入。

远方跳闸的整定原则为通道收信防抖时间（不可整定）＋低有功判据满足时间（不可整定，一般为 30～40ms）＋就地判别动作时间（可整定，一般为 20～40ms），以 PRS - 725A 为例，其远方跳闸动作需满足两个条件：①通道投入且无故障，装置置收信动作标志，防抖时间 10ms；②任一相满足低有功功率动作定值（现场整定 2W），置就地判别元件动作标志，判据时间 40ms。经整定"二取一有判据动作时间 30ms"延时动作跳闸。

5.2.2 母线保护

5.2.2.1 基本要求

（1）500kV 3/2 断路器接线方式、内桥接线方式和双内桥接线方式的每条母线（桥引线）应配置两套完全独立的母线保护（含桥引线保护）。

（2）对于双母线接线方式的母线，应配置各自独立的双重化母线保护。

（3）对于双母双分段接线方式的母线，两个分段的母线保护相对独立。用于母差保护的断路器和隔离刀闸的辅助接点、电流/电压互感器次级、切换回路、辅助变流器以及与其他保护配合的相关回路也应遵循相互独立的原则按双重化配置。

（4）500kV 母线保护应具有比率制动特性。母线保护所接的电流互感器次级应是 TPY 级。

（5）母线保护在电流互感器饱和时应能正确动作。双母线接线的母线保护，应设有电压闭锁元件。当发生电压互感器断线时，允许母线保护解除该段母线电压闭锁。

（6）母线的分段断路器应配置断路器充电、解列、失灵保护。母线的母联断路器应配置断路器充电、解列保护，不配置断路器失灵保护。

（7）一套母线保护内不允许不同类型的电流互感器次级混接。

目前 500kV 普遍采用 3/2 断路器接线方式，因此主要对 3/2 断路器接线方式下的母线保护进行介绍。

5.2.2.2 保护配置

500kV 每段母线按双重化原则配置两套数字式电流差动保护，每套母线保护应具有边断路器失灵经母线保护跳闸功能。

对于母差功能，采用单母线差动，不需要经复压闭锁，仅采用单相电压互感器。

对于失灵功能，母线保护无失灵电流判别功能，只是经母差跳闸。

5.2.3　变压器保护

500kV主变均是三绕组自耦压器。所谓自耦变压器，是指高侧与中压侧共用一个绕组，变压器的高压侧与中压侧除了磁耦合之外，还有电的联系。

5.2.3.1　基本要求

500kV变压器应配置两套主、后备保护一体的双重化电气量保护和一套非电量保护，电气量主保护包括纵差保护、分相差动保护、分侧差动保护，其保护配置的具体要求如下：

（1）两套电气量保护应分别组屏，其电流互感器次级、电源和跳闸回路完全独立，非电量保护则单独组屏。

（2）主保护应为差动保护，自耦变压器应另外配置不受励磁涌流影响的差动保护。

（3）当500kV变压器采用比率制动差动保护时，差动保护装置应能分别接入500kV侧和220kV侧每个断路器的分支电流。

（4）500kV变压器差动保护所接各侧电流互感器次级应是TPY级。

（5）500kV变压器的断路器若有旁路代的方式时，500kV变压器的两套差动保护在旁路代时均应切换至旁路断路器。

（6）500kV变压器非电量保护应与电气量保护完全独立，本体保护应有独立的电源回路（包括直流MCB和直流监视信号继电器）和出口跳闸回路，电气量保护停役时应不影响本体保护的运行。

（7）当500kV电压互感器二次回路异常造成电压一相、两相断线或三相同时失压时，变压器阻抗保护应被闭锁不得误动，闭锁功能由保护内部实现，并同时发出告警信号。

（8）用于跳闸的变压器非电量保护的启动功率应不小于5W，其最小动作电压应为55%～70%直流电源电压，应具有抗220V工频电压干扰的能力。

5.2.3.2　保护配置

500kV主变保护的主保护为纵差保护或分相差动保护（包含差速断），其后备保护的配置如下：

（1）500kV和220kV侧分别配置一套带偏移的相间、接地阻抗保护，阻抗保护为单段，2个时限，正方向指向变压器。变压器的阻抗保护应有两组可切换的定值组，切换开关安装在保护屏上。

（2）500kV变压器配置过励磁保护，其电压取自500kV侧，过励磁保护的低值发信、反时限和高值跳闸元件应能分别独立整定，其返回系数应不低于0.96。过励磁保护的定值应与变压器的过励磁曲线相配合。变压器过励磁保护跳闸元件在保护屏上应有投停压板。

（3）500kV变压器低压侧应配置带延时的三相过流保护。500kV变压器低压侧三相过流保护的电流互感器二次侧接线应避免在区外接地故障时流过零序电流，以防系统接地故障时，低压侧过流保护误动作。

（4）500kV 变压器保护应配置带延时的不受励磁涌流影响的中性点侧零序过流保护，其电流应取自变压器中性点的分相电流互感器绕组。

5.2.3.3 纵差保护

变压器纵差保护作为变压器绕组故障时变压器的主保护，其保护区是构成差动保护的各侧电流互感器之间所包围的部分，包括变压器本身、电流互感器与变压器之间的引出线。其基本原理与线路纵差保护类似，不再赘述。

1. 相位校正和幅值校正

值得注意的是，由于变压器各侧相电压之间的相位并不相同，为了在正常运行或外部故障时流入差动继电器的电流为零，应有相位校正和幅值校正措施，同时还应扣除进入差动回路的零序电流分量。在微机变压器保护中考虑到微机保护软件计算的灵活性，由软件来进行相位校正和电流平衡调整是很方便的，在这种情况下，无论变压器是什么接线，两侧电流互感器均可接成星形。这样不但使得电流平衡的调整更加简单，而且进一步降低了电流互感器的二次负载。

2. 励磁涌流

当空投变压器和变压器区外短路切除时，会产生励磁涌流，并且此时的励磁涌流也将成为差电流。由于励磁涌流的幅值很大，不采取措施将造成差动保护误动。

目前通常采用二次谐波制动、间断角原理、波形对称原理来区分励磁涌流和短路电流，从而防止空投变压器和变压器区外短路切除纵差保护误动作。

3. 差动速断保护

上一部分提到，在空投变压器和变压器区外短路切除时会产生很大的励磁涌流，容易造成变压器纵联差动保护误动，为此变压器纵差保护都设置了涌流闭锁元件。

但是区分励磁涌流和故障电流需要一定的时间，这将导致变压器内部严重故障时差动保护不能迅速切除故障的不良后果，此外变压器内部严重故障时如果电流互感器饱和，电流互感器二次电流的波形将发生严重畸变，并含有大量的谐波分量，从而使涌流判别元件误判断成励磁涌流，致使差动保护拒动，造成变压器严重损坏。

有鉴于此，主变保护在纵差保护中额外设置了差动速断元件，通过整定值躲过最大励磁涌流，不经励磁涌流判据、过励磁判据、电流互感器饱和判据的闭锁。所以对于变压器内部的严重故障，只要差电流大于电流定值就可以快速跳闸。

5.2.3.4 分相差动保护

分相差动保护的原理、动作方程、励磁涌流闭锁、差速断及保护故障类型同纵差保护相同，但其采用高压侧断路器电流互感器、中压侧断路器电流互感器和低压侧套管电流互感器构成保护电流，保护范围较纵差保护小，无法保护低压引线、铜排和断路器故障。

在整定过程中需要特别注意的是，早期部分保护分相差动不含速断功能，所以必须投纵差，但是要注意接线整定：

（1）通过二次接线将低压套管电流转为△形接入断路器回路，投纵差，主变接线钟点数整定为 11 点接线。

（2）低压套管电流串接入断路器和两个回路，投纵差，主变接线钟点数整定为 0 点接线。

若低压侧无总断，则低压侧电流接入及整定中可以采用以下方式：

（1）低压套管电流接入保护侧绕组，投分相差动。

（2）低压套管电流串接入保护低压绕组、断路器电流，保护投纵差，低压侧接线钟点数整定为 12 点接线。

（3）低压套管电流二次转成角接，接入保护断路器电流，保护投纵差，低压侧接线钟点数整定为 11 点接线。

5.2.3.5 分侧差动保护

分侧差动保护采用高压侧断路器电流互感器、中压侧断路器电流互感器和公共绕组电流互感器构成保护电流，不受励磁电流、励磁涌流、带负荷调压及过励磁的影响，且定值较低，对 Y 侧的各种故障（除匝间短路外）比纵差保护灵敏度更高。

但分侧差动保护存在着无法保护匝间短路、保护范围比纵差保护范围小、无法保护低压侧故障的缺点。

5.2.3.6 阻抗保护

500kV 变压器在高（中）压侧需配置阻抗保护作为本侧母线故障和变压器部分绕组故障的后备保护。阻抗元件采用具有偏移圆动作特性（图 5.21）的相间、接地阻抗元件，从而实现对相间故障和接地故障的保护。

图 5.21 阻抗元件的动作特性

500kV 变压器通常是三相自耦变压器组，变压器内部绕组间发生三相短路、两相短路（不接地）是不可能的。即使是一个三相变压器，由于高压绕组是绕在最外面的，所以中压侧内部绕组的相间短路（不接地）和低压侧内部绕组的相间短路（不接地）也不会发生。

因此，安装在高（中）压侧的阻抗元件，指向变压器方向的整定阻抗，其保护范围要求不伸出中（高）压侧和低压侧的母线；而指向母线（系统）方向的整定阻抗按照与线路保护配合整定。

5.2.3.7 过励磁保护

变压器在运行中由于电压升高或者频率降低，将会使变压器处于过励磁运行状态，此时变压器铁芯饱和，励磁电流急剧增加，励磁电流波形发生畸变，产生高次谐波，从而使内部损耗增大、铁芯温度升高。另外，铁芯饱和之后，漏磁通增大，在导线、油箱壁及其他构件中产生涡流，引起局部过热，严重时造成铁芯变形、损伤介质绝缘。

为确保大型、高压变压器的安全运行，设置变压器过励磁保护是非常必要的。标准化设计规定，在 330kV 及以上变压器的高压侧应配置过励磁保护。

变压器铁芯中的磁密与电源的电压成正比，与电源的频率成反比。变压器过励磁时，过励磁倍数越高，对变压器的危害越严重。

过励磁保护具有定时限告警和反时限跳闸或告警功能，反时限曲线应与变压器过励磁特性匹配。

5.2.3.8 低后备保护

主变的低压侧三相过流保护为变压器低压侧后备保护及低压母线的主保护，不带方

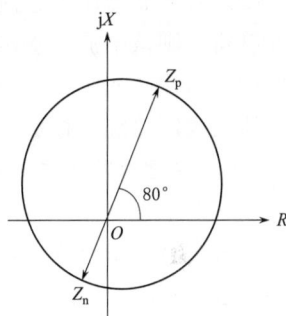

向，无需复压闭锁，并需要同时接入低压侧断路器电流和低压套管电流。其整定值按低压侧额定电流的 1.4 倍整定，同时应满足在主变低压侧故障时有灵敏度。

低后备保护动作时限的整定在低压侧有无总断时有所不同，当低压侧有总断时，通常 0.6s 跳总断，1.0s 跳主变三侧；当低压侧无总断时，通常 1.0s 直接跳主变三侧。

对于采用低压侧套管电流互感器的，必须做消零处理，主要包括以下三种方法：

（1）对软件不能消除区外故障零序电流的主变保护装置，若主变低压侧过流保护电流互感器一次取自主变套管相电流，则该电流互感器二次回路应接成△形接线，以消除区外故障零序电流影响。

（2）若主变低压侧过流保护电流互感器一次取自主变套管线电流或采用断路器独立电流互感器，则该电流互感器二次回路应接成Y形接线。

（3）对按"六统一"原则设计的主变保护装置，软件本身能处理零序电流，因此电流互感器二次回路统一接成Y形接线。

5.2.3.9　中性点零序过电流保护

变压器中性点零序过电流保护作为变压器及出线的总后备，时间与线路方向零序电流配合。若两台及以上变压器并列运行，变压器的中性点零序过电流保护动作时间一般按相差一个 Δt 整定，其动作时间一般大于 4s。其零序电流获取一般采用分相接入，自产计算。其电流互感器一次取自分相的公共绕组套管电流互感器。

5.2.3.10　中性点零序过电压保护

按新"六统一"原则，高、中压侧断路器失灵，主变保护收到失灵保护动作开入后，经灵敏的、不需整定的电流元件并带 50ms 延时后跳变压器各侧断路器。

需要说明的是，对于一些老旧的主变保护，失灵联跳主变开入可能直接入 C 屏（非电量保护），由非电量保护出口跳变压器各侧断路器。

5.2.4　断路器保护

5.2.4.1　基本要求

500kV 3/2 断路器接线方式一般情况下每个断路器配置一套重合闸（线路间隔）、失灵保护，特殊情况亦可配置双重化的重合闸（线路间隔）、失灵保护，其基本要求如下：

（1）500kV 3/2 断路器接线方式若主变单断路器直接接于母线，此断路器应配置双重化的失灵保护。

（2）500kV 3/2 断路器接线方式应在本断路器无法重合时（断路器低气压、重合闸停用、重合闸装置故障、重合闸被其他保护或断路器辅接点三取二闭锁、重合闸整组复归期间等）准备好三跳回路，在线路保护发出单跳令时，本断路器三跳，而该线路的另一个断路器仍能单跳单重。

（3）闭锁重合闸的保护为变压器、失灵、母线、远方跳闸、高压电抗器、短线保护及线路保护的三相跳闸；启动失灵的保护为线路、母线、短线、远方跳闸（就地判别）、变压器（高压电抗器）、发变组的电气量保护。

（4）原则上不配置电气量三相不一致保护，而是采用断路器机构内本体三相不一致保护。3/2 断路器接线方式的线路串母线侧断路器三相不一致时间整定为 2s，中间断路器三相不一致时间整定为 3.5s；双（单）母线、桥式接线方式的断路器三相不一致时间整定为 2s。

5.2.4.2　保护配置

断路器保护按断路器装设，老站一般仅单套配置，目前新建变电站则对断路器保护也双重化配置。

断路器保护配置失灵和重合闸、充电过流保护。其中，失灵保护仅考虑故障相断路器失灵（三相联动机构的断路器除外），且不考虑两个断路器同时失灵的情况。

5.2.4.3　断路器失灵保护

启动回路应由能瞬时复归的保护出口接点与电流元件串联（5P 流变）组成，由线路、母线、短线、远方跳闸（就地判别）、变压器（高压电抗器）、发变组的电气量保护启动。

其电流判据主要包括：

（1）保护单相跳闸时，断路器失灵采取零负序电流判据（零序和负序电流"或"逻辑再和相电流"与"逻辑，相电流只作为有流和无流的判据）。

（2）保护三相跳闸时，断路器失灵采取相电流（高定值）、零序和负序电流判据（相电流、零序和负序电流"或"逻辑）。

失灵保护动作后，瞬时重跳本断路器故障相（主变断路器瞬时重跳三相），并延时 200ms（根据系统特殊要求，在满足断路器分闸时间小于 60ms、保护解决电流互感器拖尾等技术要求后，断路器失灵保护最低可整定为 160ms）三跳本断路器和跳相邻断路器两个跳闸线圈，同时启动两套远方跳闸（或借母差出口、变压器失灵联跳保护内部均延时 50ms）。

此外，当线路有流，保护有跳闸开入，重合闸在未充好电状态或者重合闸为三重方式，重合闸不能为禁止重合闸方式，则保护发沟通三跳命令跳本断路器。

为了防止误开入等引起的沟通三跳误动，只有当电流变化量启动元件或零序电流启动元件动作时才能开放沟通三跳。

5.2.4.4　断路器重合闸

500kV 断路器保护目前采用单相一次重合闸，且仅投保护启动，但是对于 220kV、1000kV 断路器则可以投三相位置不对应启动单重合闸（如运行中单相断路器偷跳）。

重合闸延时时间（运行方式要求）一般为 0.7～1.3s，需根据断路器本身灭弧性能和系统稳定要求确定。

对于重合闸的顺序，对于没有重合闸优先回路，采取时间上的配合以满足重合闸的先后合闸顺序，且有如下要求：

（1）边断路器先合，中断路器后合。目前边开关重合闸整定为 1.3s，中断路器重合闸停用。

（2）电厂侧检有压重合。发电厂出口的 500kV 线路，当发生故障启动重合闸时，要求先合系统侧断路器，电厂侧检三相电压正常后再合本侧断路器，目的是减少对机组不必要的冲击。

5.2.4.5　断路器充电过流保护

新设备、新保护启动试验时投入，作为启动时的系统总后备。网调会另出定值单。

对于本身不具有充电过流保护功能的老保护，需要接临时过流保护，且一般启动失灵跳闸功能投入。

5.2.4.6 断路器保护回路

每面断路器保护柜各配置 1 个操作继电器接口（接入两组控制电源），同时作用于相关断路器的两个跳闸线圈。

断路器保护提供跳两个跳闸线圈的分相跳闸出口接点（瞬时重跳），接入本操作继电器接口的电流保持出口回路；断路器保护提供跳两个跳闸线圈的三相跳闸出口接点（失灵延时跳闸），接入本柜操作继电器接口的 LOCKOUT 出口回路（自保持，断电后仍保持）。

断路器保护同时宜提供跳相邻断路器两个跳闸线圈的三相跳闸出口接点（失灵延时跳闸），接入相邻断路器保护柜操作继电器接口的 LOCKOUT 出口回路；也可由本柜操作继电器接口的 LOCKOUT 出口接至相邻断路器操作机构。智能变电站跳相邻断路器，通过虚端子接 TJR 至相邻断路器智能终端，实现三跳功能。

5.2.5 高压电抗器保护

5.2.5.1 基本要求

500kV 高压电抗器保护配置双重化的主、后备高压电抗器电气量保护和一套非电量保护，如图 5.22 所示，其基本要求如下：

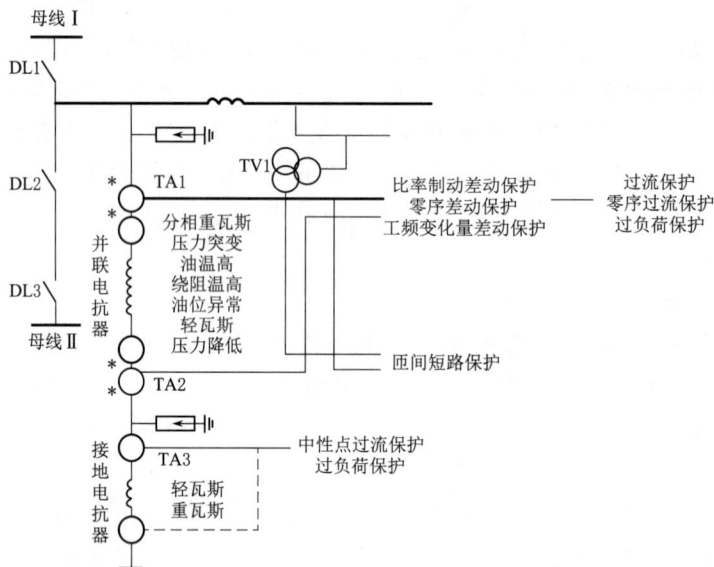

图 5.22　高压电抗器保护配置示意图

（1）500kV 高压电抗器主保护为差动保护、零序差动保护、匝间短路保护。

（2）500kV 高压电抗器后备保护为过电流保护、零序过电流保护、过负荷保护。

（3）500kV 高压电抗器的中性点电抗器配置过流和过负荷保护。

（4）高压电抗器的非电量保护包括主电抗器和中性点电抗器。用于跳闸的变压器非电量保护的启动功率应不小于 5W，其最小动作电压应为 55%～70%直流电源电压，应具有抗 220V 工频电压干扰的能力。

（5）500kV 线路高压电抗器在无专用断路器时，高压电抗器电气量保护动作除跳开本侧线路断路器外，还应通过远方跳闸回路跳开线路对侧断路器。

5.2.5.2 保护配置

为防止 500kV 线路分布电容过大影响传输效率，在线路装设并联高压电抗器，其保护一般双重化配置，配置差动保护、零序差动保护、匝间保护、主电抗相过流保护、零序过流保护、中性点小电抗零序过流保护等。

此外，还配置非电量保护，如分相重瓦斯、压力突变、油温高、绕组温高、油位异常、轻瓦斯、压力降低等。线路高压电抗器保护动作后需要三跳本侧断器，同时启动远方跳闸切除对侧断路器。

5.2.5.3 差动保护

差动保护是高压电抗器的主保护之一，当高压并联电抗器内部及其引线发生相间短路故障和单相接地时，该保护动作瞬时切除高压并联电抗器。

高压电抗器差动保护主要包括比率制动差动保护、零序差动保护及工频变化量比率差动保护。

5.2.5.4 匝间短路保护

当高压电抗器发生匝间短路时，具体特点如下：

（1）内部故障形式，较为多见。

（2）短路匝数少时，故障电流不易被检出。

（3）不管短路匝间多大，纵差保护总是不反应匝间短路故障。

针对上述情况，需配置匝间短路保护作为高压电抗器的主保护，采用线路电压互感器的二次电压及高压电抗器高压绕组电流互感器的二次电流以计算零序阻抗和零序功率方向（电流、电压相角）。

其零序功率方向元件的工作原理如图 5.23 所示。

可以看出，当电抗器内部匝间短路故障时，零序电流的相位超前零序电压接近 $90°$；

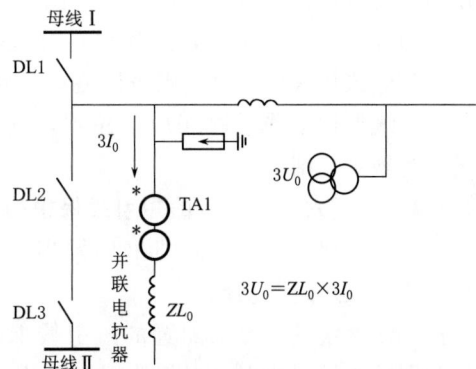

图 5.23 零序功率方向元件工作原理

当电抗器内部单相接地短路故障时，零序电流的相位超前零序电压；而电抗器外部单相接地短路故障时，零序电流的相位则落后零序电压。

因此可以利用电抗器首端零序电流与零序电压的相位关系来区分匝间短路、内部接地和电抗器外部接地短路。

由于系统的零序阻抗相对电抗器而言非常小，当发生匝间短路时，其零序源在电抗器内部，零序电流在系统阻抗上的压降（零序电压）很小，为了提高匝间短路保护的灵敏度，需要对零序电压进行补偿，有

$$-180° < \arg \frac{(3\dot{U}_0 + kZL_0 \cdot 3\dot{I}_0)}{3\dot{I}_0} < 0° \tag{5.3}$$

式中：U_0、I_0 为电抗器首端的自产零序电流与零序电压；ZL_0 为电抗器的零序电抗（包含中性点小电抗在内的电抗器零序电抗）；k 为浮动的参数，取 $0 \sim 0.8$，它随零序电压、零序电流的大小而变化。

另外，匝间短路保护还需要注意以下几点：

（1）电压互感器异常对匝间短路保护的影响。当装置判断出线路侧电压互感器异常（包括电压互感器的 N 线未接好等）时，零序功率方向元件和零序阻抗元件不满足条件，即匝间短路保护退出运行。

（2）线路电压互感器退出对匝间短路保护的影响。当线路侧电压互感器检修时，为保证匝间短路保护的正确动作，需投入"线路电压互感器退出"压板或整定控制字，此时匝间短路保护退出运行，同时自动退出电压互感器异常自检功能。

（3）电流互感器异常与断线对匝间短路保护的影响。当装置判断出电抗器线路侧电流互感器异常与断线时，零序功率方向元件和零序阻抗元件不满足条件，即匝间短路保护退出运行。

5.2.6　短引线保护

5.2.6.1　基本要求

当线路或变压器停役（出线隔离开关断开），相应断路器仍运行时，投入短引线保护，如图 5.24 所示。当以和电流的方式接入保护时，采用过电流元件；当按"六统一"分电流接入保护时，则采用差动元件。

短引线保护动作三跳相应断路器，同时启动断路器失灵和闭锁重合闸。

5.2.6.2　"新六统一"下的短引线保护的区别

原短引线保护通常采用 3/2 断路器接线方式的断路器和电流，仅用过流功能。

按"新六统一"要求配置的短引线保护采用断路器电流分别接入短引线保护，仅使用差动功能，并经隔离开关联闭锁，仅靠压板进行投退。

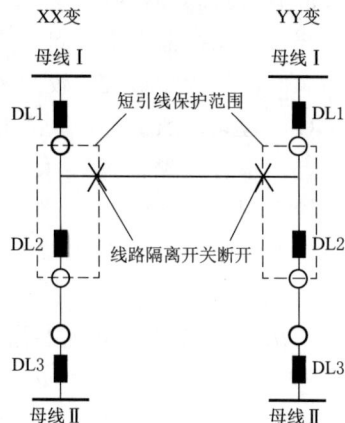

图 5.24　短引线保护引用场景

500kV与220kV变电站继电保护差异

第6章

6.1 保护配置

6.1.1 基本设备

6.1.1.1 220kV变电站设备

某220kV变电站设备保护装置台账见附件A。

6.1.1.2 500kV变电站设备

500kV变电站保护装置设备台账见附件B。

由设备台账可以看出，500kV电压等级及主变各侧，保护、故障录波、测控、PMU、测距（如有）、电能计量等各功能二次设备统一采用模拟量采样。220kV及以下电压等级，保护、故障录波、测控、PMU（如有）、测距（如有）、电能计量等各功能二次设备统一仍经合并单元采样，同智能变电站现行技术模式。各功能二次设备开关量输入、输出均采用GOOSE方式，仍采用智能变电站现行技术模式。

3/2断路器接线方式的500kV电压等级断路器保护双套配置。双母线双/单分段接线的220kV母联/分段保护双重化配置。500kV电压等级故障录波单套配置，可串接在保护后面；主变故障录波单套配置，不宜与主变差动保护共用次级，接入套管220kV电流互感器。500kV电压等级取消合并单元。

6.2 二次回路

6.2.1 线路保护

6.2.1.1 电压及电流回路

由于500kV变电站一次接线通常为3/2断路器接线方式，而220kV变电站一次接线一般为双母线或双母线分段接线方式，因此对于线路保护，其电流回路有极大的不同。

500kV 线路保护的电流回路相对于 220kV 线路保护复杂许多，具体回路图如图 6.1 和图 6.2 所示。

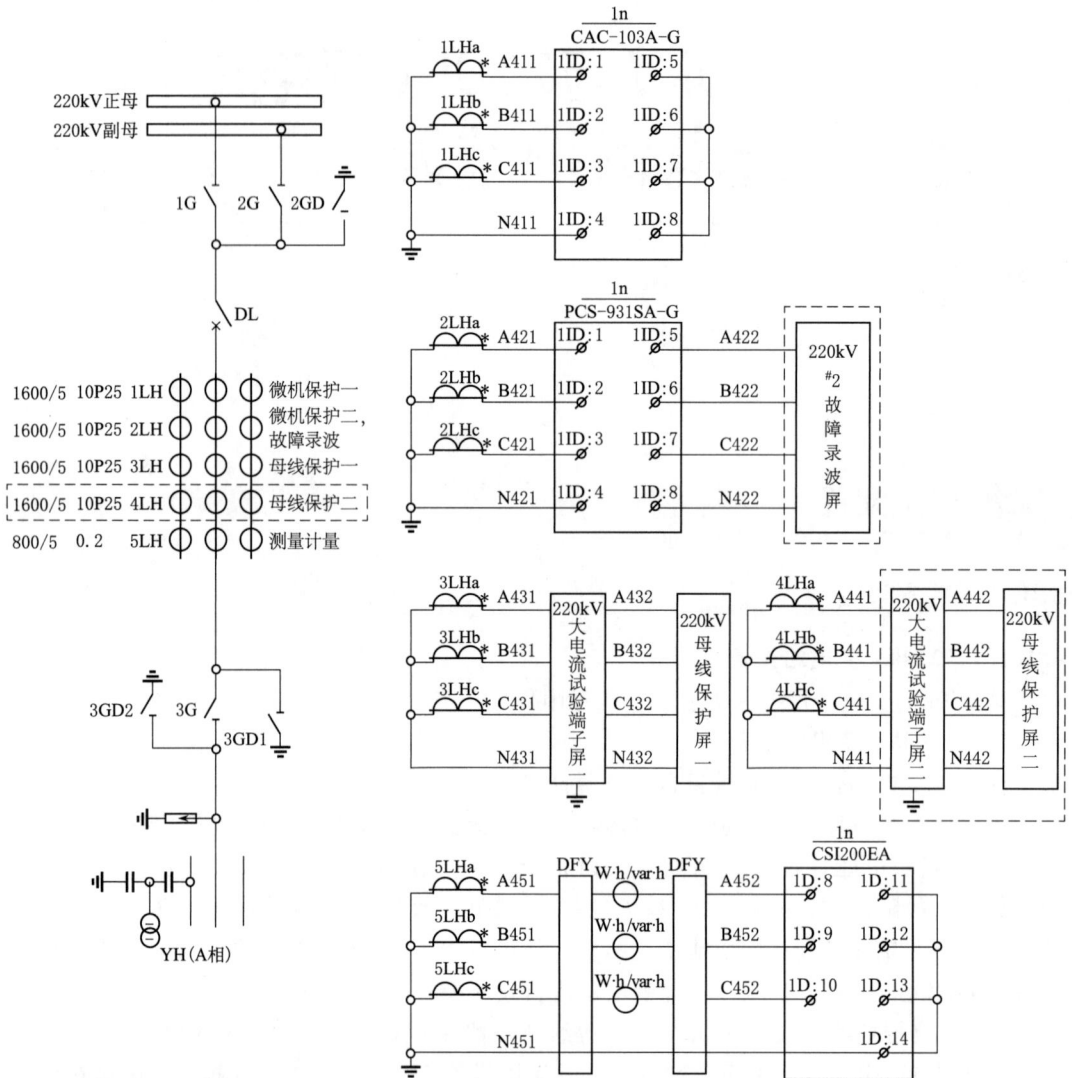

图 6.1 220kV 线路保护电流二次回路接线方式示意图

由图 6.1 和图 6.2 可知，220kV 线路保护电流互感器二次绕组只需提供给第一套微机保护、第二套微机保护、第一套母线保护、第二套母线保护以及测量计量回路，一共只需 5 组电流互感器二次绕组。而 500kV 线路保护需提供给第一套线路保护、第二套线路保护、线路测量及计量、Ⅰ母差动一、Ⅰ母差动二、断路器失灵保护等回路，且线路保护回路及测量计量回路需 2 组电流互感器二次绕组进行相减才能送入相应装置，一共需要 10 组电流互感器二次绕组。

对于电压回路，500kV 线路保护相对于 220kV 线路保护差距不大，具体回路图如图 6.3 和图 6.4 所示。

由图 6.3 和图 6.4 可知，220kV 线路保护的电压直接从屏顶小母线或交流分电屏接入线路保护装置及测控装置中；500kV 线路保护的电压先通过线路电容式电压互感器再接入线路保护装置及测控装置，同时，线路电压及母线电压接入断路器保护中。

6.2.1.2 控制回路

对于控制回路，500kV 线路保护与 220kV 线路保护主要不同在于重合闸和失灵回路。

200kV 断路器失灵保护的动作逻辑如下：以国家电网有限公司最新典型设计为例，220kV 断路器配置两套完整的失灵保护，220kV 双重化线路保护中的每一套均启动两套失灵保护，以保证单套保护停用时两套失灵保护仍可完整投入运行。第一套失灵保护的失灵电流判别元件取自专门的失灵电流判别装置（该装置一般与第二套线路保护同组在一面屏上），第二套失灵保护的失灵电流判别元件取自 220kV 母差保护。控制每一套失灵保护投退的压板在母差保护屏上。

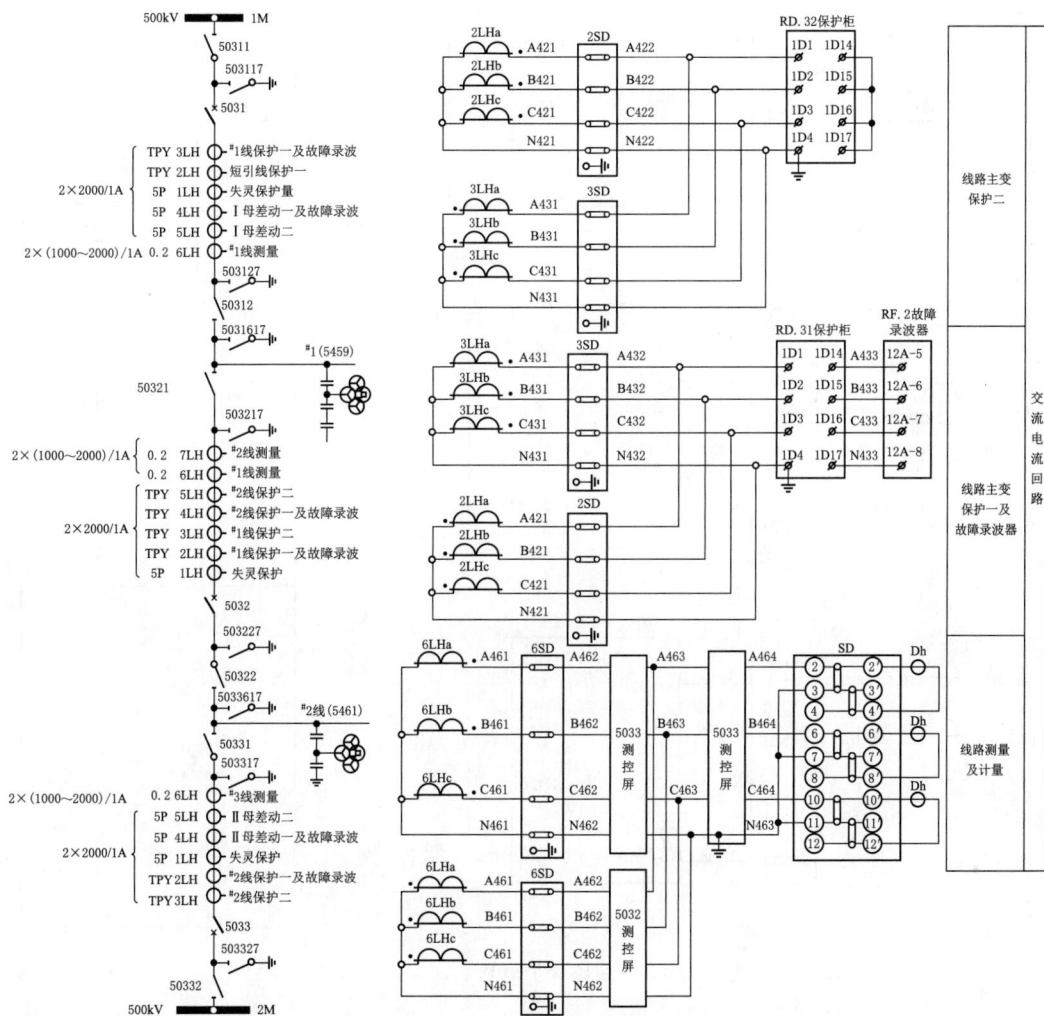

图 6.2（一）　500kV 线路保护电流二次回路接线方式示意图

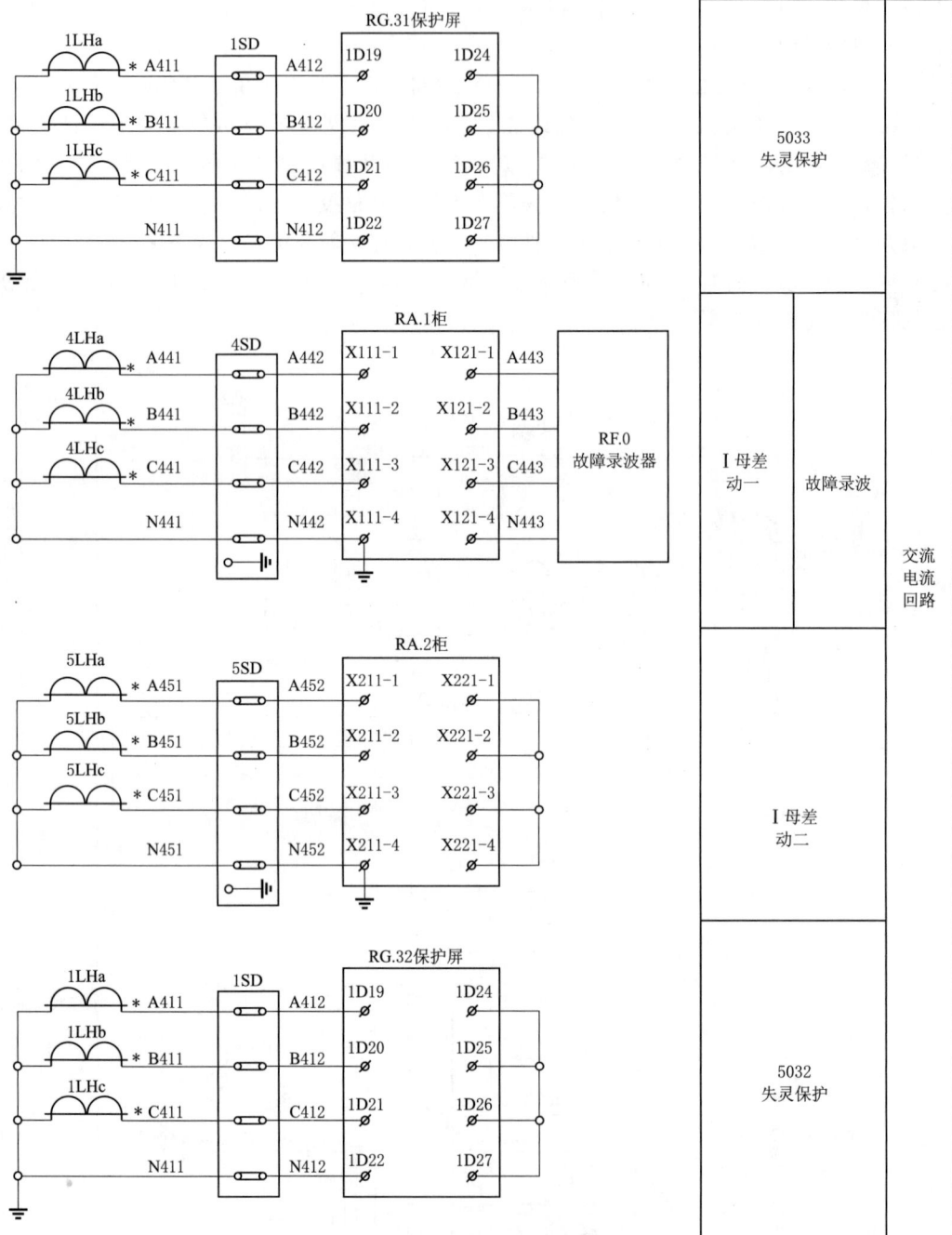

图 6.2（二）　500kV 线路保护电流二次回路接线方式示意图

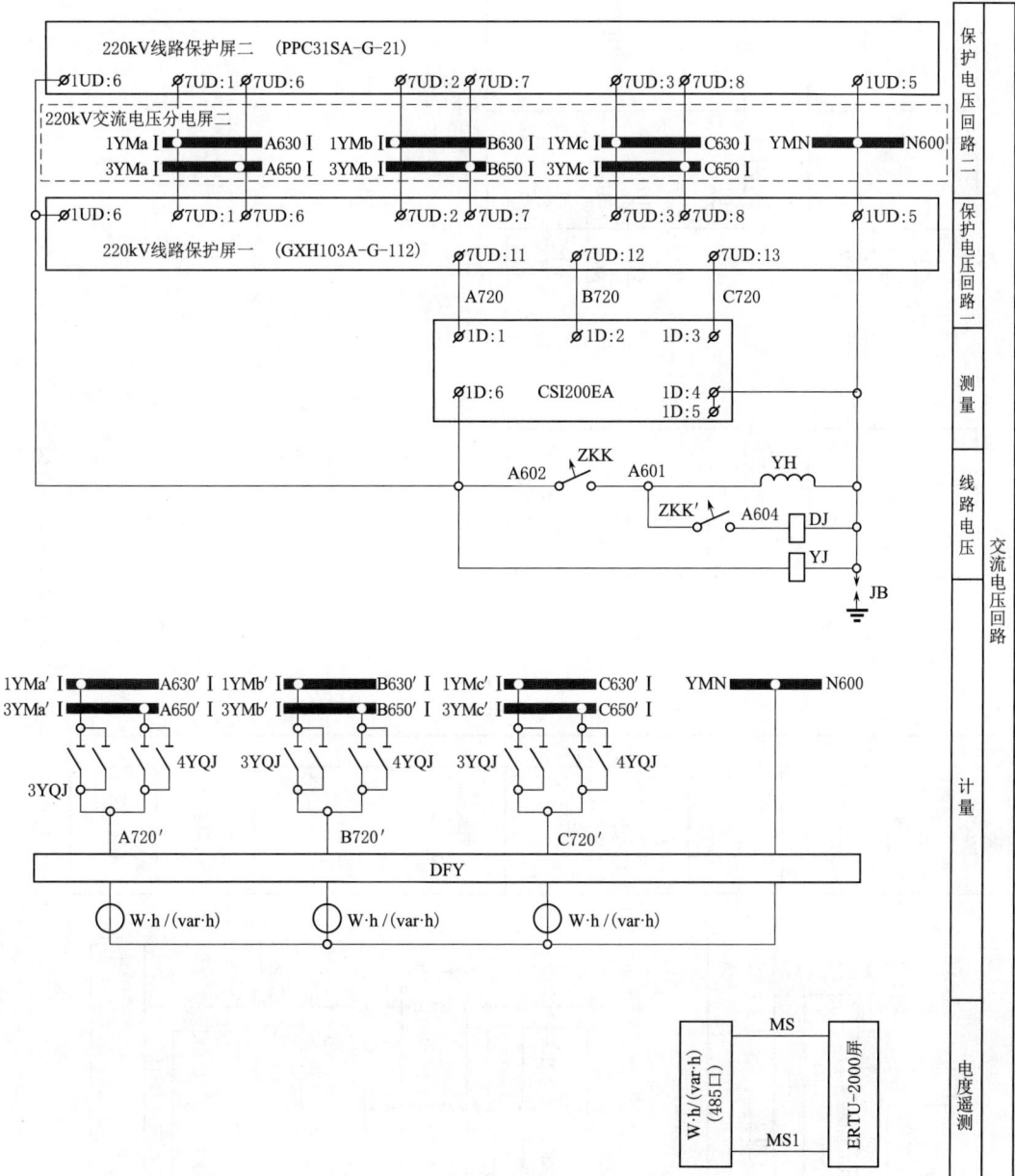

图 6.3　220kV 线路保护电压二次回路接线方式示意图

对于 500kV 3/2 断路器接线方式来说，由于 500kV 失灵保护按断路器配置，因此每个断路器保护上均配置了一套失灵保护，失灵保护动作后将联跳相邻断路器、远跳本线路对侧断路器或启动相邻母线的两套母差保护。实现 500kV 断路器失灵保护投退控制的压板安装在断路器保护屏上，另外控制 500kV 断路器失灵保护动作启动 500kV 母差保护投退的压板有两个，一个在断路器保护屏上，一个在母差保护屏上。

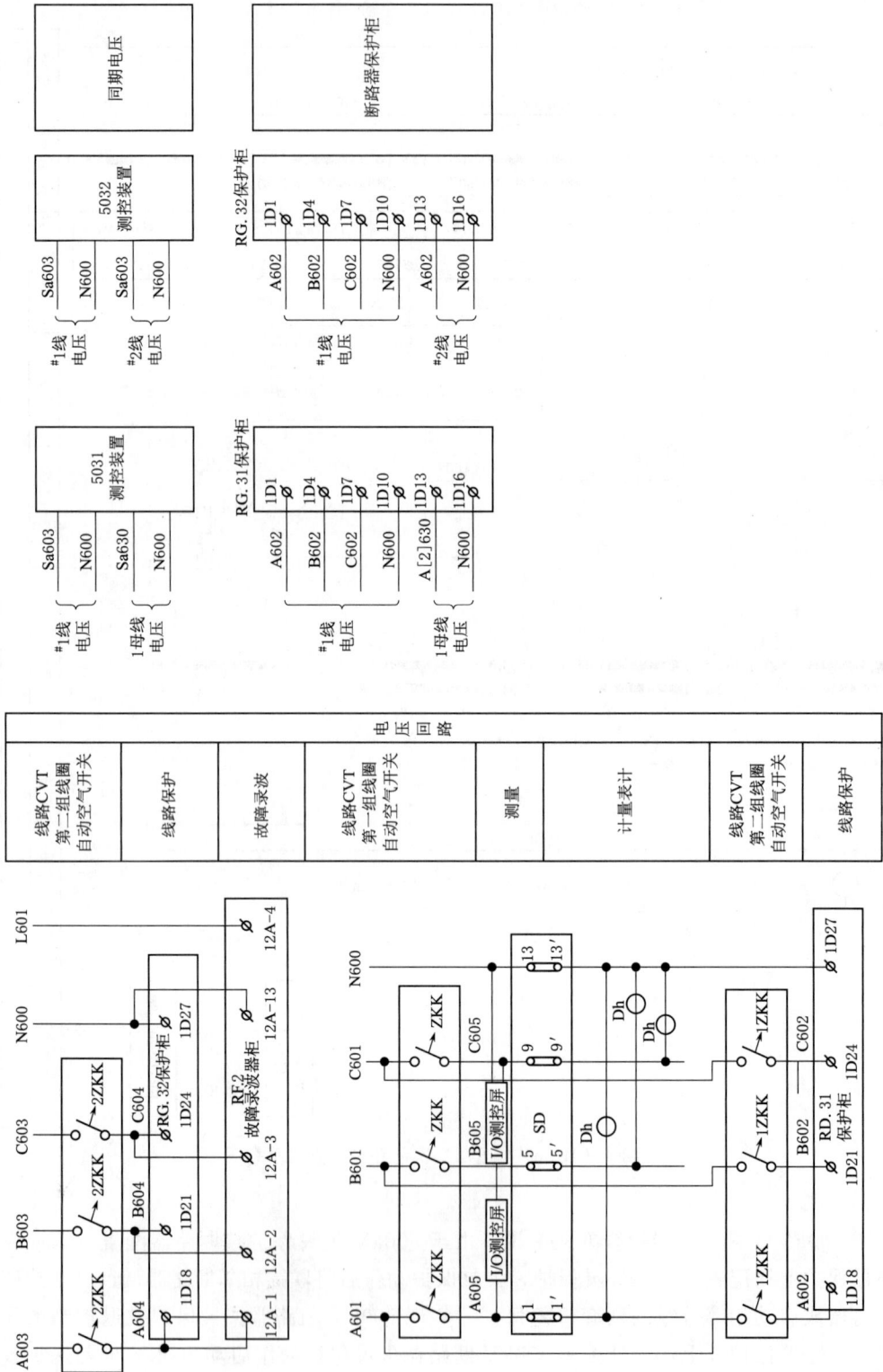

图 6.4　500kV 线路保护电压二次回路接线方式示意图

对于 500kV 3/2 断路器接线方式来说，重合闸装置是按断路器配置的，而不是与线路保护装置配置在一面屏上的，因此，这与 220kV 重合闸有明显区别的，具体来说，区别如下。

1. 配置方式不同

220kV 重合闸装置按线路保护配置，因此 220kV 线路有两套重合闸装置，正常运行方式下，一套重合闸投入运行，另一套停用，作为备用。当一套重合闸装置发生异常而无法正常工作时，该套重合闸将停用，立即将另外一套重合闸装置投入运行。

500kV 重合闸装置是按断路器配置的，每个断路器只配置一套完整的重合闸装置。

2. 停用方式不同

作为备用的那一套 220kV 重合闸装置，只需解除其重合闸出口压板，其他均同重合闸投入方式。

220kV 重合闸停用时，应将"重合闸方式"切换把手打在停用位置，投上沟通三跳压板，另外，将重合闸出口压板解除。

500kV 重合闸停用共分两种情况：

（1）线路重合闸停用。500kV 线路重合闸停用时，两套线路保护屏前的"跳闸方式"切换把手应打在"沟通三跳"位置，500kV 线路保护屏前的启动单相重合闸（对于某些断路器保护来说，启动分相失灵和启动重合闸共用一块压板）压板根据断路器保护型号的不同酌情操作。将边断路器重合闸装置的"重合闸方式"切换把手打在"停用"位置，并解除其重合闸出口压板。中断路器的重合闸装置因同时也被另外一条线路使用，故不作任何操作。

（2）断路器重合闸停用。将需停用重合闸装置的"重合闸方式"切换把手打在"停用"位置，并解除其重合闸出口压板。

220kV 与 500kV 线路保护控制回路接线方式示意图如图 6.5 和图 6.6 所示。

6.2.1.3　信号回路

对于信号回路，500kV 线路相对于 220kV 线路差距不大，都向测控装置发送断路器刀闸位置、保护相应信号、断路器相应信号以及公共信号，具体回路图如图 6.7 和图 6.8 所示。

6.2.2　主变保护

6.2.2.1　电压及电流回路

由于 500kV 变电站一次接线通常为 3/2 断路器接线方式，而 220kV 变电站一次接线一般为双母线或双母线分段接线方式，因此对于主变保护，其电流回路也有所不同。具体回路图如图 6.9 和图 6.10 所示。

由图 6.9 和图 6.10 可知，而 500kV 主变保护所需的电流互感器二次绕组较 220kV 主变保护较多，且主变 500kV 侧的保护回路及测量计量回路需将 2 组电流互感器二次绕组的电流送入相应装置。

对于电压回路，500kV 主变保护相对于 220kV 主变保护差距不大，具体回路图如图 6.11 和图 6.12 所示。

断路器控制电路

| 第一组操作电源 | 第一组A相跳闸 | 第一组B相跳闸 | 第一组C相跳闸 | 母线保护跳闸 | 第二组手动跳闸 | 第二组手动跳闸 | 第二组合闸 | A相跳位监视 | B相跳位监视 | C相跳位监视 | 第二组A相跳闸线圈 | 第二组B相跳闸线圈 | 第二组C相跳闸线圈 | 第二组压力低闭锁重合闸 | 第二组控制电源 |

母线保护

| 220kV母线保护一 | 220kV母线保护二 |

母线保护三

3AQ1-EE 操动机构
S1LAX0:421　S1LBX0:423　S1LCX0:425
X0:420　X0:422　X0:424　X1:730　X1:735　X1:740　X1:1194　X1:751
X0:420　X0:422　X0:424　X1:730　X1:735　X1:740　X1:1195　X1:745　X1:746

209A　209B　209C　237A　237B　237C　208

4CD:11　4CD:15　4CD:19　4CD:5　4CD:8　4QD:48

EMC　1G　2G　EMCL151　EMCL152
2EMC　1G　2G　EMCL141　EMCL142

4QD:51
4QD:1　4QD:19　4QD:22　4QD:25　4QD:13　4QD:31　4QD:35
CZX-11G-H2　4n

电压切换回路
220kV线路切换回路一　220kV线路切换回路二

202
201

237A'　237B'　237C'　R233
203　233

1CD:1　1KD:1　1KD:2　1KD:3
1n　PCS-931SA-G
220kV线路保护屏二

4PD23　4PD22
4PD21　4PD20
JFZ-12FX　4n

Q101A　61A　63A
1G　2G
JFZ-12FX　4n
7QD:1　7QD:4　7QD:6

Q101B　61B　63B
1G　2G
CZX-11G-H2　4n
7QD:1　7QD:4　7QD:6

注：断路器采用机构防跳，取消保护防跳回路。

断路器控制电路

| 第一组操作电源 | 第一组手动合闸 | 第一组手动跳闸 | 第一组A相跳闸 | 第一组B相跳闸 | 第一组C相跳闸 | 重合闸 | 母线保护跳闸线圈 | A相跳位监视 | 第一组A相跳闸线圈 | B相跳位监视 | 第一组B相跳闸线圈 | C相跳位监视 | 第一组C相跳闸线圈 | 第一组A相跳闸线圈 | 第一组B相跳闸线圈 | 第一组压力低闭锁重合闸 | 第一组控制电源 | I母切换 | II母切换 | 电压切换用表 |

电压切换回路

3AQ1-EE 操动机构
X1:610　X1:1010　X1:615　X1:1012　X1:620　X1:1014　X1:632　X1:637　X1:642　X1:1192　X1:651　X1:600　X1:521
X1:626　X1:646　X1:1193　X1:645　X1:625

107A　109A　107B　109B　107C　109C　137A　137B　137C　108　57　59

4CD:12　4CD:11　4CD:16　4CD:15　4CD:20　4CD:19　4CD:2　4CD:5　4CD:8　4QD:48

3YQJ　4YQJ

102
4QD:51
4CD:1　4CD:31　4CD:35　4CD:19　4CD:19　4CD:22　4CD:25　4CD:29　4CD:13
JFZ-12FX　4n

101　103　133　137A'　137B'　137C'　105　R133
1D82　1D88　1D85
1n　CSI200EA
1CD:1　1CD:2
1n　CAC-103A-G
1CD:1　1KD:1　1KD:2　1KD:3　1KD:5
1n　PCS-931SA-G
1CD:2　1KD:5
220kV母线保护屏

1G　1G　2G　2G

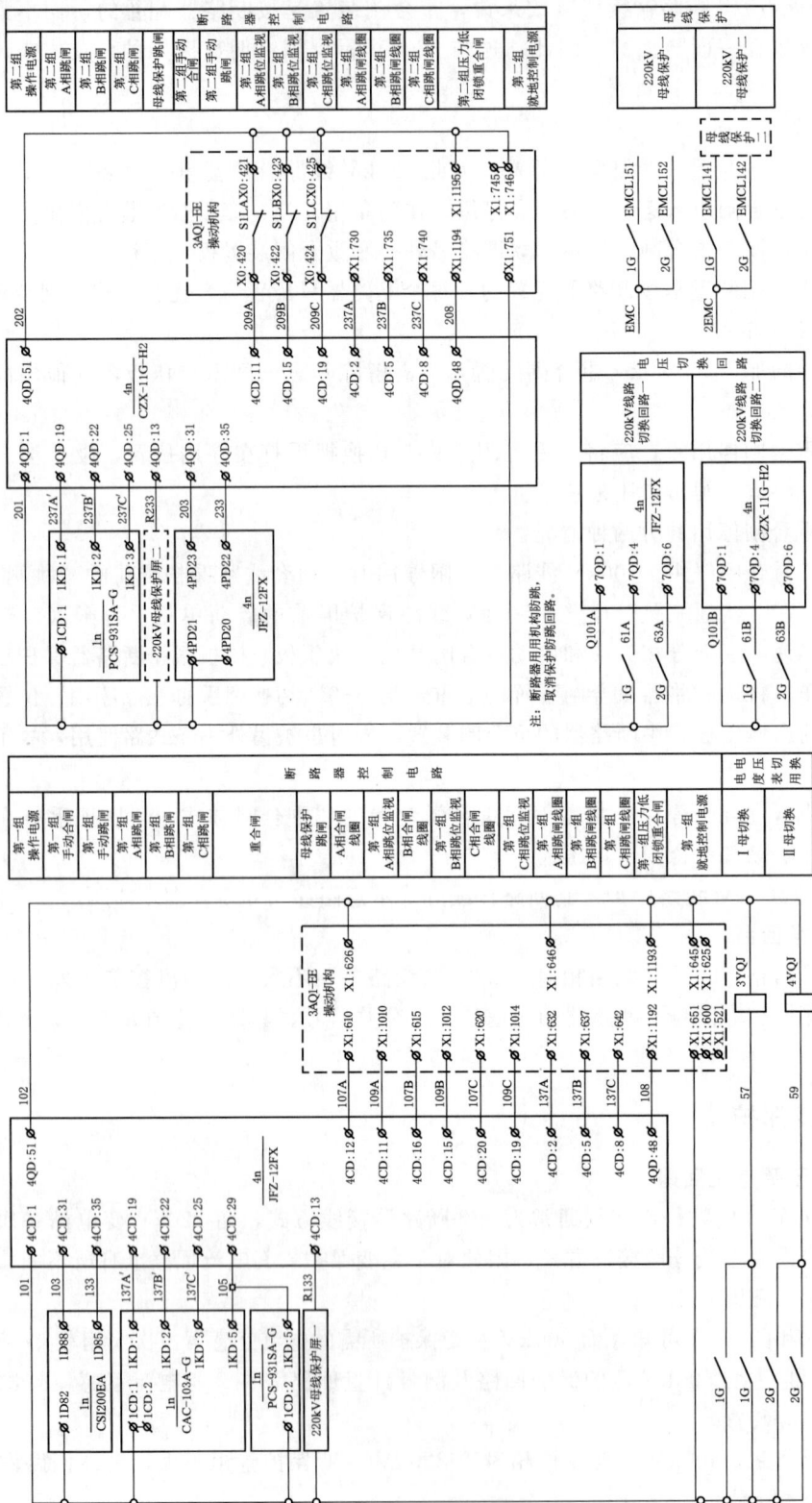

图 6.5 （一）　220kV 线路保护控制回路接线方式示意图

注：测控屏上控制回路

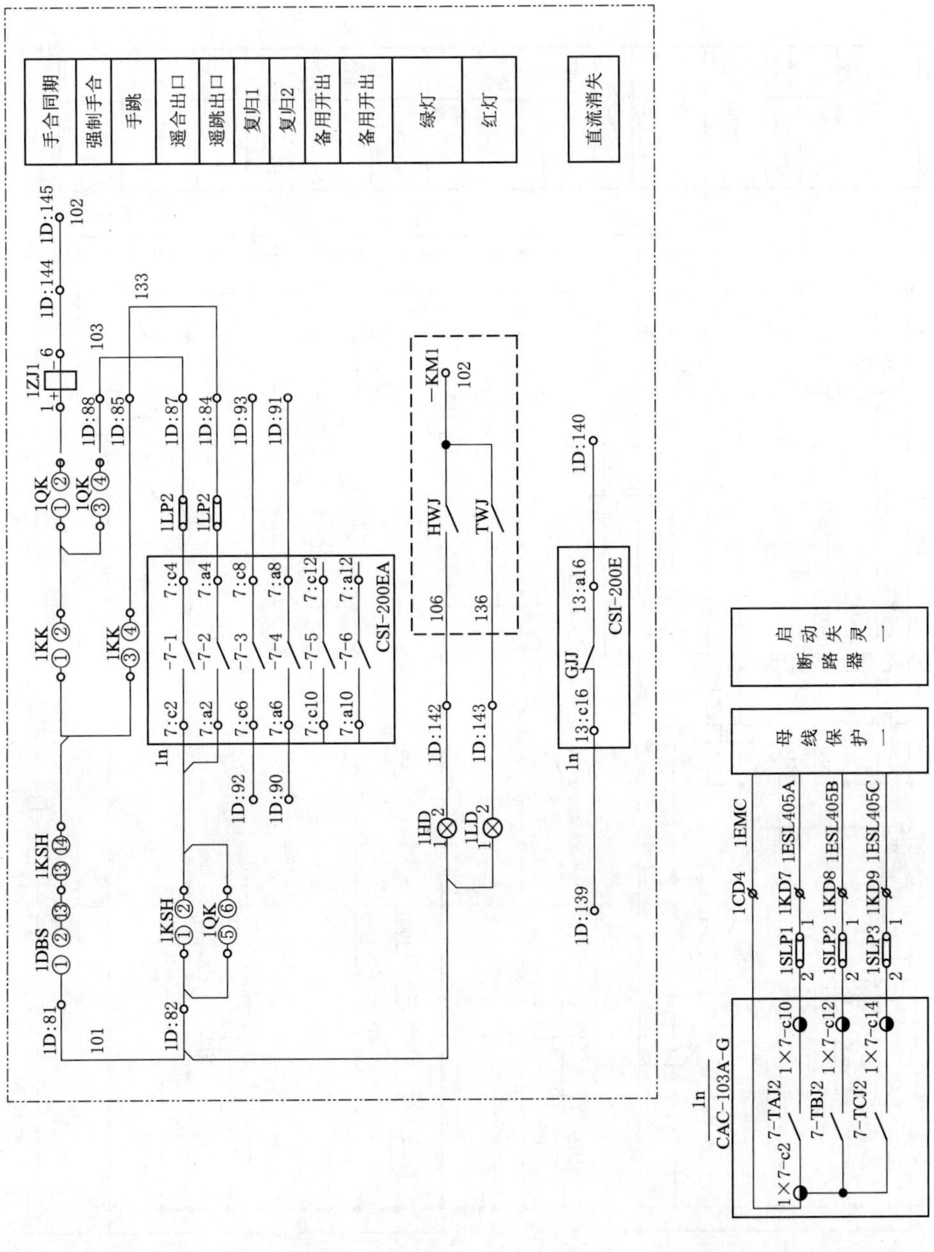

图 6.5（二）　220kV 线路保护控制回路接线方式示意图

注：点划线框内的设备为断路器本体控制箱里的设备，详见制造厂图纸。
点划线框外的设备为断路器操作箱中设备，详见操作箱图纸。

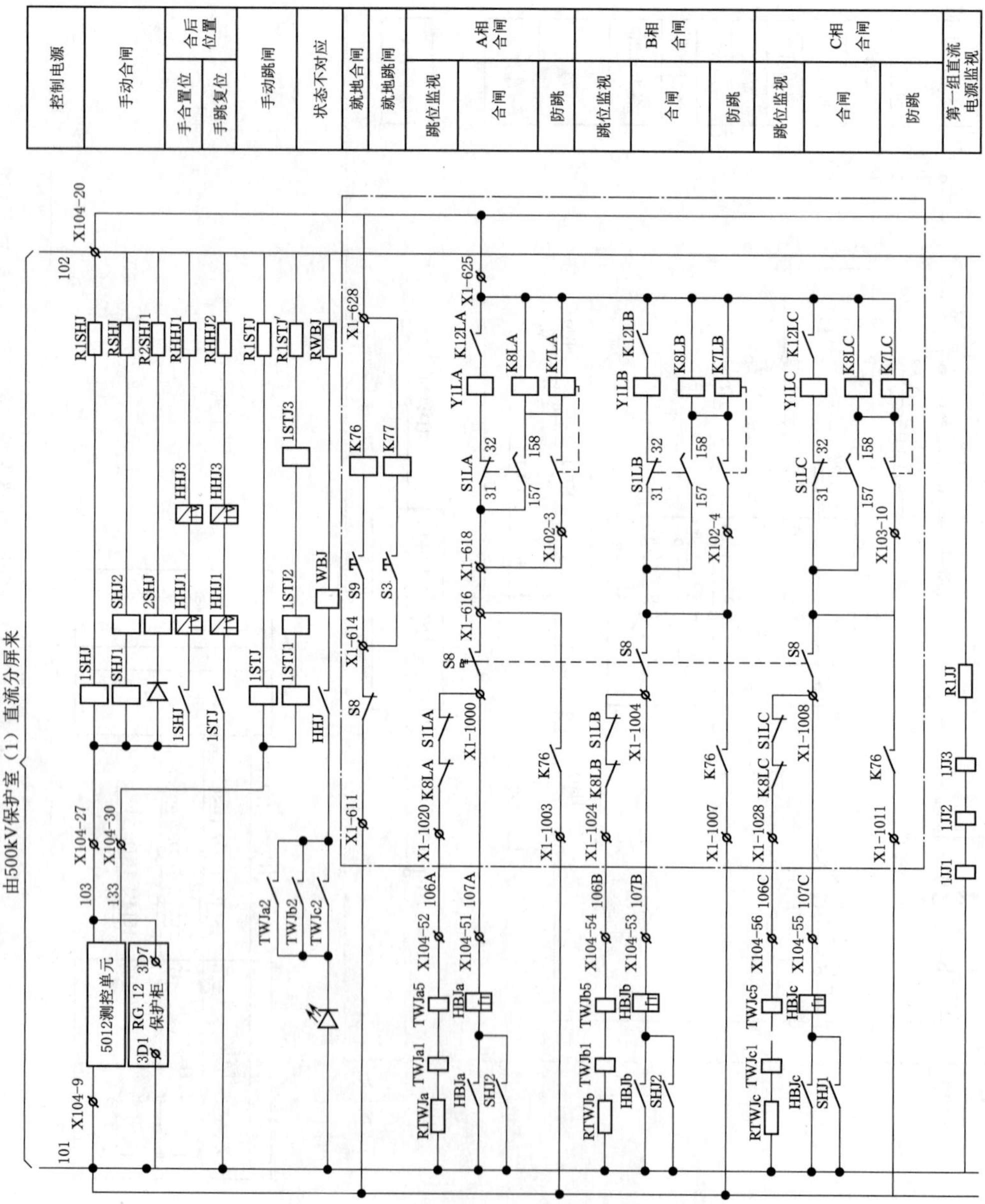

图6.6（一） 500kV线路保护控制回路接线方式示意图

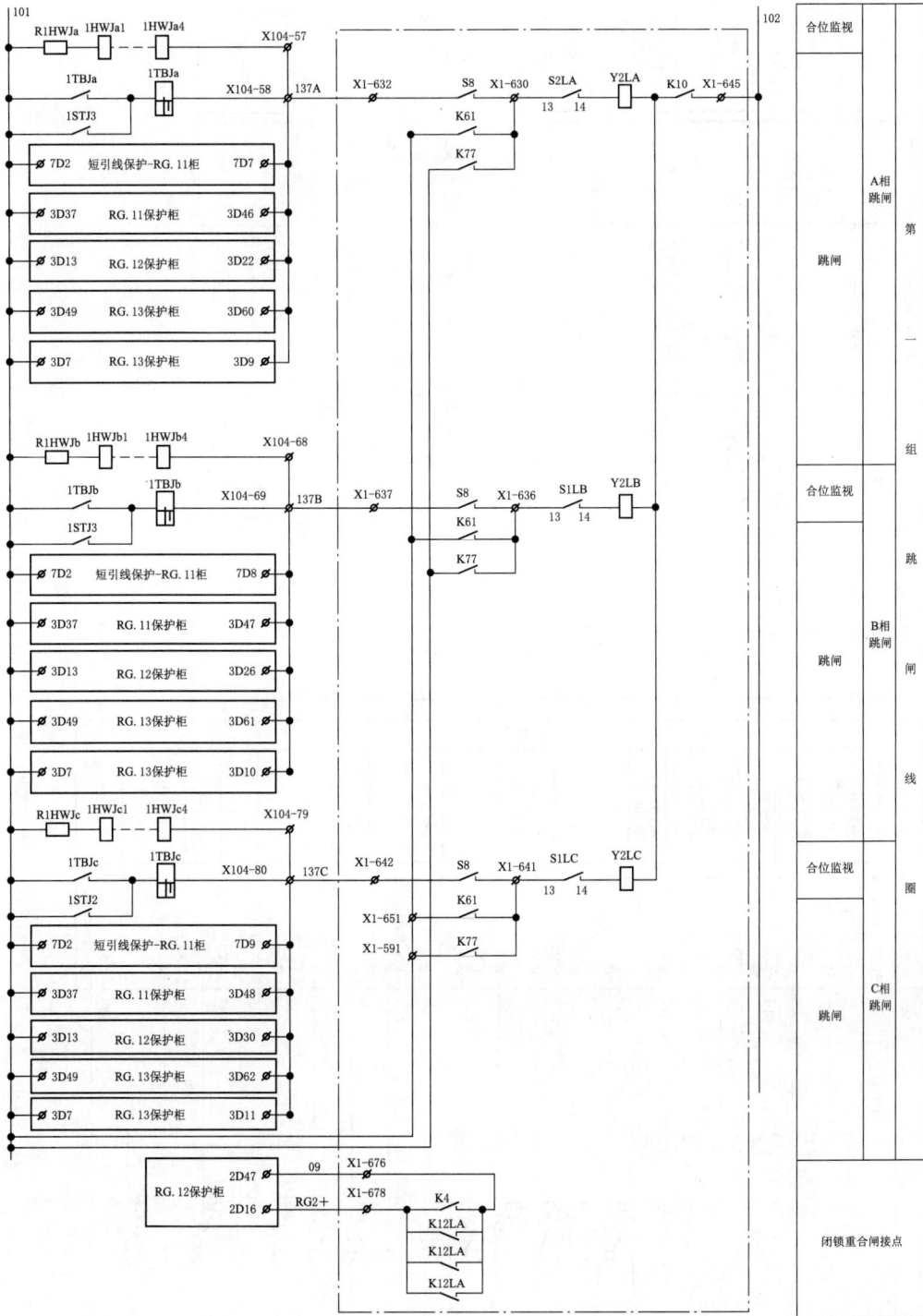

图 6.6（二） 500kV 线路保护控制回路接线方式示意图

信号回路

远控	低气压报警	电机回路断电	合闸弹簧已储能	合闸弹簧未储能	非全相动作

PCS-9705A

1YX43 Ø
1YX44 Ø
1YX45 Ø
1YX46 Ø
1YX48 Ø
1YX49 Ø
1YX50 Ø

841　845　847　851　855

LTB245E1

X1-903　C相　B相　A相　X1-902
X1-871　A相　X1-870
X1-879　B相　C相
X1-887　C相　B相　A相　X1-886
X-883　X-882

801

公用测控

FCS-9705A

1YX13 Ø
1YX13 Ø

GX01　GX03

装置闭锁

信号回路

公共端	断路器A相合位	断路器A相跳位	断路器B相合位	断路器B相跳位	断路器C相合位	断路器C相跳位	1G合位注	1G分位注	2G合位	2G分位	3G合位	3G分位	2GD合位	2GD分位	3GD1合位	3GD1分位	3GD2合位	3GD2分位	线路电压互感器失压	击穿保险故障

1YX1 Ø
PCS-9705A

1YX24 Ø
1YX25 Ø
1YX26 Ø
1YX27 Ø
1YX28 Ø
1YX29 Ø
1YX30 Ø
1YX31 Ø
1YX32 Ø
1YX33 Ø
1YX34 Ø
1YX35 Ø
1YX36 Ø
1YX37 Ø
1YX38 Ø
1YX39 Ø
1YX40 Ø
1YX41 Ø
1YX42 Ø
1YX47 Ø

801　803　805　807　809　811　813　815　817　819　821　823　825　827　829　831　833　835　837　839　849

LTB245E1

X1-234(A)　X1-232(A)　X1-234(B)　X1-232(B)　X1-234(C)　X1-232(C)

1G　1G　2G　2G　3G　3G　2GD　2GD　3GD1　3GD1　3GD2　3GD2

X1-231(A)　X1-233(A)　X1-231(B)　X1-233(B)　X1-231(C)　X1-233(C)

DJ　2ZKK　JBO

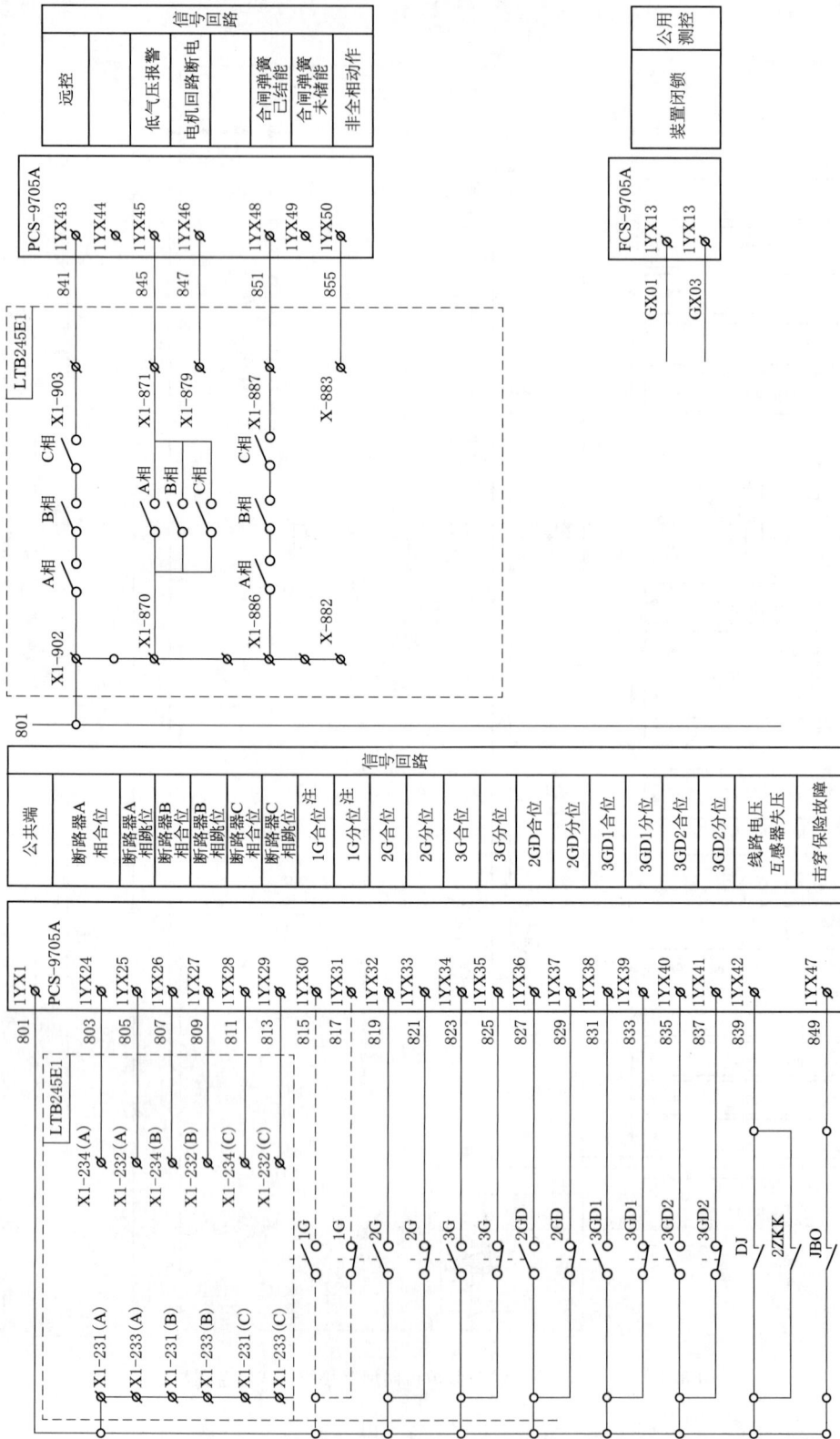

图6.7（一）　220kV线路保护信号回路接线方式示意图

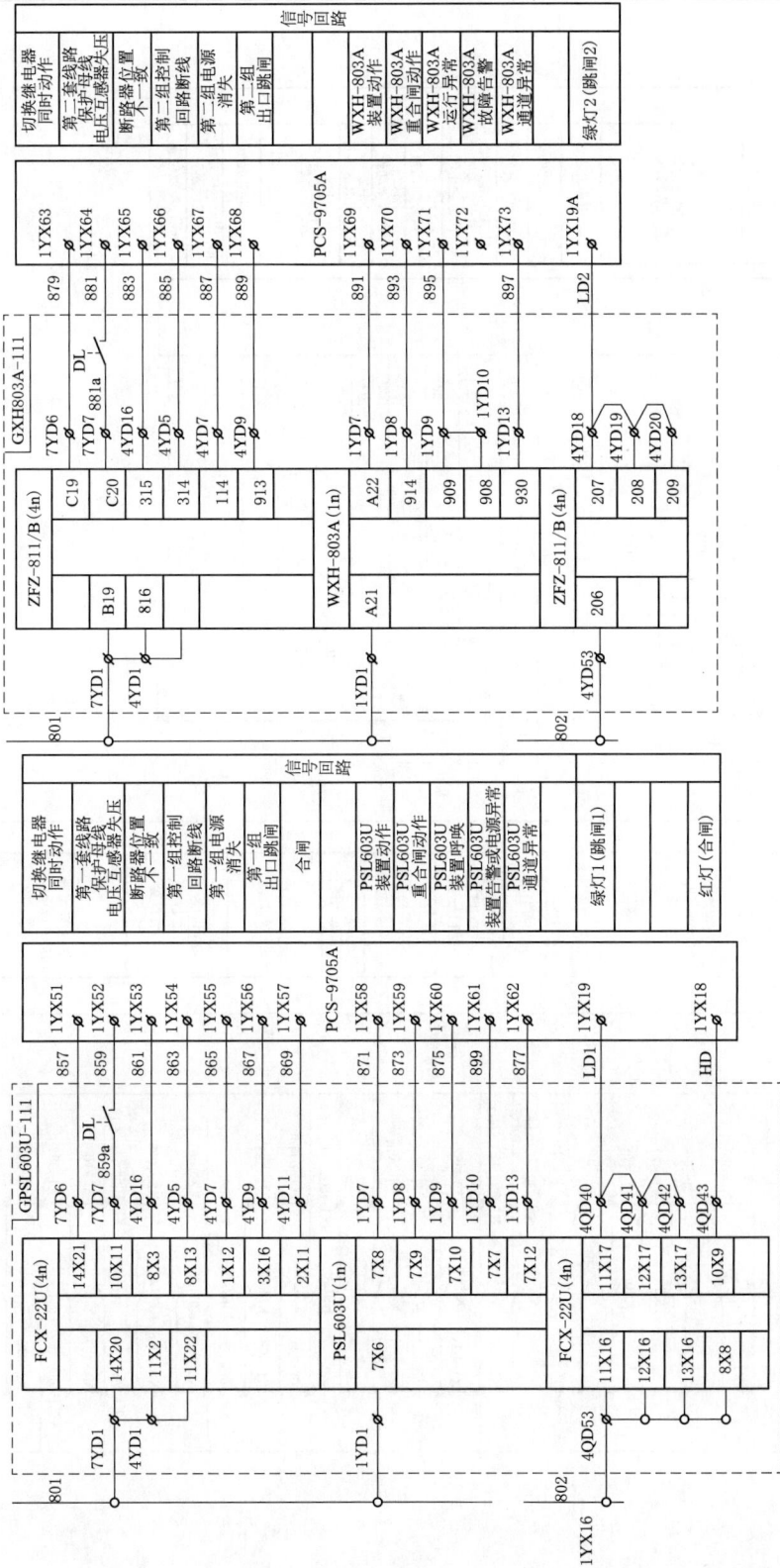

图 6.7（二）220kV 线路保护信号回路接线方式示意图

图 6.8（一）　500kV 线路保护信号回路接线方式示意图

告警信号回路

公共端
P546保护A相跳闸
P546保护B相跳闸
P546保护C相跳闸
P546保护差动动作
P546保护远方跳闸动作
P546保护通道故障
P546保护电流互感器断线
P546保护反时限延时动作
P546保护装置故障
LFZR保护装置故障
LFZR保护A相跳闸
LFZR保护B相跳闸
LFZR保护C相跳闸
LFZR保护电压互感器断线
LFZR保护振荡闭锁
LFZR保护接地方向反时限动作
LFZR保护动作
直流电源消失
同期电压空气开关断开
线路压变空气开关断开

5013 测控装置

701 985 987 989 991 993 995 997 999 1001 1003 1005 1007 1009 1011 1013 1015 1017 1019 1021 1023

RD.14 保护屏
5D1 5D2 5D3 5D4 5D5 5D6 5D7 5D8 5D9 5D10 5D11 5D12 5D13 5D14 5D15 5D16 5D17 5D18 5D19

3ZKK 2ZKK 1ZKK ZKK

告警信号回路

公共端
P546保护A相跳闸
P546保护B相跳闸
P546保护C相跳闸
P546保护差动动作
P546保护远方跳闸动作
P546保护通道故障
P546保护电流互感器断线
P546保护反时限延时动作
P546保护装置故障
LFZR保护装置故障
LFZR保护A相跳闸
LFZR保护B相跳闸
LFZR保护C相跳闸
LFZR保护电压互感器断线
LFZR保护振荡闭锁
LFZR保护接地方向反时限动作
LFZR保护动作
直流电源消失

5013 测控装置

701 949 951 953 955 957 959 961 963 965 967 969 971 973 975 977 979 981 983

RD.13 保护屏
5D1 5D2 5D3 5D4 5D5 5D6 5D7 5D8 5D9 5D10 5D11 5D12 5D13 5D14 5D15 5D16 5D17 5D18 5D19

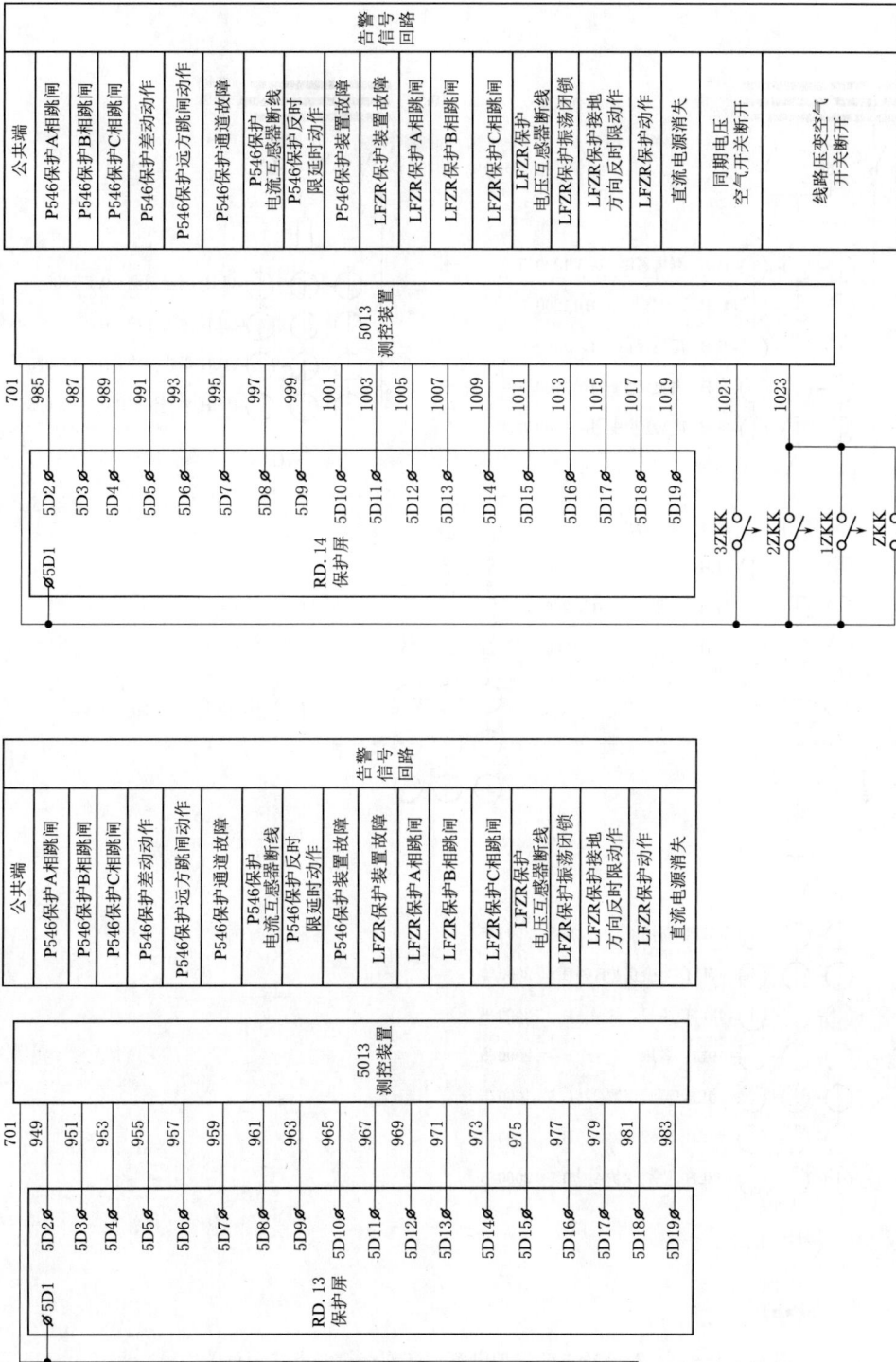

图 6.8（二） 500kV 线路保护信号回路接线方式示意图

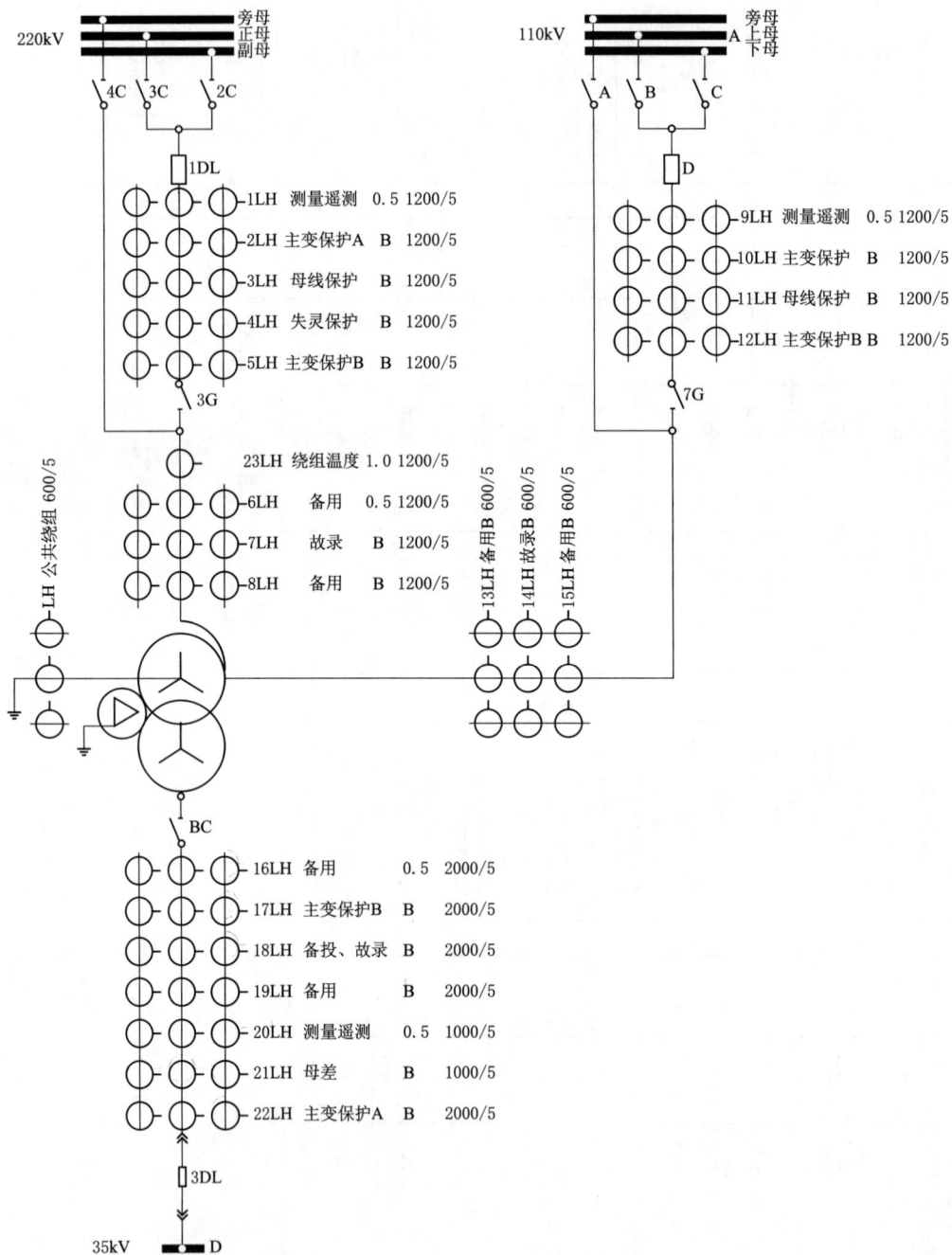

图 6.9（一）　220kV 主变保护电流二次回路接线方式示意图

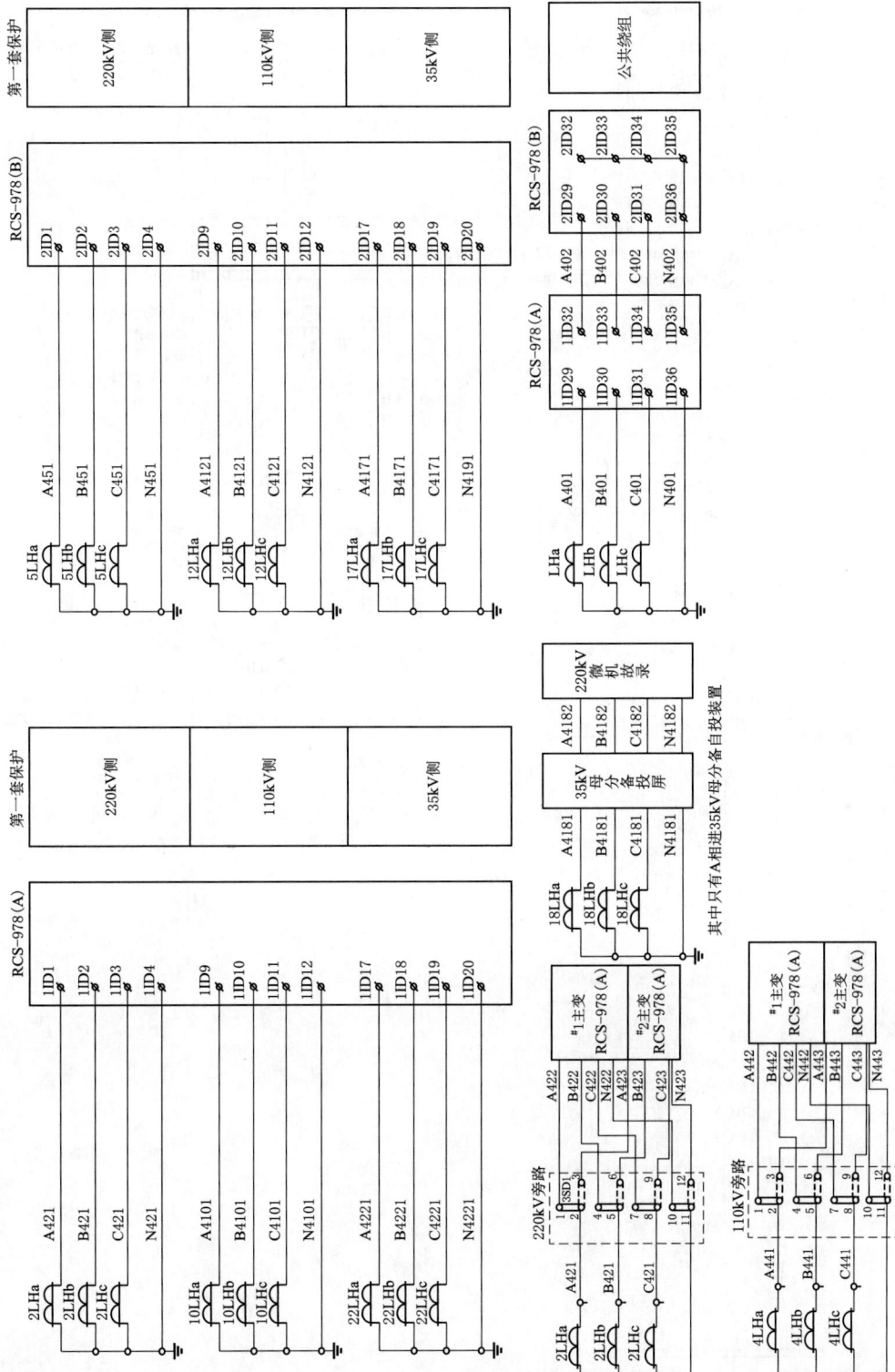

图 6.9 （二） 220kV主变保护电流二次回路接线方式示意图

其中只有A相进35kV母分备自投装置

500kV ▰▰▰▰●▰▰ 1M

50111
501117
5011

2#2000/1A
5P 1LH 失灵保(RG. 11)
TPY 2LH #1主变差动保护1
TPY 3LH #1主变差动保护2
5P 4LH 500kV 1母线第一套母差(RA. 1)母线故障录波
5P 5LH 500kV 1母线第二套母差(RA. 2)
2#(1000~2000)/1A 0.2S 6LH #1主变测量
501127
50112
501167

50121
501217

2#(1000~2000)/1A
0.2S 7LH #1线测量
0.2S 6LH #1主变测量
2#2000/1A
TPY 5LH #1线保护2
TPY 4LH #1线保护一及故障录波
TPY 3LH #1主变差动保护2
TPY 2LH #1主变差动保护1
5P 1LH 失灵保护
5012
501227
50122
5013617
50131
501317

0.2 6LH
5P 5LH
5P 4LH
TPY 3LH
TPY 2LH
5P 1LH

500kV#1线
(5459)

5013
501327
50132

500kV ▭▭▭▭●▭▭ 2M

35kV ▰▰▰●▰▰▰
319
3117
3197

~C
~B
~A

TPY 17LH 主变差动保护1
5P20 18LH 故障录波
0.5S 19LH 测量
TPY 20LH 主变差动保护2
5P20 21LH 备用
0.5S 22LH 备用
5000/1A

C z
b y

主变差动保护1
主变差动保护2
故障录波
16LH TPY
15LH TPY
14LH 5P20
2000~4000/1A

故障录波
备用
至主变220kV
11LH 5P20
12LH TPY
13LH 0.5S
2000~4000/1A

#1主变

故障录波 8LH 50P20
备用 9LH TPY 2000~4000/1A
备用 10LH 0.5S

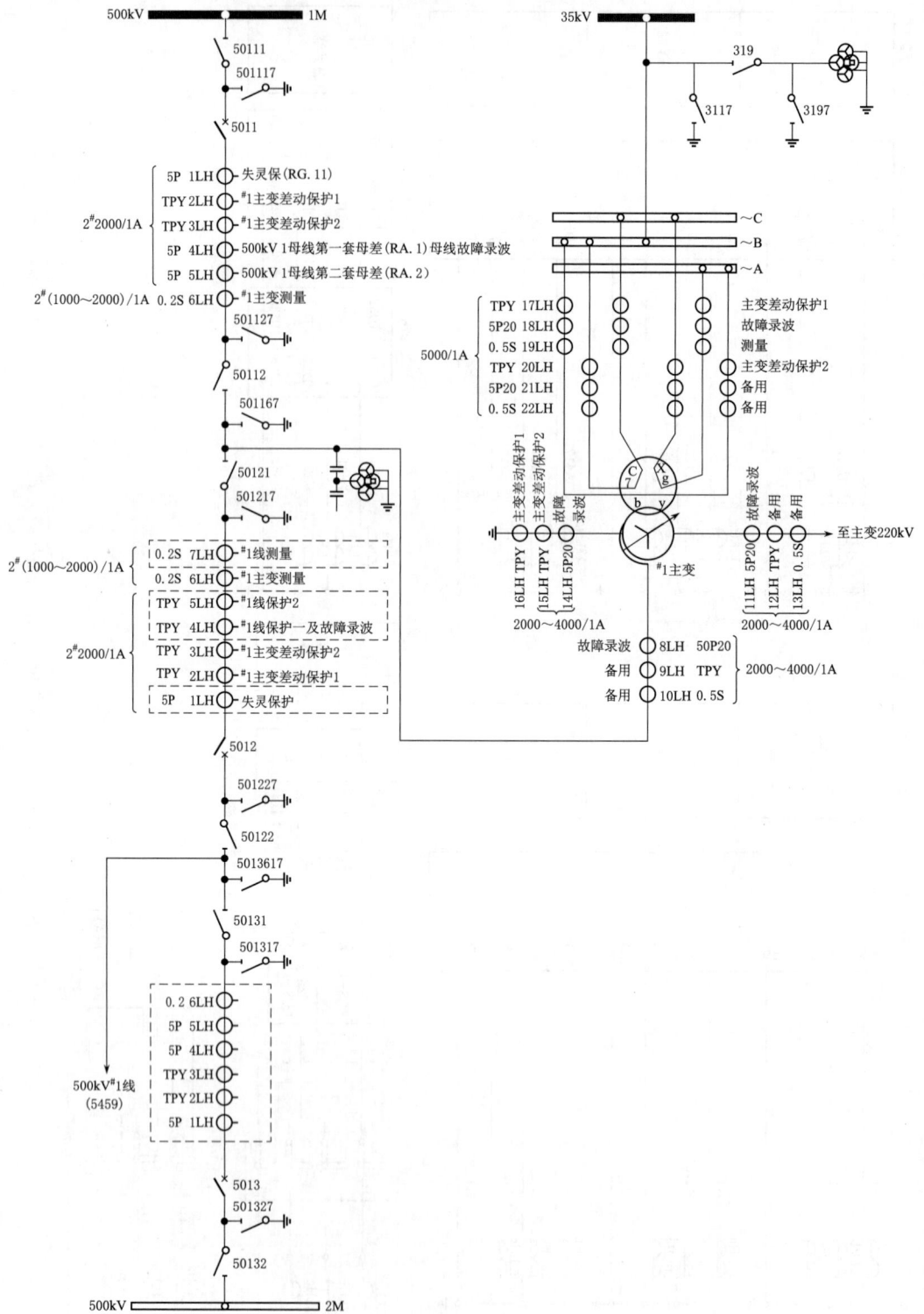

图 6.10（一）　500kV 主变保护电流二次回路接线方式示意图

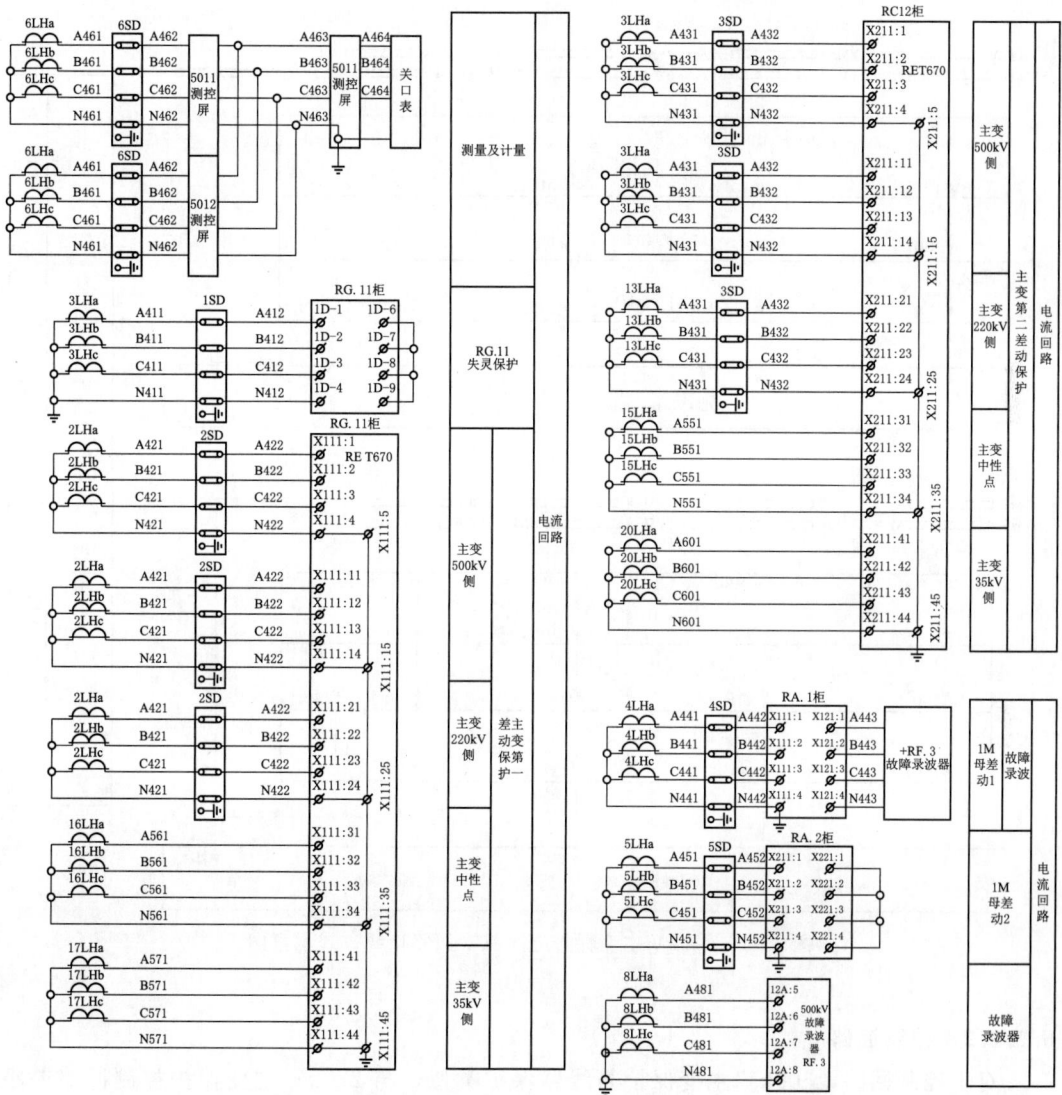

图 6.10（二） 500kV 主变保护电流二次回路接线方式示意图

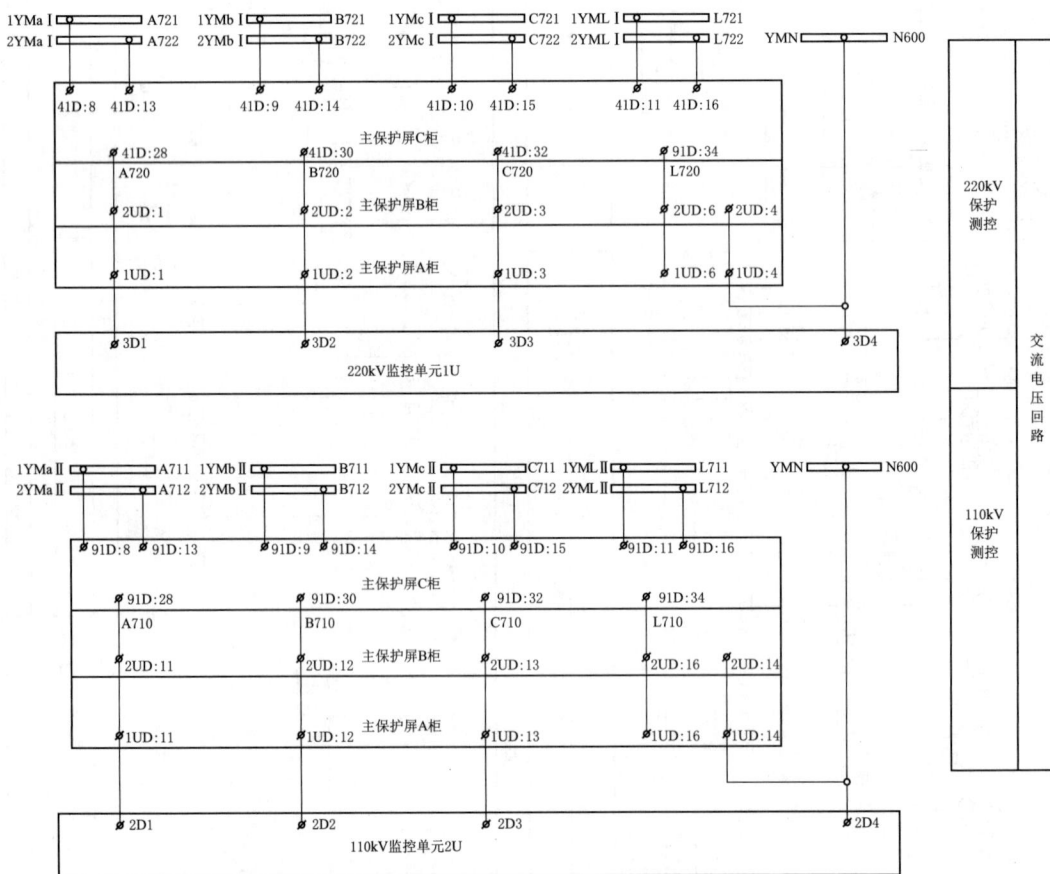

图 6.11 220kV 主变保护电压二次回路接线方式示意图

6.2.2.2 控制回路

对于控制回路，500kV 主变保护与线路保护类似，与 220kV 主变保护控制回路差距不大，其回路图如图 6.13 和图 6.14 所示。

6.2.2.3 信号回路

对于信号回路，500kV 主变相对于 220kV 主变差距不大，都向测控装置发送断路器刀闸位置、保护动作相应信号、主变本体相应信号，具体回路图如图 6.15 和图 6.16 所示。

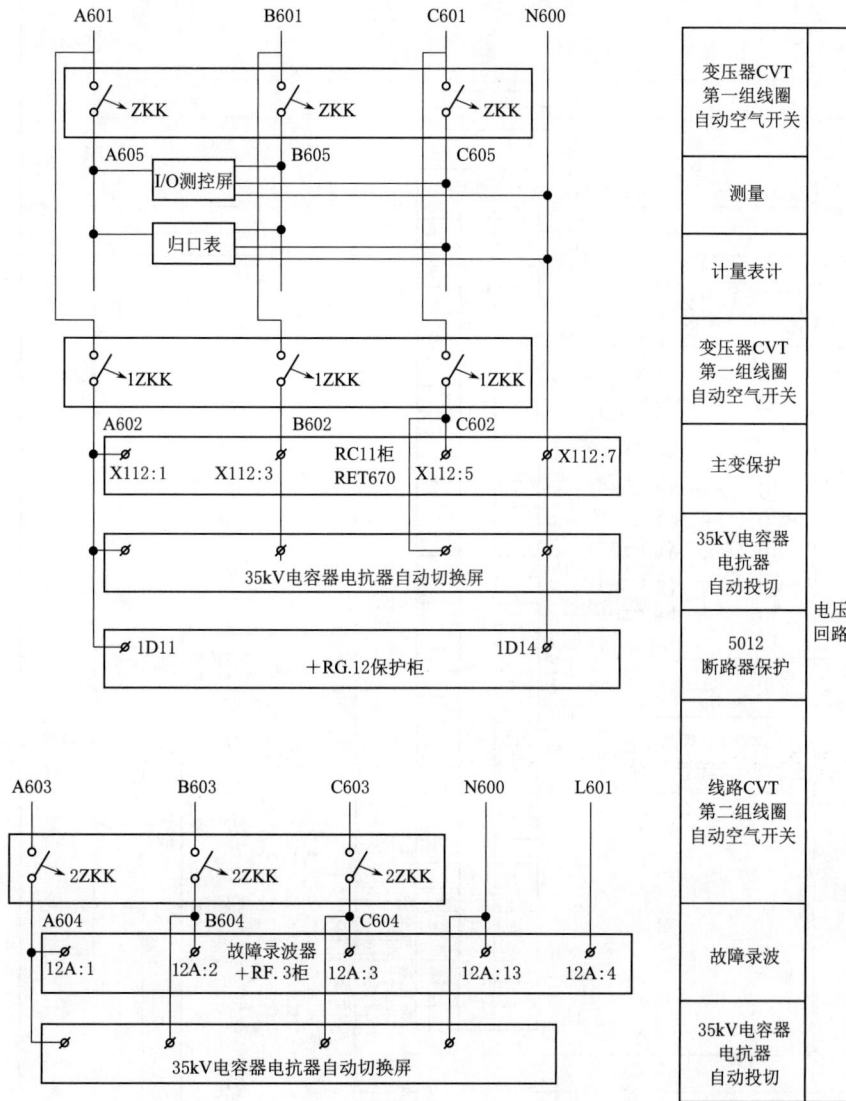

图 6.12 500kV 主变保护电压二次回路接线方式示意图

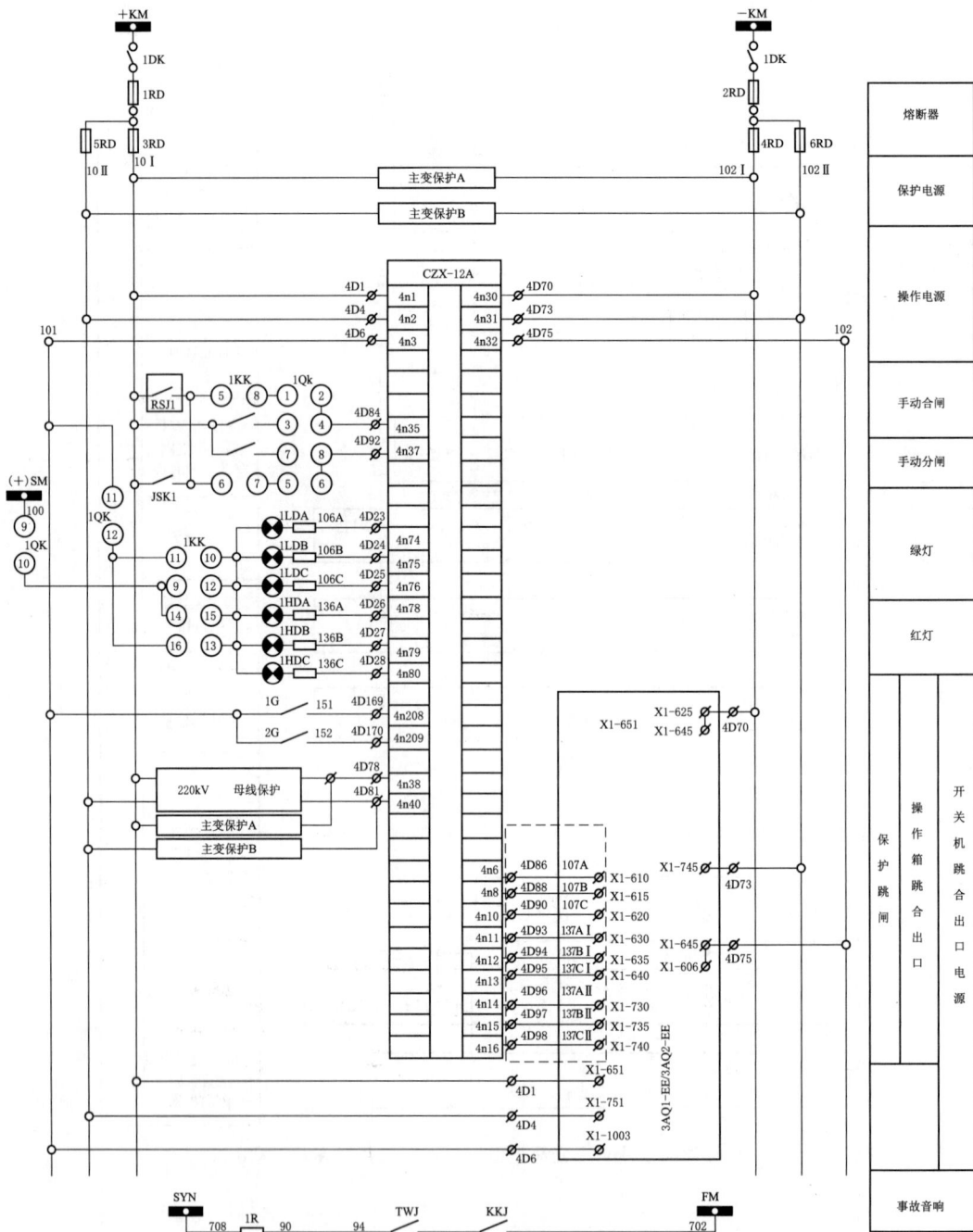

图 6.13　220kV主变保护控制回路接线方式示意图

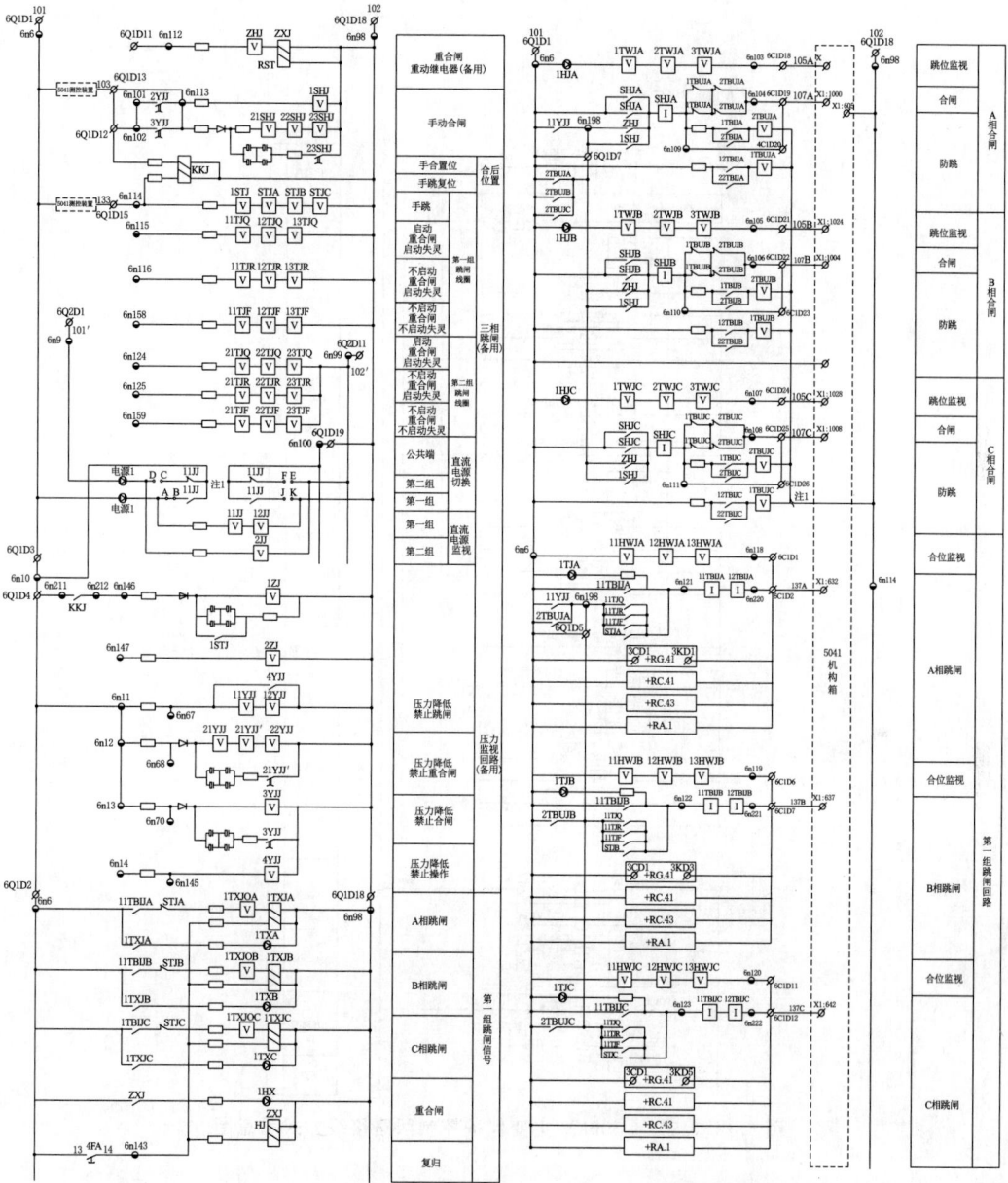

图 6.14（一）　500kV 主变保护控制回路接线方式示意图

图接上页

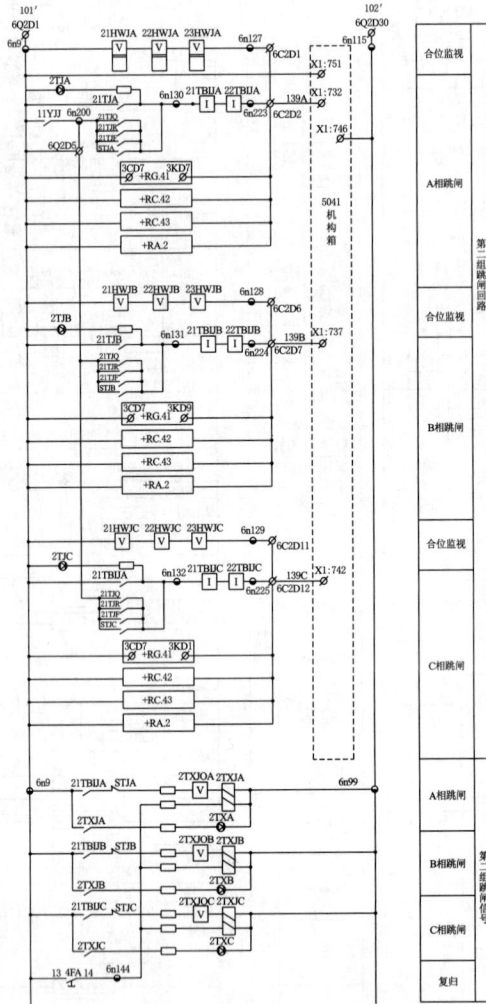

图 6.14（二）　500kV 主变保护控制回路接线方式示意图

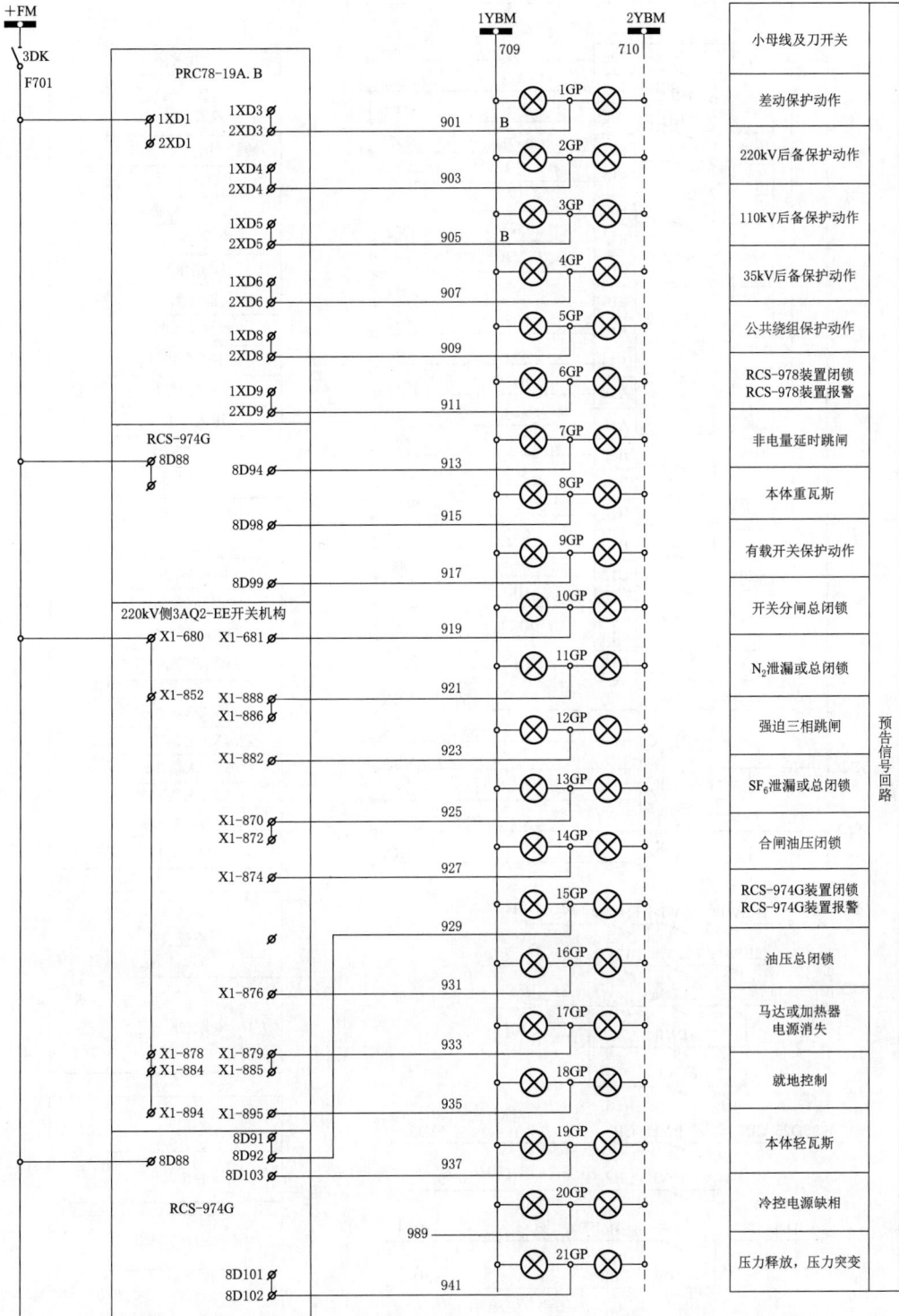

图 6.15（一）　220kV主变保护信号回路接线方式示意图

非全相跳闸	
装置闭锁 装置报警	
冷控失电延时跳闸	
非电量2延时跳闸	
非电量3延时跳闸	
冷控失电	
非电量2	
非电量3	
本体重瓦斯	
有载开关保护动作	
绕组过温(跳闸)	遥信
压力释放	
压力突变	
本体轻瓦斯	
有载轻瓦斯	
本体油位低	
本体油位高	
油温高(发信)	
绕组温高(发信)	
油温高(跳闸)	
220kV QK切就地	
220kV QK切远方	
110kV QK切就地	
110kV QK切远方	
35kV QK切就地	
35kV QK切远方	

合位	220kV 测控
跳位	

跳位	110kV 测控
合位	

跳位	35kV 测控
合位	

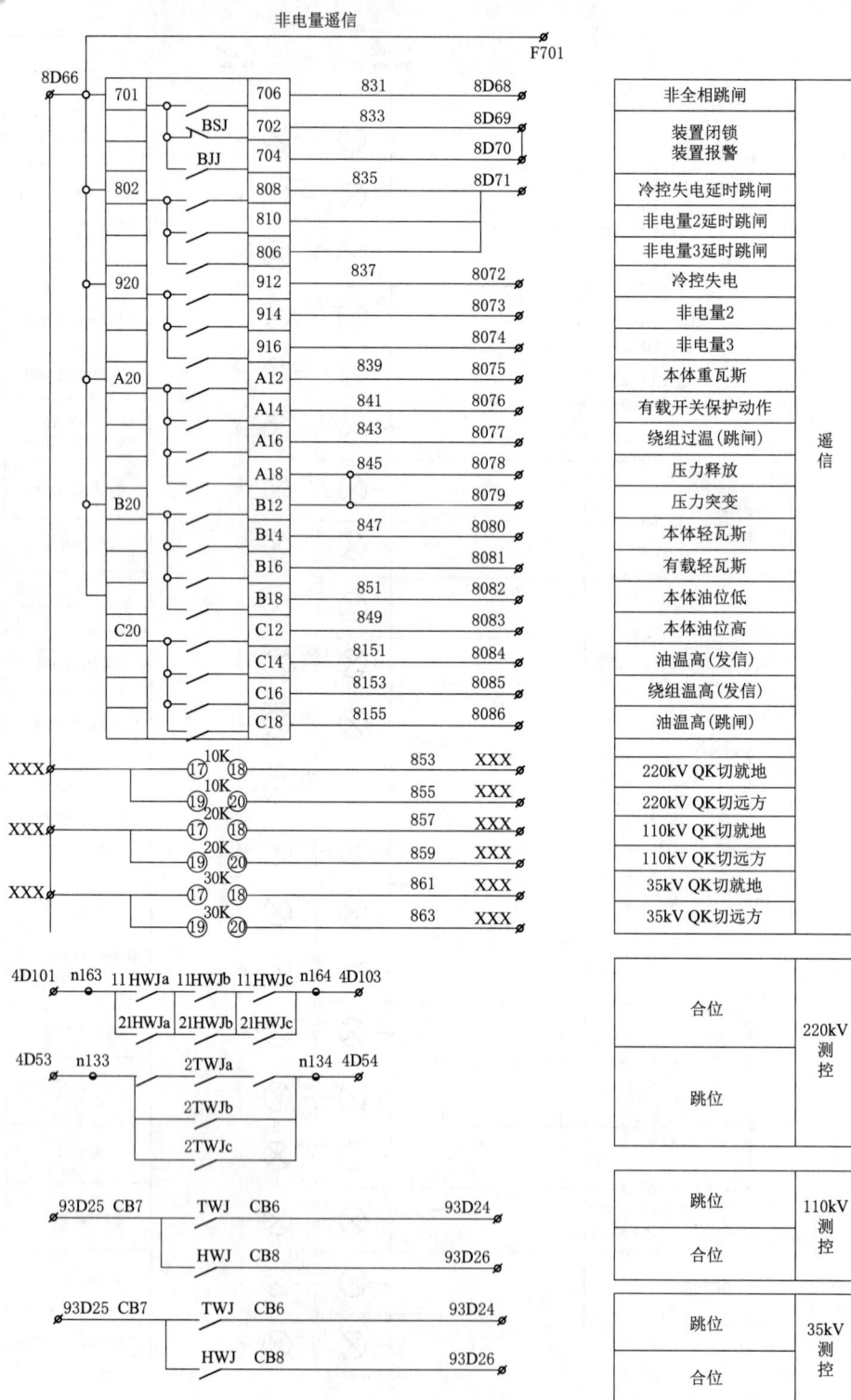

图 6.15（二）　220kV 主变保护信号回路接线方式示意图

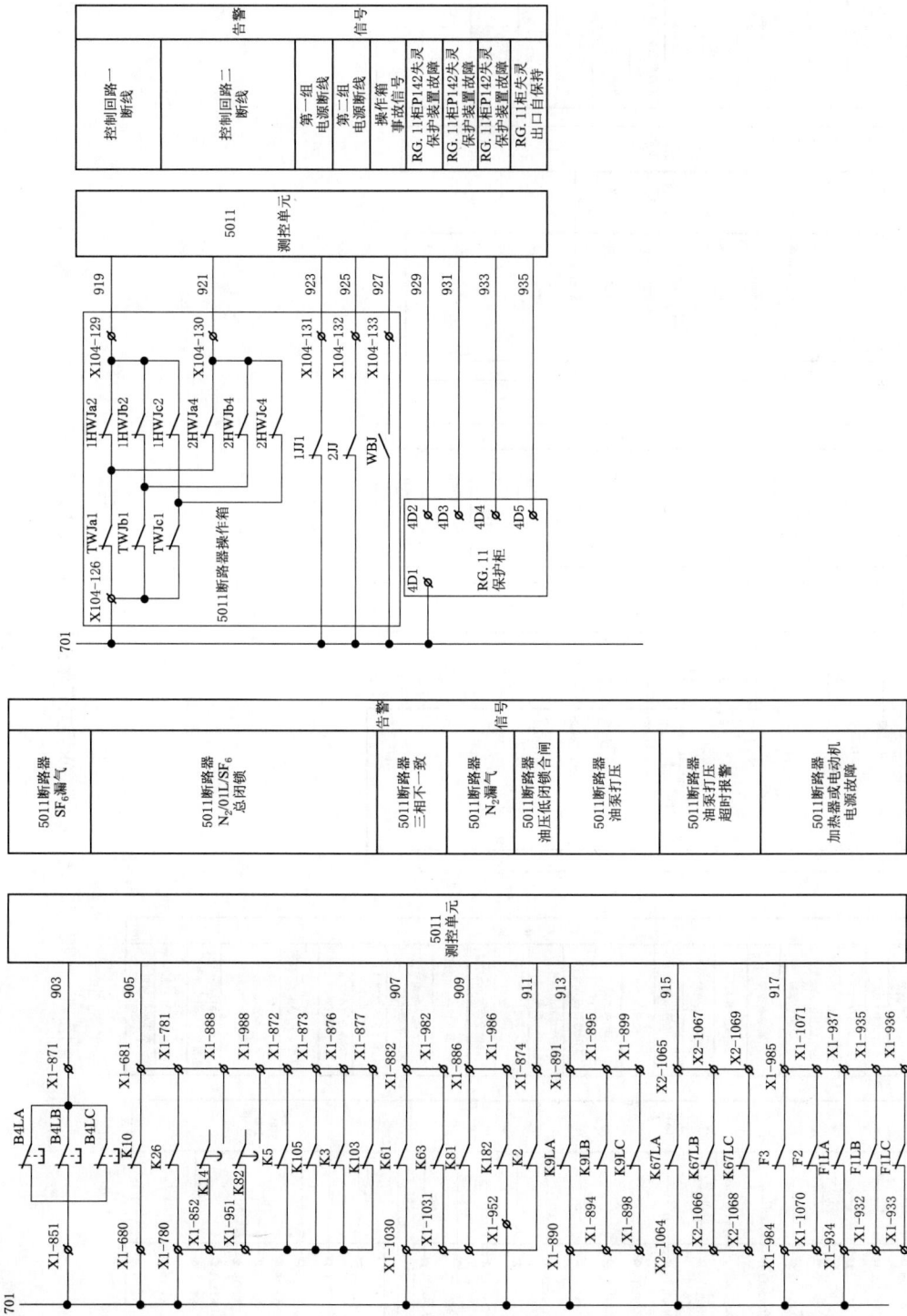

图 6.16 （一） 500kV 主变保护信号回路接线方式示意图

#1 主变保护 报警信号（RC12柜）

信号名称	端子	编号
RC12柜保护电量/失灵保护直流电源故障	X241:5	
RC12柜差动保护动作	X241:6	967
RC12柜主变零差保护	X241:9	969
RC12柜主变中压侧阻抗保护动作	X241:10	971
RC12柜主变高压侧阻抗保护动作	X241:12	973
RC12柜主变低压侧过流保护动作	X241:14	975
RC12柜主变中性点零流动作	X241:15	977
RC12柜主变中性点过流告警	X241:16	979
RC12柜主变公共绕组过负荷告警	X241:17	981
RC12柜电压互感器断线告警	X241:19	983
RC12柜电流互感器断线告警	X241:20	985
RC12柜失灵保护动作	X241:21	987
RC12柜电气量保护动作	X241:23	989
RC12柜装置内部故障	X241:7	991

5011 I/O 测控柜　701　X241:3　X241:22　#1主变保护RC12柜

#1 主变保护 报警信号（RC11柜）

信号名称	端子	编号
RC11柜电量/非电量保护直流电源故障	X141:5	
RC11柜流动保护动作	X141:6	937
RC11柜过励磁保护告警/动作	X141:☆	939
RC11柜主变高压侧阻抗保护动作	X141:☆	941
RC11柜主变低压侧过流保护动作	X141:☆	945
RC11柜主变零差保护	X141:☆	947
RC11柜主变公共绕组零序过流保护动作	X141:29	949
RC11柜电压互感器断线告警	X141:30	951
RC11柜电流互感器断线告警	X141:31	953
RC11柜非电量保护动作	X141:35	955
RC11柜装置内部故障	X141:36	957
	X141:38	959
	X141:40	961
	X141:7	963

5011 I/O 测控柜　701　X141:3　X141:37　X141:39　#1主变保护RC11柜

#1 主变本体 报警信号

公共端

信号名称	端子	编号
重瓦斯跳闸	X141:8	993
压力释放跳闸	X141:9	995
油温高跳闸超过30min跳闸	X141:10	997
油泵、风机全停故障超过30min跳闸	X141:11	999
轻瓦斯报警	X141:12	1001
油温高再报警	X141:13	1003
油位异常	X141:14	1005
突发压力继电器动作	X141:15	1007
油箱故障	X141:16	1009
油泵故障	X141:17	1011
风机故障	X141:18	1013
备用油泵投入运行	X141:19	1015
油泵冷却器交流电源故障	X141:20	1017
油泵、风机全停故障报警	X141:21	1019
冷却器全停30min报警	X141:22	1021
冷却器全停60min报警	X141:23	1023
主变本体分控箱直流电源故障	X141:24	1025
本体总控制柜Ⅰ电源故障		
本体总控制柜Ⅱ电源故障		

5011 I/O 测控柜　701　X141:1　#1主变保护RC11柜

信号名称	端子	编号
冷却器	XT:4	1027
本体总控制柜Ⅰ	XT:6	1029
本体总控制柜Ⅱ	XT:13	1031
本体总控制柜进线交流电源空开断开	XT:15	1033
交流电源空开断开	XT:17	1035
本体总控制柜照明、加热回路交流电源故障	XT:19	1037
直流电源故障	XT:21	1039
交流电源失去	XT:23 / XT:25 / XT:27	

#1主变35kV I/O 测控柜　701　XT:3　XT:5　XT:11　#1主变本体总控制箱

图6.16（二） 500kV主变保护信号回路接线方式示意图

6.3 继电保护整定

6.3.1 线路保护整定

6.3.1.1 220kV 线路保护整定

1. 高频闭锁保护的整定计算

（1）高频闭锁零序电流启动发信元件整定同零序电流保护Ⅳ段定值，高频闭锁距离的启动发信元件采用距离保护中的启动元件，按线路末端故障有足够灵敏度整定，且与停信元件配合。

（2）目前采用的微机高频闭锁距离保护如 RCS‐901A、PCS‐901G、CSC‐101A 和 CSC‐101B 等，其高频停信距离元件可以单独整定。

（3）零序保护Ⅲ段，接地、相间距离Ⅱ段或Ⅲ段作为停信元件，按线路末端金属性故障有灵敏度整定。

（4）方向高频高定值启动（跳闸）元件按被保护线路末端发生金属性故障有灵敏度整定，低定值启动元件按躲过最大负荷电流下的不平衡电流整定。

（5）方向判别元件在被保护线路末端故障时应有足够灵敏度。

2. 三段式相间距离保护的整定原则

相间距离Ⅰ段按可靠躲过本线路对端母线故障整定，整定值为本线路正序阻抗的 0.7～0.85 倍。

相间距离Ⅱ段按本线路末端发生金属性相间短路故障有足够灵敏度整定，并与相邻线路相间距离Ⅰ段配合，若配合困难，按躲相隔母线与相邻线路高频保护配合，时间取 1s，同时应满足本线故障的全线灵敏度要求。相间距离Ⅱ段应可靠躲过变压器其他侧母线故障，若配合困难，则采用不完全配合。

相间距离Ⅲ段按可靠躲过本线路最大负荷电流整定，且与相邻线相间距离Ⅱ段配合，若配合困难，与相邻线相间距离Ⅲ段配合。相间距离Ⅲ段还应与变压器相间短路后备保护配合，相间距离Ⅲ段作为高频闭锁保护的停信段。

3. 三段式接地距离保护的整定原则

接地距离Ⅰ段定值按可靠躲过本线路对侧母线接地故障整定。为躲过暂态超越，整定值为本线路正序阻抗的 0.7～0.8 倍。

接地距离Ⅱ段与相邻线路接地距离Ⅰ段定值配合，若无法配合，则与相邻线高频保护配合，同时应满足全线灵敏度要求，保护范围不超过相邻变压器的其他侧母线。

接地距离Ⅲ段与相邻线路接地距离Ⅱ段配合，若配合困难，则与相邻线接地距离Ⅲ段配合。

接地距离延时段整定配合助增系数取最小检修方式下的最小零序助增和最小正序助增的小值。

4. 距离保护振荡闭锁的整定

为避免系统振荡时距离保护误动作，距离保护应经振荡闭锁，而对动作时间大于系振荡周期的距离保护延时段,如距离Ⅲ段不经振荡闭锁。

5. 零序过流保护的整定计算

零序电流Ⅰ段定值按躲过线路对侧母线故障最大零序电流整定,同时躲过本线非全相最大零序电流,对有互感的双回线考虑一回线检修接地的检修方式。

6.3.1.2   500kV 线路保护整定

1. 主保护

华东电网 500kV 线路纵联保护采用分相电流差动保护和高频距离保护。

(1)分相电流差动保护两侧的一次动作电流定值必须一致,差动电流动作值按躲过被保护线路稳态最大充电电容电流整定,本线路末端高阻接地故障灵敏系数不小于1.5。电流互感器断线不闭锁差动保护,但电流互感器断线后线路电流差动定值按躲线路正常运行负荷电流整定。

(2)分相电流差动保护本侧识别码、对侧识别码的整定应保证同一区域内的保护设备具有唯一性,即正常运行时,本侧识别码与对侧识别码应不同且一套线路保护的识别码在两侧装置中应互相对应。

(3)高频距离保护一般以距离Ⅱ段作为高频允许段。

2. 后备保护

后备保护段整定遵循逐级配合原则;接地和相间距离保护按金属性故障来校验灵敏度。在符合逐级配合原则的前提下,尽可能提高距离保护的灵敏度。对于配合有困难时,采用不完全配合,即后备保护之间定值不配,按时间段相配的原则整定。其他特殊情况另作规定。

(1)距离Ⅰ段按不伸出对侧母线整定,可靠系数取 0.6~0.8。一般,当线路非常短时(如小于 5km),停用距离Ⅰ段。

(2)一般情况,500kV 线路距离保护Ⅱ段与相邻线距离Ⅰ段配合;不能配合时,与相邻线距离Ⅱ段配合;对于和距离Ⅱ段还不能配合的线路或和距离Ⅱ段配合时间过长的线路,采用和相邻线路纵联保护配合的原则(即考虑相关线全线切除故障时间小于 0.5s),时间统一取 0.8s。若线路距离Ⅱ段定值伸出对侧主变 220kV 母线,则对相应的 220kV 出线下达整定限额。

(3)正常方式下,距离Ⅲ段按与相邻线距离Ⅱ段配合,若与相邻线距离Ⅱ段配合有困难,则与相邻线距离Ⅲ段配合;另外距离Ⅲ段还应可靠躲过本线最大事故过负荷时对应的最小负荷阻抗和系统振荡周期,时间一般取 1.6s 及以上。

(4)后备距离保护动作时间级差采用 0.3~0.4s。后备距离保护灵敏段的灵敏度系数应满足如下规定:①50km 以下线路,不小于 1.45;②50~100km 线路,不小于 1.4;③100~150km 线路,不小于 1.35;④150~200km 线路,不小于 1.3;⑤200km 以上线路,不小于 1.25。

(5)500kV 线路中具有较大互感(互感电抗占零序电抗的 20% 以上)的线路,现有保护装置仅提供一个零序补偿系数的整定。为了兼顾距离Ⅰ段、Ⅱ段的整定,暂定如下整定原则:距离Ⅰ段在正常整定原则的基础上,长线路或互感大的线路,可靠系数适当减小,增加距离Ⅰ段的可靠性,避免外部故障时保护误动;距离Ⅱ段、Ⅲ段在正常整定原则的基础上,长线路或互感大的线路,灵敏系数适当放大,保证灵敏度。

（6）500kV 线路采用反时限方向零序电流保护。500kV 线路高电阻性接地故障（300Ω），由方向零序电流保护带较长时限切除。一般情况，线路的方向零序电流保护按正常反时限曲线整定，启动值一般在 400A 左右，原则上所有线路的反时限零序电流取相同或类似曲线簇，以便于自然配合。但由于反时限曲线没有固定的时间级差，有可能出现故障未切除前相邻几条线路的零序保护相继动作出口。

（7）因保护原理或动作特性不同的保护装置上下级难以整定配合，若两套纵联保护同时拒动，后备保护可能越级动作跳闸。

（8）线路两套纵联保护全部停役时，原则上要求线路陪停。若线路仍需运行，须经相关领导批准，同时要求 500kV 距离 Ⅱ 段在线路两套纵联保护均停运时，时间定值一般不得超过 0.5s。对于距离 Ⅱ 段时间大于 0.5s 的保护，可由运行人员通过定值切换断路器或面板操作来直接更改定值组，将 Ⅱ 段时间定值改为 0.4s。

（9）单回线、双回线构成环网运行线路，《220kV～750kV 电网继电保护装置运行整定规程》（DL/T 559—2018）允许：

1）环网内设置一条或两条（双回线）预定的解环线路。

2）环网内某一点上下级后备段之间配合无选择性；延时段保护正常按双回线对双回线配合整定。

3）双回线其对角线断路器线路保护延时段配合无选择性。

4）当线路末端发生接地故障时，允许由两侧线路继电保护装置纵续动作切除故障。

5）根据预期后果严重性，改变运行方式。

（10）解环点的设置原则：应尽可能减少负荷损失或变电所（电厂）失电。

（11）在系统发生故障时，若故障元件或线路主保护拒动，则设为解列点的线路保护延时段有可能非选择性动作跳闸引起解环，或损失负荷。

（12）当同杆架设或部分同杆架设的双回线发生同杆异名相故障，现有的高频距离保护有可能引起双线同时跳闸。

6.3.2 断路器失灵保护整定

6.3.2.1 220kV 断路器失灵保护整定

220kV 线路断路器失灵保护正常投跳。500kV 变压器的 220kV 侧断路器的失灵保护要求投跳。

500kV 变压器 220kV 断路器失灵保护实现逻辑：变压器保护动作，断路器失灵，经电流判别，启动 220kV 母差失灵逻辑，动作跳开相关母线上所有设备；若 220kV 母差动作，断路器失灵，经电流判别，并经 200ms 延时跳主变各侧。500kV 变压器 220kV 断路器失灵保护功能可由 220kV 母差保护实现，如 220kV 母差保护不能实现失灵电流判据和延时时间，可由 220kV 断路器独立的失灵保护装置来实现。

断路器失灵保护的相电流判别元件按本线路末端金属性接地故障有足够灵敏度整定。断路器失灵出口逻辑通过母差保护实现。

6.3.2.2 500kV 断路器失灵保护整定

（1）断路器失灵保护对于线路仅考虑线路两侧一台断路器单相拒动，对于主变仅考虑主变高、中压侧一台断路器单相拒动（三相联动机构的断路器除外）。

（2）断路器失灵保护相电流监视定值一般应保证在本线路末端金属性短路或本变压器低压侧故障时有足够灵敏度，灵敏系数大于 1.3，并尽可能躲过正常运行负荷电流。失灵保护延时跳相邻断路器的时间整定按躲断路器可靠跳闸时间和保护返回时间之和，再考虑一定的时间裕度，一般取 200～250ms。

（3）对于发变组的断路器失灵保护，除上述相电流判别外，同时还有负序电流判别，经 1.5s 后出口跳相邻断路器，负序电流按发电机出口故障有灵敏度整定。

（4）对按国网"六统一"原则设计的断路器失灵保护，保护单相跳闸时，断路器失灵时采取零负序电流判据（零序和负序电流"或"逻辑，再和相电流"与"逻辑，相电流只作为有流和无流的判据）；保护三相跳闸时，断路器失灵采取相电流（高定值）、零序和负序电流判据（相电流、零序和负序电流"或"逻辑）。

失灵保护零序电流定值按躲过最大零序不平衡电流整定，保护范围末端故障应有足够灵敏度，一般取 600～800A。失灵保护负序电流定值按躲过最大负序不平衡电流且保护范围末端故障有足够灵敏度整定，一般取 400A。失灵保护相电流的整定需考虑躲变压器额定负荷电流，同时保证对变压器（启备变除外）中压侧和低压侧短路最小短路电流有灵敏度整定。

6.3.3　重合闸整定

6.3.3.1　220kV 重合闸整定

调度管辖的 220kV 线路均采用单相重合闸。重合闸时间由运行方式根据电网结构和稳定计算提供并满足断路器熄弧时间的要求。断路器重合闸时间为 1.0s。

后备保护的延时段（0.5s 及以上）均不启动重合闸，延时段保护动作后直接三相跳闸。

6.3.3.2　500kV 重合闸整定

（1）对于线路—变压器串或非完整串的断路器重合闸：

1）如果线路重合闸时间为 0.7s，则中间断路器重合闸时间为 1.0s。

2）如果线路重合闸时间为 1.0s，则中间断路器重合闸时间为 1.2s（或 1.3s）。

3）如果线路重合闸时间为 1.2s（或 1.3s），则中间断路器重合闸时间也为 1.2s（或 1.3s），但正常情况下，该重合闸停用，仅当边断路器停役时，才投入该重合闸。

（2）对于线路—线路串的断路器重合闸：

1）如果对应的两回线路重合闸时间都为 0.7s，则中间断路器重合闸时间为 1.0s。

2）如果对应的两回线路重合闸时间分别为 0.7s 和 1.0s，则中间断路器重合闸时间为 1.2s。

3）如果对应的两回线路重合闸时间都为 1.0s，则中间断路器重合闸时间为 1.2s（或 1.3s）。

4）如果对应的两回线路重合闸时间分别为 0.7s 和 1.2s（或 1.3s）或 1.0s 和 1.2s（或 1.3s）或 1.2s（或 1.3s）和 1.2s（或 1.3s），中间断路器重合闸时间为 1.2s（或 1.3s），但正常情况下，该重合闸停用。

6.3.4　母线保护整定

6.3.4.1　220kV 母线保护整定

（1）母线保护差电流启动元件应保证正常小方式下母线故障有足够灵敏度，灵敏系数不小于 1.5。按可靠躲过区外故障最大不平衡电流和尽可能躲任一元件电流回路断线时由于最大负荷电流引起的差电流整定。

（2）低电压闭锁元件按躲过最低运行电压整定，一般整定为 60%～70% 的额定电压；负序、零序电压闭锁元件按躲过正常运行最大不平衡电压整定，负序电压可整定为 2～6V（二次值），零序电压可整定为 4～8V（二次值）。

（3）母联或分段断路器充电保护，按最小运行方式下被充电母线故障有灵敏度整定。母联或分段断路器解列保护，按可靠躲过最大运行方式下的最大负荷电流整定。

6.3.4.2　500kV 母线保护整定

（1）母线保护差电流启动元件应保证正常小方式下母线故障有足够灵敏度，灵敏系数不小于 1.5。按可靠躲过区外故障最大不平衡电流和尽可能躲任一元件电流回路断线时由于最大负荷电流引起的差电流整定。

（2）低电压闭锁元件的整定，按躲过最低运行电压整定。一般整定为 60%～70% 的额定电压；负序、零序电压闭锁元件按躲过正常运行最大不平衡电压整定，负序电压可整定 2～6V（二次值），零序电压可整定 4～8V（二次值）。

（3）母联或分段断路器充电保护，按最小运行方式下被充电母线故障有灵敏度整定。母联或分段断路器解列保护，按可靠躲过最大运行方式下的最大负荷电流整定。

（4）目前，各省市 220kV 系统分层分区越来越明晰，220kV 侧所能提供的电源很小，受 500kV 母差保护短路容量的要求，500kV 变电站在 500kV 侧设备全停后，应避免 500kV 主变通过 220kV 空充 500kV 母线方式。

6.4　自动化

6.4.1　上送信号

6.4.1.1　网调参数表

500kV 变电站相对于 220kV 变电站，其需要向网调发送相应 500kV 线路、主变及电抗器和电容器的有功、无功、电流、断路器位置、隔离开关位置等信号，如图 6.17 所示。而 220kV 变电站只需向省调和地调上送相应信号。

6.4.1.2　省调参数表

500kV 变电站相对于 220kV 变电站都需向省调上送信号，但两者稍有不同。

（1）遥测。500kV 变电站相对于 220kV 变电站，省调参数表中的遥测信号只上送线路及主变的有功功率、无功功率以及各电压等级母线的电压与频率，缺少了线路及主变的电流，如图 6.18 和图 6.19 所示。

（2）遥信。对于 220kV 变电站，省调参数表中的遥信信号只上送线路及主变 220kV

序号	IEC 60870-5-101 参数		用户数据定义及参数					浮点制上送
	组号	信息对象地址 (DEC)	信息对象描述			工程测量值	备注	
			代号	名称	性质	满度下限　满度上限		
0	1	16385	5459	#1线	有功/MW	−3464.00～3464.00		1.00
1	1	16386	5459	#1线	无功/MV	−3464.00～3464.00		1.00
2	1	16387	5459	#1线	电流/A	−4000.00～4000.00		1.00
3	1	16388	5460	#2线	有功/MW	−3464.00～3464.00		1.00
4	1	16389	5460	#2线	无功/MV	−3464.00～3464.00		1.00
5	1	16390	5460	#2线	电流/A	−4000.00～4000.00		1.00
6	1	16391	5461	#3线	有功/MW	−3464.00～3464.00		1.00
7	1	16392	5461	#3线	无功/MV	−3464.00～3464.00		1.00
8	1	16393	5461	#3线	电流/A	−4000.00～4000.00		1.00
9	1	16394	5462	#4线	有功/MW	−3464.00～3464.00		1.00
10	1	16395	5462	#4线	无功/MV	−3464.00～3464.00		1.00
11	1	16396	5462	#4线	电流/A	−4000.00～4000.00		1.00
12	1	16397	5445	#5线	有功/MW	−3464.00～3464.00		1.00
13	1	16398	5445	#5线	无功/MV	−3464.00～3464.00		1.00
14	1	16399	5445	#5线	电流/A	−4000.00～4000.00		1.00
15	1	16400	5446	#6线	有功/MW	−3464.00～3464.00		1.00
16	1	16401	5446	#6线	无功/MV	−3464.00～3464.00		1.00
17	1	16402	5446	#6线	电流/A	−4000.00～4000.00		1.00
18	1	16403	500kV	#1主变	有功/MW	0.00～0.00	本期不上	1.00

序号	IEC 60870-5-101 参数		用户数据定义及参数						备注
	组号	信息对象地址 (DEC)	信息对象描述				性质		
			电压等级	开关代号	名称		开关性质	接点性质	
					对象	开关			
0	2	33	500kV		事故总信号				
1	2	34	500kV		GPS-1PPH(时脉冲)				
2	2	35	500kV	5011		断路器	位置信号	常开	
3	2	36	500kV	5012		断路器	位置信号	常开	
4	2	37	500kV	5013		断路器	位置信号	常开	
5	2	38	500kV	5021		断路器	位置信号	常开	
6	2	39	500kV	5022		断路器	位置信号	常开	
7	2	40	500kV	5023		断路器	位置信号	常开	
8	2	41	500kV	5031		断路器	位置信号	常开	
9	2	42	500kV	5032		断路器	位置信号	常开	
10	2	43	500kV	5033		断路器	位置信号	常开	
11	2	44	500kV	5041		断路器	位置信号	常开	
12	2	45	500kV	5042		断路器	位置信号	常开	
13	2	46	500kV	5043		断路器	位置信号	常开	
14	2	47	500kV	5051		断路器	位置信号	常开	本期不上
15	2	48	500kV	5052		断路器	位置信号	常开	本期不上
16	2	49	500kV	5053		断路器	位置信号	常开	本期不上
17	2	50	500kV	5061		断路器	位置信号	常开	本期不上
18	2	51	500kV	5062		断路器	位置信号	常开	
19	2	52	500kV	5063		断路器	位置信号	常开	
20	2	53	220kV	备用		断路器	位置信号	常开	

图 6.17　500kV 网调信号示意图

序号	101信息对象地址（DEC）	104信息对象地址（DEC）	信息内容
0YC	16385	1793	#1线有功
1YC	16386	1794	#1线无功
2YC	16387	1795	#1线电流
3YC	16388	1796	#2线有功
4YC	16389	1797	#2线无功
5YC	16390	1798	#2线电流
6YC	16391	1799	#3线有功
7YC	16392	1800	#3线无功
8YC	16393	1801	#3线电流
9YC	16394	1802	#4线有功
10YC	16395	1803	#4线无功
11YC	16396	1804	#4线电流
12YC	16397	1805	#5线有功
13YC	16398	1806	#5线无功
14YC	16399	1807	#5线电流
15YC	16400	1808	备用线有功
16YC	16401	1809	备用线无功
17YC	16402	1810	备用线电流
18YC	16403	1811	220kV母联有功
19YC	16404	1812	220kV母联无功
20YC	16405	1813	220kV母联电流
21YC	16406	1814	220kV旁路有功
22YC	16407	1815	220kV旁路无功
23YC	16408	1816	220kV旁路电流

图 6.18　220kV省调参数表遥测示意图

序号	104信息对象地址（DEC）	101信息对象地址（DEC）	名称	备注
0YC	1793	16385	#1线有功	
1YC	1794	16386	#1线无功	
2YC	1795	16387	#2线有功	
3YC	1796	16388	#2线无功	
4YC	1797	16389	#3线有功	
5YC	1798	16390	#3线无功	
6YC	1799	16391	#4线有功	
7YC	1800	16392	#4线无功	
8YC	1801	16393	#5线有功	
9YC	1802	16394	#5线无功	
10YC	1803	16395	#6线有功	
11YC	1804	16396	#6线无功	
12YC	1805	16397	500kV备用线有功	备用
13YC	1806	16398	500kV备用线无功	备用
14YC	1807	16399	500kV备用线有功	备用
15YC	1808	16400	500kV备用线无功	备用
16YC	1809	16401	#1主变500kV侧有功	
17YC	1810	16402	#1主变500kV侧无功	
18YC	1811	16403	#2主变500kV侧有功	
19YC	1812	16404	#2主变500kV侧无功	

图 6.19　500kV省调参数表遥测示意图

部分的断路器位置、隔离开关位置、接地开关位置，而 500kV 变电站，省调参数表中的遥信信号上送 500kV、220kV、35kV 三个电压等级的断路器及隔离开关位置，如图 6.20 和图 6.21 所示。

6.4.2 网络结构

500kV 变电站的网络结构与 220kV 变电站网络结构类似，在设备选型和数量上有所区别。

6.4.2.1 站控层网络

站控层网络结构示意图如图 6.22 所示。

站控层网络采用双以太网，星形结构，使用《电力自动化通信网络和系统》（DL/T 860）系列通信标准通信。主要包括以下设备。

1. 监控主机

（1）监控主机（兼操作工作站、工程师站）：双套配置，组屏（柜）安装；分别配置两台显示器布置于控制台，通过 KVM 装置与对应主机连接。

（2）数据服务器：单套配置，独立组屏（柜）安装。

（3）综合应用服务器：单套配置，独立组屏（柜）安装。

（4）防误工作站：一体化五防模式，主机独立配置，与数据服务器共同组一面屏（柜），配置单台显示器布置于控制台，通过 KVM 装置与主机连接。

（5）计划检修终端（选配）：单套配置，独立组屏（柜）一面。

2. 数据网关机

（1）Ⅰ区数据通信网关机：双套配置；配套双机双通道切换装置，组一面屏（柜）。

（2）Ⅱ区数据通信网关机：与安全Ⅲ区、Ⅳ区数据通信网关机组一面屏（柜），共用一套鼠标、键盘及显示器；220kV 变电站单套配置，500kV 变电站双套配置。

（3）安全Ⅲ区、Ⅳ区数据通信网关机（选配）：单套配置，与安全Ⅱ区数据通信网关机组一面屏（柜），共用一套鼠标、键盘及显示器。

3. 站控层交换机

（1）站控层安全Ⅰ区交换机双套配置，与安全Ⅰ区数据通信网关机、ODF 共同组屏（柜）。

（2）站控层安全Ⅱ区交换机双套配置，与安全Ⅱ区数据通信网关机、ODF 共同组屏（柜）。

4. 调度数据网设备

（1）调度数据网屏（柜）双套配置。

（2）每套调度数据网屏（柜）：包含 1 台路由器、2 台交换机（安全Ⅰ区实时交换机、安全Ⅱ区非实时交换机各 1 台），组一面屏（柜）。

5. 二次安全防护设备

（1）2 台纵向加密装置（安全Ⅰ区实时交换机、安全Ⅱ区非实时各 1 台），安装于调度数据网屏（柜）。

（2）2 台防火墙，可安装于综合应用服务器屏（柜），也可与站控层安全Ⅱ区交换机安装用同一面屏（柜）。

序号	101信息对象地址 （DEC）	101信息对象地址 （DEC）	信息内容	参数	
				接点形式	SOE
0YX	33	1	事故总信号		
1YX	34	2	#1线开关	常开	
2YX	35	3	#1线开关	常闭	
3YX	36	4	#2线开关	常开	
4YX	37	5	#2线开关	常闭	
5YX	38	6	#3线开关	常开	
6YX	39	7	#3线开关	常闭	
7YX	40	8	#4线开关	常开	
8YX	41	9	#4线开关	常闭	
9YX	42	10	#5线开关	常开	
10YX	43	11	#5线开关	常闭	
51YX	84	52	220kV旁路旁母闸刀	常开	
52YX	85	53	#1主变220kV侧正母闸刀	常开	
53YX	86	54	#1主变220kV侧副母闸刀	常开	
54YX	87	55	#1主变220kV侧旁母闸刀	常开	
55YX	88	56	#1主变220kV侧闸刀	常开	
56YX	89	57	#2主变220kV侧正母闸刀	常开	
57YX	90	58	#2主变220kV侧副母闸刀	常开	
58YX	91	59	#2主变220kV侧旁母闸刀	常开	
59YX	92	60	#2主变220kV侧闸刀	常开	
60YX	93	61	#3主变220kV侧正母闸刀	常开	

图 6.20　220kV省调参数表遥信示意图

序号	104信息对象地址 （DEC）	101信息对象地址 （DEC）	名称	接点形式	备注
0YX	1	33	事故总信号	常开	
1YX	2	34	5011开关	常开	
2YX	3	35	5011开关	常闭	
3YX	4	36	5012开关	常开	
4YX	5	37	5012开关	常闭	
5YX	6	38	5013开关	常开	
6YX	7	39	5013开关	常闭	
7YX	8	40	5021开关	常开	
8YX	9	41	5021开关	常闭	
9YX	10	42	5022开关	常开	
10YX	11	43	5022开关	常闭	
11YX	12	44	5023开关	常开	
12YX	13	45	5023开关	常闭	
13YX	14	46	5031开关	常开	
14YX	15	47	5031开关	常闭	
15YX	16	48	5032开关	常开	
16YX	17	49	5032开关	常闭	
17YX	18	50	5033开关	常开	
18YX	19	51	5033开关	常闭	
19YX	20	52	5041开关	常开	新增
20YX	21	53	5041开关	常闭	新增

图 6.21　500kV省调参数表遥信示意图

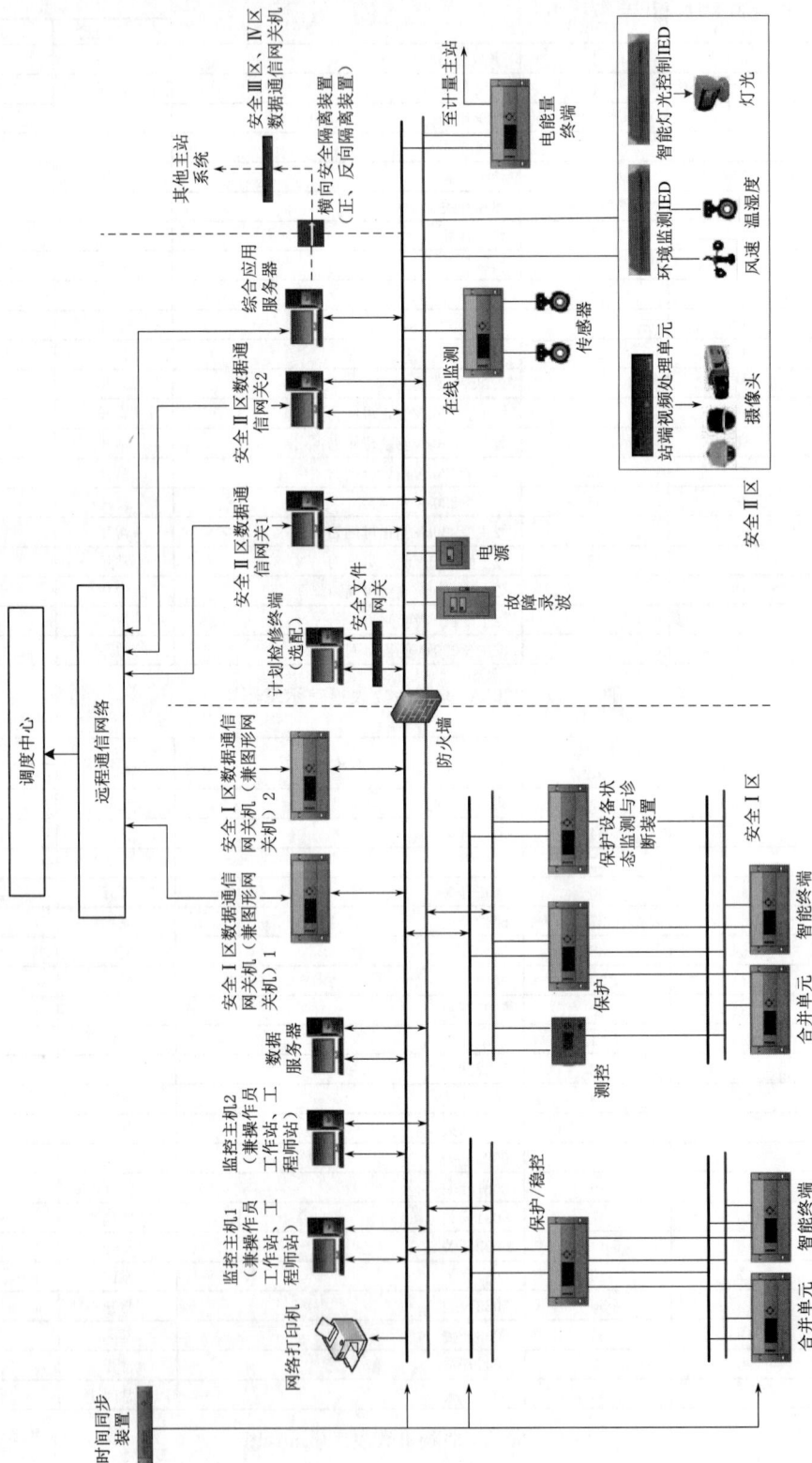

图 6.22　站控层网络结构示意图

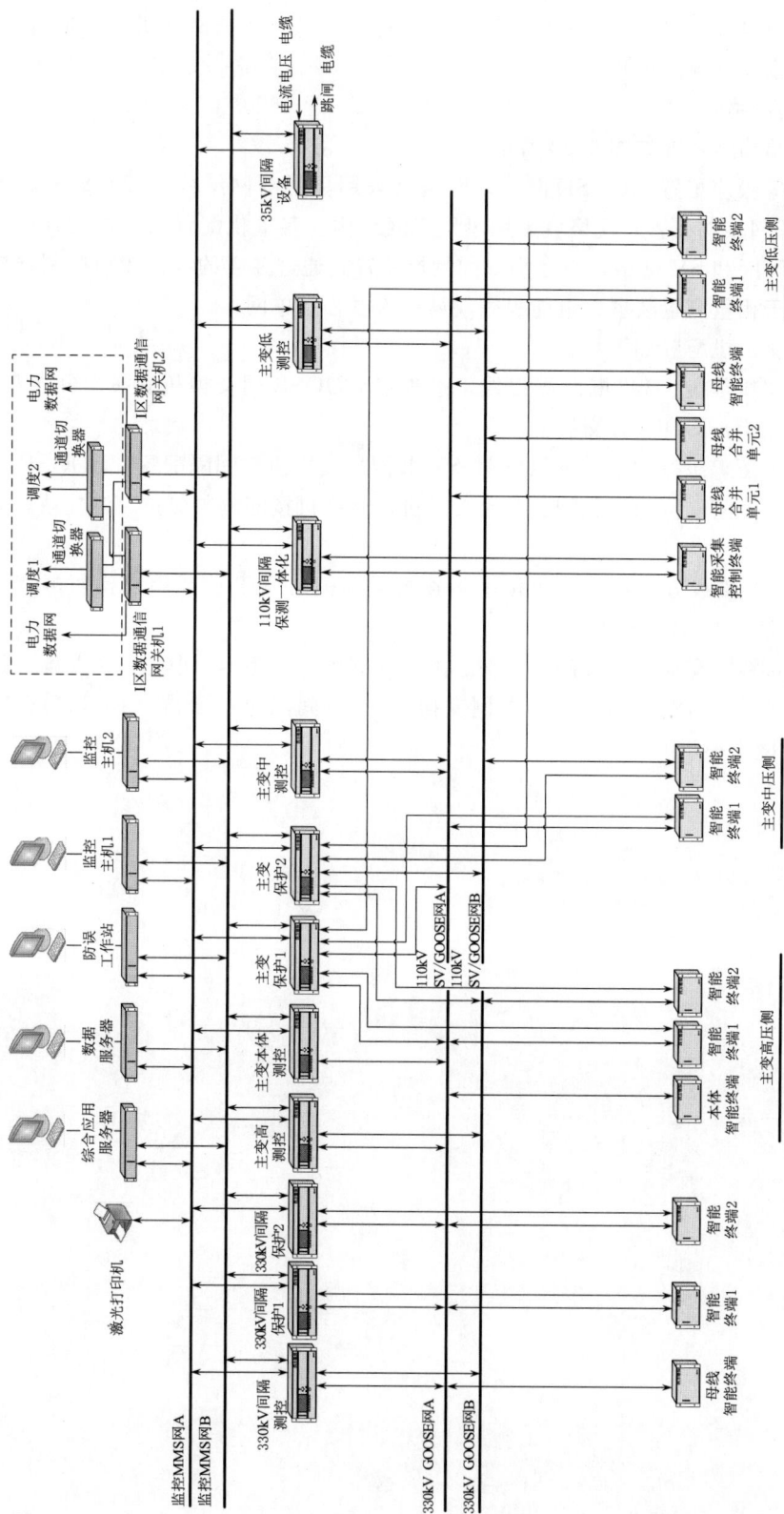

图 6.23 过程层网络结构示意图

（3）正、反向隔离装置各 1 台，可安装于安全Ⅲ区、Ⅳ区数据网关机屏（柜），也可安装于综合应用服务器屏（柜）。

6.4.2.2 过程层网络

过程层网络结构示意图如图 6.23 所示。

500kV 电压等级应配置 GOOSE 网络，网络宜采用星形双网结构；220kV 电压等级 GOOSE 网及 SV 网共网设置，网络宜采用星形双网结构。双重化配置的保护装置应分别接入各自 GOOSE 网和 SV 网络，单套配置的测控装置宜通过独立的数据接口控制器接入双重化网络，对于相量测量装置、电能表等仅需接入过程层单网。

过程层间隔交换机配置如下：

（1）500kV 电压等级、3/2 断路器接线，过程层 GOOSE 网交换机宜按串冗余配置，每串按双重化配置 4 台 GOOSE 交换机。

（2）220kV 电压等级过程层（GOOSE、SV 共网）交换机按间隔配置；GOOSE、SV 采样共网设置，每个间隔按双重化配置 2 台交换机，交换机按间隔与保护、测控装置共同组屏（柜）。

（3）3/2 断路器接线方式，交换机按串单独组屏（柜），3/2 接线串交换机屏（柜），每面含 A 网交换机×2＋B 网交换机×2。

（4）双母线接线，交换机与各间隔保护、测控共同组屏（柜），间隔保护 A 屏（柜），每面含间隔保护 A×1＋测控装置×1＋A 网交换机×1；间隔保护 B 屏（柜），每面含间隔保护 B×1＋B 网交换机×1。

500kV变电站二次标准化作业要点

第7章

7.1 500kV 变电站二次专业反措要点

7.1.1 规划设计阶段的要点

（1）依照双重化原则配置的两套保护装置，每套保护均应含有完整的主、后备保护功能，能反映被保护设备的各种故障及异常状态，并能作用于跳闸或给出信号。

（2）220kV 及以上电压等级输电线路（含电铁牵引站及引入线路）两端均应配置双重化线路纵联保护，两套保护的通道应相互独立，优先采用纵联电流差动保护，双侧均应具备远方跳闸功能；具备条件的 110（66）kV 输电线路（含电铁牵引站及引入线路）宜配置纵联电流差动保护。

（3）继电保护及安全自动装置的通信通道应采用安全可靠的传输方式，线路纵联保护应优先采用光纤通道。220kV 及以上电压等级线路纵联保护的通道（含光纤、微波、载波等通道及加工设备和供电电源等）、远方跳闸及就地判别装置（或功能）应遵循相互独立的原则按双重化配置。穿越覆冰区的 220kV 及以上电压等级输电线路，应至少配置一条不受冰灾影响的应急通道。

（4）继电保护及安全稳定控制装置组屏设计应充分考虑运行和检修时的安全性，应采取合理布置端子排、预留足够检修空间、规范现场安全措施等防止继电保护"三误"（误碰、误整定、误接线）事故的措施。当双重化配置的两套保护装置不能实施确保运行和检修安全的技术措施时，应安装在各自屏柜内。

（5）差动保护用电流互感器的相关特性宜一致；母差保护各支路电流互感器变比差不宜大于 4 倍。

（6）应充分考虑合理的电流互感器配置和二次绕组分配，消除主保护死区。

（7）对经计算影响电网安全稳定运行重要变电站的 220kV 及以上电压等级双母线双分断接线方式的母联、分段断路器，应在断路器两侧配置电流互感器。

（8）继电保护及相关设备的端子排，应按照功能进行分区、分段布置，正负电源之间、跳（合）闸引出线之间以及跳（合）闸引出线与正电源之间、交流电流与交流电压回路之间等应至少采用一个空端子隔开或增加绝缘隔片。交流回路与直流回路的接线端子不宜布置在同一段端子排。新建、扩建、改建工程中，端子箱、汇控柜等户外设备应采用额定电压 1000V 的端子。

（9）双回线路采用同型号纵联保护，或线路纵联保护采用双重化配置时，在回路设计和调试过程中应采取有效措施防止保护通道交叉使用。分相电流差动保护应采用同一路由收发、往返延时一致的通道。

7.1.2 继电保护配置的要点

（1）两套保护装置的交流电流、电压应分别取自互感器互相独立的绕组。对原设计中电压互感器仅有一组二次绕组且已经投运的变电站，应积极安排电压互感器的更新改造工作，改造完成前，应在开关场的电压互感器端子箱处，利用具有短路跳闸功能的两组分相空气开关将按双重化配置的两套保护装置交流电压回路分开。

（2）两套保护装置的直流电源应取自不同蓄电池组连接的直流母线段。每套保护装置及与其相关设备（电子式互感器、合并单元、智能终端、采集执行单元、通信及网络设备、操作箱、跳闸线圈等）的直流电源均应取自于同一蓄电池组连接的直流母线段，避免因一组站用直流电源异常对两套保护功能同时产生影响而导致的保护拒动。

（3）按双重化配置的两套保护装置的跳闸回路应与断路器的两个跳闸线圈、压力闭锁继电器分别一一对应。

（4）双重化配置的两套保护装置之间不应有电气联系。两套保护装置与其他保护、设备配合的回路及通道应遵循相互独立的原则，应保证每一套保护装置与其他相关装置（如通道、失灵保护）联络关系的正确性，防止因交叉停用导致保护功能缺失。

（5）为防止装置家族性缺陷可能导致的双重化配置的两套继电保护装置同时拒动的问题，新建、改建、扩建工程双重化配置的线路、变压器、发电机变压器组、调相机变压器组、母线、高压电抗器保护装置宜采用不同生产厂家的产品。

（6）非电量保护及动作后不能随故障消失而立即返回的保护（只能靠手动复位或延时返回）不应启动失灵保护。

（7）防跳继电器动作时间应与断路器动作时间配合，断路器三相位置不一致保护的动作时间应与相关保护、重合闸时间相配合。

7.1.3 调试检验阶段的要点

（1）新建、改建、扩建工程的相关设备投入运行后，施工（或调试）单位应及时提供完整的一次、二次设备安装资料及调试报告，并应保证图纸与实际投入运行设备相符。

（2）保护验收应进行所有保护整组检查，模拟故障检查保护与硬（软）压板的唯一对应关系，避免有寄生回路存在。

（3）保护装置整组传动验收时，应检验同一间隔内所有保护之间的相互配合关系；线路纵联保护还应与对侧线路保护进行一一对应的联动试验；新投保护装置应考虑被保护设备的各套保护装置同时、不同时动作，采取有效方法对两套保护装置、控制电源及相关回路进行验证。

（4）继电保护及安全自动装置应按照规程标准要求开展检修及出口传动检验，确保传动断路器的正确性与断路器跳合闸回路的可靠性，确保功能完整可用。

7.1.4　运行管理阶段的要点

（1）加强继电保护及安全自动装置软件版本的管控，新投、修改、升级前，应对其书面说明材料及检测报告进行确认，并对原运行软件进行备份。发电厂、电铁牵引站等与电网相联的并网线路两侧纵联保护装置型号、软件版本应相适应。未经调度部门认可的软件版本和智能变电站配置文件不得投入运行。现场二次回路变更应经相关保护管理部门同意并及时修订相关的图纸资料。

（2）装置检验应保质保量，严禁超期和漏项，应特别加强对基建投产设备及新安装装置投产验收检验和首年全检工作，消除设备运行隐患。

（3）加强继电保护试验仪器、仪表的管理工作，每1～2年应对继电保护试验装置进行一次全面检测，防止因试验仪器、仪表存在问题而造成继电保护误整定、误试验。

（4）在电压切换和电压闭锁回路，断路器失灵保护，母线差动保护，远跳、远切、联切回路、"和电流"等接线方式有关的二次回路上工作时，以及3/2断路器接线单断路器检修而相邻断路器仍需运行时，应做好安全隔离措施。

（5）严格执行工作票制度和二次工作安全措施票制度，规范现场安全措施，防止继电保护"三误"事故。相关专业工作涉及继电保护及安全自动装置相关二次回路时，应遵守继电保护专业技术要求及管理规定，避免导致保护不正确动作。

7.1.5　二次回路的要点

（1）电流互感器或电压互感器的二次回路只能有一个接地点。当两个及以上电流（电压）互感器二次回路间有直接电气联系时，其二次回路接地点设置应符合以下要求：

1）便于运行中的检修维护。

2）互感器或保护设备的故障、异常、停运、检修、更换等均不得造成运行中的互感器二次回路失去接地。

（2）未在开关场接地的电压互感器二次回路，宜在电压互感器端子箱处将每组二次回路中性点分别经放电间隙或氧化锌阀片接地，其击穿电压峰值应大于$30I_{max}$ V（I_{max}为电网接地故障时通过变电站的可能最大接地电流有效值，单位为 kA）。应定期检查、更换放电间隙或氧化锌阀片，防止造成电压二次回路出现多点接地。为保证接地可靠，各电压互感器的中性线不得接有可能断开的开关或熔断器等。

（3）独立的、与其他互感器二次回路没有电气联系的电流互感器二次回路在开关场一点接地时，应考虑将开关场不同点地电位引至同一保护柜时对二次回路绝缘的影响。

（4）在保护室屏柜下层的电缆室（或电缆沟道）内，沿屏柜布置的方向逐排敷设截面积不小于$100mm^2$的铜排（缆），将铜排（缆）的首端、末端分别连接，形成保护室内的等电位地网。该等电位地网应与变电站主地网一点相连，连接点设置在保护室的电缆沟道入口处。为保证连接可靠，等电位地网与主地网的连接应使用 4 根及以上，每根截面积不小于 50mm^2 的铜排（缆）。

（5）由一次设备（如变压器、断路器、隔离开关和电流、电压互感器等）直接引出的二次电缆的屏蔽层应使用截面积不小于 4mm^2 多股铜质软导线仅在就地端子箱处一点接地，在一次设备的接线盒（箱）处不接地，二次电缆经金属管从一次设备的接线盒（箱）引至电缆沟，并将金属管的上端与一次设备的底座或金属外壳良好焊接，金属管另一端应在距一次设备 3～5m 之外与主接地网焊接。

（6）严禁在保护装置电流回路中并联接入过电压保护器，防止过电压保护器不可靠动作引起差动保护误动作。

（7）合理规划二次电缆的路径，尽可能离开高压母线、避雷器和避雷针的接地点以及并联电容器、电容式电压互感器、结合电容及电容式套管等设备；避免和减少迂回以缩短二次电缆的长度；拆除与运行设备无关的电缆。

（8）交流电流和交流电压回路、不同交流电压回路、交流和直流回路、强电和弱电回路、来自电压互感器二次的四根引入线和电压互感器开口三角绕组的两根引入线均应使用各自独立的电缆。

（9）保护装置的跳闸回路和启动失灵回路均应使用各自独立的电缆。

（10）对于按近后备原则双重化配置的保护装置，每套保护装置应由不同的电源供电，并分别设有专用的直流空气开关。

（11）备自投装置启动后跟跳主供电源开关时，禁止通过手跳回路启动跳闸，以防止因同时启动"手跳闭锁备自投"逻辑而误闭锁备自投。

（12）保护屏柜上交流电压回路的空气开关应与电压回路总路开关在跳闸时限上有明确的配合关系。

（13）微机继电保护装置之间、保护装置至开关场就地端子箱之间以及保护屏至监控设备之间所有二次回路的电缆均应使用屏蔽电缆，电缆的屏蔽层两端接地，严禁使用电缆内的备用芯线替代屏蔽层接地。控制和保护设备的直流电源电缆宜采用屏蔽电缆。

（14）接有二次电缆的开关场就地端子箱内（包括汇控柜、智能控制柜）应设有铜排（不要求与端子箱外壳绝缘），二次电缆屏蔽层、保护装置及辅助装置接地端子、屏柜本体通过铜排接地。铜排截面积应不小于 100mm^2，一般设置在端子箱下部，通过截面积不小于 100mm^2 的铜缆与电缆沟内不小于的 100mm^2 的专用铜排（缆）及变电站主地网相连。

（15）母线保护、变压器差动保护、发电机差动保护、各种双断路器接线方式的线路保护等保护装置与每一断路器的控制回路应分别由专用的直流空气开关供电。

（16）有两组跳闸线圈的断路器，其每一跳闸回路应分别由专用的直流空气开关供电，且跳闸回路控制电源应与对应保护装置电源取自同一直流母线段。

（17）禁止继电保护及安全自动装置的蓄电池的两段直流电源以自动切换的方式对同一设备进行供电。

7.1.6 智能变电站继电保护的要点

（1）有扩建需要的智能变电站，在初期设计、建设中，交换机、网络报文分析仪、故障录波器、母线保护、公用测控装置、电压合并单元等公用设备需要为扩建设备预留相关接口及通道，避免扩建时公用设备改造增加运行设备风险。

（2）220kV 及以上电压等级的继电保护及与之相关的设备、网络等应按照双重化原则进行配置，任一套装置故障不应影响双重化配置的两个网络。应采取有效措施防止因网络风暴原因同时影响双重化配置的两个网络。

（3）交换机 VLAN 划分应遵循"简单适用，统一兼顾"的原则，既要满足新建站设备运行要求，防止由于交换机配置失误引起保护装置拒动，又要兼顾远景扩建需求，防止新设备接入时多台交换机修改配置所导致的大规模设备陪停。

（4）应加强 SCD 等配置文件在设计、基建、改造、验收、运行、检修等阶段的全过程管控，验收时要确保 SCD 等文件的正确性及其与设备配置文件的一致性，防止因 SCD 等文件错误导致保护失效或误动。

7.1.7 防止电力自动化系统事故的要点

（1）调度自动化主站系统应采用专用的、冗余配置的不间断电源（UPS）供电，不应与信息系统、通信系统合用电源，UPS 涉及的各级低压开关过流保护定值整定应合理。采用模块化的 UPS，应避免并联等效电阻过低，引起直流绝缘监测装置监测误告警。UPS 单机负载率应不高于 40%。外供交流电消失后 UPS 电池满载供电时间应不小于 2h。交流供电电源应采用两路来自不同电源点的线路供电。发电厂、变电站远动装置、计算机监控系统及其测控单元、变送器等自动化设备应采用冗余配置的 UPS 或站内直流电源供电。具备双电源模块的装置或计算机，两个电源模块应由不同电源供电。相关设备应加装防雷（强）电击装置，相关机柜及柜间电缆屏蔽层应可靠接地。

（2）调度范围内的发电厂、110kV 及以上电压等级的变电站应采用开放、分层、分布式计算机双网络结构，自动化设备电源模块通信模块应冗余配置，优先采用专用装置，无旋转部件，采用经国家指定部门认证的安全加固的操作系统；至调度主站（含主调和备调）应具有两路不同路由的网络通道（主/备双通道）。

（3）调度端及厂站端应配备全站统一的卫星时钟设备和网络授时设备，对站内各种系统和设备的时钟进行统一校正。主时钟应采用双机双时钟源（北斗和 GPS）冗余配置。时间同步装置应能可靠应对时钟异常跳变及电磁干扰等情况，避免时钟源切换策略不合理等导致输出时间的连续性和准确性受到影响。被授时系统（设备）对接收到的对时信息应做校验。

7.1.8 防止电力监控系统网络安全事故的要点

（1）调度主站、变电站、发电厂电力监控系统在设备选型及配置时，应使用国家指定部门检测认证的安全加固的操作系统和数据库，禁止选用经国家相关管理部门检测认定并通报存在漏洞和风险的系统和设备。生产控制大区中除安全接入区外，应禁止选用具有无线通信功能的设备。调度主站、变电站、发电厂生产控制大区各业务系统的调试工作，须采用经安全加固的便携式计算机及移动介质，严格按照调度分配的安全策略和网络资源实施；禁止违规连接互联网或跨安全大区直连。应加强现场作业人员的作业管控，禁止将未经病毒查杀的移动介质接入生产系统。

（2）调度主站、发电厂应对病毒库、木马库以及 IDS 系统规则库更新至六个月内最新版本，在生产控制大区，病毒库、木马库经事先测试对业务系统无影响后进行。

（3）调度主站、变电站、发电厂应重点加强内部人员的保密教育、录用离岗等的管理，并定期组织安全防护专业人员技术培训。应对厂家现场服务人员进行网络安全教育，签订安全承诺书，严格控制其工作范围和操作权限。

（4）调度主站、变电站、发电厂应配置运维网关（堡垒机）、专用安全 U 盘、专用运维终端等运维装备，在监控后台等重要主机具备 U 盘监视功能，拆除或禁用不必要的光驱、USB 接口、串行口等，严格管控移动介质接入生产控制大区。

7.1.9　防止电力通信网事故的要点

（1）通信光缆或电缆应避免与一次动力电缆同沟（架）布放，并完善防火阻燃和阻火分隔等各项安全措施，绑扎醒目的识别标志；如不具备条件，应采取电缆沟（竖井）内部分隔离等措施进行有效隔离。新建通信站应在设计时与全站电缆沟（架）统一规划，满足以上要求。

（2）同一条 220kV 及以上电压等级线路的两套继电保护通道、同一系统的有主/备关系的两套安全自动装置通道应至少采用两条完全独立的路由；均采用复用通道的，应由两套独立的通信传输设备分别提供，且传输设备均应由两套电源供电，满足"双设备、双路由、双电源"的要求。

（3）在配置双套通信直流供电系统（含通信高频开关电源和通信用直流变换电源系统）的厂站，具备双电源接入功能的通信设备应由两套电源独立供电。禁止两套电源负载侧形成并联。

7.2　500kV 变电站检修作业规范

（1）现场工作勘查，确定工作内容及范围。检验单位编制技术方案，并应经相关部门批准。了解工作地点一次、二次设备运行情况，掌握停电检修设备与运行设备的分界面，本工作与运行设备有无直接联系（如自投、联切等），与其他班组有无需要相互配合的工作。

（2）应具备与实际状况一致的竣工图纸、上次检验的记录、运行缺陷记录、最新整定通知单、检验规程、合格的仪器仪表、备品备件、专用工具等。

（3）工作人员明确分工并熟悉图纸与检验规程等有关资料。开展本次工作危险点分析及制订相应的预控措施。

（4）在运行的二次回路上工作时，必须由一人操作，另一人作监护。监护人由技术经验水平较高者担任。在现场工作过程中，凡遇到异常时（如直流系统接地，或断路器跳闸等），不论与本身工作是否有关，应立即停止工作，保持现状，待找出原因或确定与本工作无关后，经运行人员许可方可继续工作。上述异常若为从事现场二次工作人员造成，应立即通知运行人员，以便有效、快速处理。

（5）在一次设备运行而停部分二次设备进行工作时，应特别注意断开与运行设备相关联的有关的回路、连线或连接片等。

（6）运行中的设备，如断路器、隔离开关的操作及音响、光字牌的复归，均应由运行值班员进行。"跳闸连片"（即投退保护装置）只能由运行值班员负责操作。严禁继电保护工作人员擅自变更运行中的保护设备状态。

（7）电流互感器二次回路上工作应注意防止二次回路开路或造成多点接地。对交流二次电压回路通电时，必须可靠断开至电压互感器二次侧的回路，防止对电压互感器反充电。在电流互感器二次回路进行短路接线时，应用短路片或导线压接短路。运行中的电流互感器短路后，仍应有可靠的接地点，对短路后失去接地点的接线应有临时接地线，但在一个回路中禁止有两个或以上接地点。

（8）在清扫运行中的设备和二次回路时，应认真仔细，并使用绝缘工具（毛刷、吹风设备等），特别注意防止振动，防止误碰。

应填用继电保护安全措施票的工作有：

1）在运行设备的二次回路上进行拆、接线工作。

2）对一些重要设备，特别是复杂保护装置或有联跳回路的保护装置，如母线保护、断路器失灵保护等的现场校验工作。

（9）在对检修设备执行隔离措施时，需拆断、短接和恢复同运行设备有联系的二次回路工作。

（10）二次设备的更换包括保护屏、控制屏、测控屏、公用设备屏、自动装置、端子箱、断路器控制箱、汇控柜及其控制回路电缆，以及监控系统计算机、通信设备等的更换，设备拆除前应严格按照要求做好相应的安全措施，确保被拆设备的退出不得影响其他设备的正常运行。

（11）断开被拆设备与其他交、直流电源的连接，确保设备拆除过程中不影响上一级电源回路的正常运行，严防交直流电源互窜、直流接地等情况发生。被拆设备与运行设备有关的联跳回路应在运行设备侧拆除，并可靠隔离。停用相邻运行设备在被拆设备作业过程中可能会由于振动造成误动的保护，如差动保护接点、防跳继电器接点等。

（12）旧的控制电缆拆除前应做好核对工作，首先应核对现场图纸，并根据电缆的走向进行认定两侧走向无误，断开运行设备侧电缆接线，两侧对线进行导通确认，无误后方可拆除。

（13）电缆敷设时，不应将电力电缆和控制电缆架设在同一层支架上。交、直流回路不得合用同一条电缆。端子箱及屏内冗余缆芯及裸露线头必须用绝缘带进行包扎，做好防尘绝缘处理，与运行设备可靠隔离。端子箱（柜）内的直流控制电源和交流电源应分排布置。

（14）保护屏（柜）交流电流与交流电压回路、交流回路与直流回路宜分排布置，正电源与跳闸回路、正电源与负电源回路间的端子布置应至少间隔一个端子，且绝缘可靠；对于部分端子布置确有困难的设备，也可用绝缘插片进行可靠隔离。

（15）现场工作应按图纸进行，严禁凭记忆作为工作的依据。如发现图纸与实际接线不符，应查线核对，查明原因，并按正确接线修改更正，然后记录修改理由和日期。

（16）改动过的二次回路，应作相应的逻辑回路整组试验，确认回路、极性及整定值等完全正确,严防寄生回路存在,然后交由值班运行人员验收后再申请投入运行。修改二次回路接线时,必须经过核对、审核、批准手续。修改后的图纸应及时报送所直接管辖调度的继电保护机构。

(17)保护设备试验流程应按照检验规程或厂家装置调试大纲进行。不允许在未停用的保护装置上进行试验和其他测试工作;也不允许在保护未停用的情况下,用装置的试验按钮(除闭锁式纵联保护的启动发信按钮外)作试验。

(18)须严格按照继电保护安全措施票要求做好隔离措施,对照与装置实际接线相符的图纸进行试验,防止"误碰""误接线"造成保护误动。

(19)现场收到继电保护装置正式整定单后,试验人员必须根据正式整定单重新设置保护装置的定值项,核对通知单与实际设备是否相符(包括互感器的接线、变比),经试验正确后在投入栏中签字确认,待运行人员与调度人员核对无误后,执行定值单返还制度。根据电话通知整定值临时变更时,在执行后应在运行记录簿上作电话记录,并在收到修改后的正式整定通知单后,将试验报告与通知单逐条核对。

(20)保护传动试验开始前应告知运行值班人员及相关班组本次试验的内容及可能涉及的一次、二次设备,并派专人到相应地点确认无异常后,方可开始试验。保护装置进行整组试验时,应采用试验仪器模拟各类故障工况办法进行。传动或整组试验后不得再在二次回路上进行任何工作,否则应作相应的试验。

(21)保护通道联调,应注意校核继电保护通信设备(光纤、载波)传输信号的可靠性和冗余度(实现调通、误码率、发信和收信功率、收发时延等),防止因通信问题引起保护不正确动作。线路两侧通信和保护设备的通道联调,必须对每路传输命令做相应检查,确保通信和保护设备相对应,通道整组联调需联跳相应断路器(至少一次),确保保护通道逻辑配合的正确和可靠。

(22)现场工作结束前,工作负责人应会同工作人员检查试验记录有无漏试项目,整定值是否与定值通知单相符,试验结论、数据是否完整正确,经检查无误后才能拆除试验接线。

(23)二次工作结束后,在设备恢复运行前,要用高内阻的电压表检验跳闸连片的上端,对地不带使断路器跳闸的正电源。全部设备及回路应恢复到工作开始前的状态。清理完现场后,工作负责人应向运行人员详细进行现场交代,主要内容有整定值变更情况、二次接线更改情况、已经解决及未解决的问题及缺陷、运行注意事项和设备能否投入运行等。经运行人员检查无误后,双方应签字确认。

7.3 500kV 变电站二次标准化作业要求

7.3.1 500kV 变电站首检式验收作业要求

1. 安装工艺验收要求

(1)保护屏间隔前后都应有标志,屏内设备、空气开关、把手、压板标识齐全、正确,与图纸和现场运行规范相符。

（2）屏柜附件安装正确；前后门开合正常；照明、加热设备安装正常，标注清晰；打印机工作正常。

（3）保护装置交流电压空气开关要求采用 B02 型，控制电源、保护装置电源空气开关要求采用 B 型并按相应要求配置级差。

（4）电缆型号和规格必须满足设计和反措的要求。

（5）所有电缆应采用屏蔽电缆，断路器场至保护室的电缆应采用铠装屏蔽电缆。

（6）电缆标牌齐全正确、字迹清晰，不易褪色，须有电缆编号、芯数、截面及起点和终点命名。

（7）电缆屏蔽层接地按反措要求可靠连接在接地铜排上，接地线截面积不小于 $4mm^2$。

（8）端子箱与保护屏内电缆孔及其他孔洞应可靠封堵，满足防雨防潮要求。

（9）交、直流回路不能合用同一根电缆；保护用电缆与电力电缆不应同层敷设。

（10）检查装置背板二次接线应牢固可靠，无松动；背板接插件固定螺丝牢固可靠，无松动。

（11）正负电源间至少隔一个空端子。

（12）每个端子最多只能并接二芯，严禁不同截面的二芯直接并接。

（13）不同设备单元、端子布线应分开，不同单元连线须经端子排，正电源应直接接至端子排。

（14）跳、合闸出口端子间应有空端子隔开，在跳、合闸端子的上下方不应设置正电源端子。

（15）加热器与二次电缆应有一定间距。

（16）瓦斯继电器必须安装防雨罩，安装必须结实牢固且必须保证罩住电缆穿线孔。

2. 保护装置验收要求

（1）同类型同版本装置中随机抽取一套，根据各装置校验规程进行全部校验并形成首次校验报告。母差等全站重要公用设备及具有可编程逻辑的保护装置，则应逐套校验。

（2）采用投退压板的方法检查功能压板的正确性。

（3）部分不能模拟实际动作情况的开入接点可用在最远处短接动作接点方式进行。

（4）母差保护中双母线隔离开关重动（开入）回路应与隔离开关实际状态对应（有条件时应实际操作隔离开关进行试验，否则应在隔离开关辅助接点处用短接或断开隔离开关辅助接点的方法进行试验）。

（5）检查断路器失灵保护动作启动母差跳闸回路，母差动作启动远跳、断路器失灵回路，双母接线低电压和负序电压闭锁母差回路、主变失灵解除复压闭锁回路等联闭锁回路要求满足技术规范及反措要求。

（6）线路保护启动远跳、断路器失灵保护满足相关技术规范要求。

（7）检查断路器重合闸及闭锁重合闸功能，检查断路器失灵功能是否满足相关技术规范要求。

3. 直流电源验收要求

（1）任一直流空气断路器（熔断器）断开造成控制、保护和信号直流电源失电时，都必须有直流断电或装置异常告警。

（2）直流空气断路器（熔断器）配置必须满足选择性要求，空气开关下级不应使用熔断器。

（3）用 1000V 摇表摇测直流正、负极对地绝缘应大于 1MΩ。

4．电压、电流回路验收要求

（1）电压二次回路接地点应选在保护室比较合理的屏柜上（如母设屏等），并且有明显的标识。

（2）双重化保护电压回路应引自不同的二次绕组。

（3）电流互感器的二次回路必须分别有且只能有一点接地。

（4）备用间隔电流回路的大电流试验端子，保护装置侧应开路。

（5）电流互感器装小瓷套的一次端子（L1 侧）应放在母线侧。

（6）电流互感器的二次绕组分配，应注意消除出现电流互感器内部故障时的保护死区。

（7）验收组应安排人员见证一次通流试验。

5．跳合闸回路验收要求

（1）检查出口压板与相应回路的对应关系正确，无寄生回路。

（2）分相跳闸回路应按相别检查出口与分相断路器的对应关系，断路器位置应在现场检查，动作正确。

（3）双重化配置的保护，应检查保护与跳闸线圈的对应关系正确，无寄生回路。

（4）主变保护主保护及各侧后备保护跳闸逻辑应满足技术规程和整定单要求。

（5）220kV 母差保护应将所有出线及主变间隔都对应切换到同一母线，正副母各模拟母差动作一次，检查出口选排功能正确、信号指示正常。

（6）检查传动断路器保护联跳相邻断路器回路、启动母差失灵回路、启动线路远跳回路、启动主变联跳回路等联闭锁回路，并验证回路上所有压板的正确性。

（7）检查传动主变保护启动断路器失灵回路、220kV 断路器失灵联跳主变三侧回路、220kV 断路器失灵启动 220kV 母差回路、220kV 断路器失灵解除母差复压回路等联闭锁回路，并验证回路上所有压板的正确性。

7.3.2   500kV 变电站综合检修标准化作业要求

7.3.2.1   常规变电站综合检修标准化作业要求

常规变电站新投产检修、定期检修校验项目见表 7.1。

表 7.1　　　　　　　　常规变电站新投产检修、定期检修校验项目

检 验 项 目	新投产检验	定期检验
1. 状态记录及安措执行		
1.1 状态记录	√	√
1.2 二次安全措施票执行	√	√
2. 保护装置重启自检		

续表

检 验 项 目	新投产检验	定期检验
2.1 直流拉合试验	√	√
2.2 电源检查	√	
3. 定值核对		
3.1 核对装置型号、版本、CRC校验码、定值与定值单是否一致	√	√
4. 装置、回路检查及清扫		
4.1 装置、压板外观检查、对时检查	√	√
4.2 二次回路检查、清扫及端子紧固	√	√
4.3 图纸核对	√	√
4.4 屏蔽接地检查	√	√
5. 排雷重点项目检查	√	√
6. 反措检查	√	√
7. 保护装置校验		
7.1 开入检查	√	√
7.2 采样值检查	√	√
7.3 定值校验		
8. 绝缘测试		
8.1 交流电流、电压回路对地绝缘测试	√	√
8.2 直流回路对地绝缘测试	√	√
8.3 交直流回路之间绝缘测试	√	√
9. 整组传动		
9.1 模拟各种故障传动试验,检查断路器动作是否正确	√	√
9.2 后台机、远方监控系统、设备状态是否和模拟的故障一致	√	√
9.3 整组动作时间测试	√	√
10. 安措恢复	√	√
11. 状态检查	√	√
12. 整定单打印核对	√	√
13. 工作终结、移交	√	√

常规变电站标准化作业指导卡见附录C。

7.3.2.2 智能变电站综合检修标准化作业要求

智能变电站新投产检修、定期检修校验项目见表7.2。

表7.2　　　　　　　智能变电站新投产检修、定期检修校验项目

检 验 项 目	新安装检验	定期检验
1. 状态记录及安措执行		
1.1 状态记录	√	√

续表

检 验 项 目	新安装检验	定期检验
1.2 二次安全措施票执行	√	√
2. 保护装置重启自检		
2.1 直流拉合试验	√	√
2.2 电源检查	√	√
3. 定值核对		
3.1 核对装置型号、版本、CRC 校验码、定值与定值单是否一致	√	√
4. 设备、回路检查及清扫		
4.1 装置、压板外观检查、对时检查	√	√
4.2 二次回路检查、清扫及端子紧固	√	√
4.3 图纸核对	√	
4.4 屏蔽接地检查	√	
5. 保护装置校验		
5.1 开入检查	√	√
5.2 采样值检查	√	√
5.3 定值校验		
6. 设备通信接口检查		
6.1 光纤端口发送功率检查	√	√
6.2 光纤端口接收功率检查	√	√
7. GOOSE 功能检查		
7.1 GOOSE 检修机制测试	√	
7.2 GOOSE 断链告警测试	√	
8. SV 功能检查		
8.1 SV 检修机制测试	√	
8.2 SV 断链告警测试	√	
8.3 SV 断链闭锁测试	√	√
9. 智能终端功能及基本性能测试		
9.1 智能终端动作时间测试	√	
10. 合并单元功能及基本性能测试		
10.1 合并单元准确度测试	√	
10.2 合并单元传输延时测试	√	
11. 通道检查		
11.1 光功率测试（光差保护）	√	√
11.2 通道误码率检查（光差保护）	√	√
11.3 通道告警检查（光差保护）	√	√
11.4 通道联调（光差保护）	√	

续表

检 验 项 目	新安装检验	定期检验
12. 绝缘测试		
12.1 交流电流、电压回路对地绝缘测试	√	√
12.2 直流回路对地绝缘测试	√	√
12.3 交直流回路之间绝缘测试	√	√
12.4 跳、合闸回路之间绝缘测试	√	√
12.5 跳、合闸回路对地绝缘测试	√	√
12.6 信号回路之间绝缘测试	√	
12.7 信号回路对地绝缘测试	√	
13. 整组传动		
13.1 模拟永久性故障进行分相及三相传动试验，检查断路器动作是否正确，后加速功能检验	√	√
13.2 后台机、远方监控系统、设备状态是否和模拟的故障一致	√	√
13.3 整组动作时间测试	√	√
13.4 防跳功能检查	√	√
13.5 三相不一致传动及时间测试	√	√
14. 安措恢复	√	√
15. 状态检查	√	√
16. 整定单核对	√	√
17. 工作终结、移交	√	√

智能变电站标准化作业指导卡见附录 D。

第8章

500kV变电站缺陷处理案例

8.1 二次回路异常类缺陷

8.1.1 直流回路接地问题

变电站内380V交流电源通过整流系统整流后变换为220/110V直流电源后为站内保护测控装置、交换机、自动装置以及断路器等设备提供操作电源，直流电源是站内二次控制系统不可或缺的一部分，当直流系统发生接地故障时，虽然不会立刻对二次系统造成影响，但若此时再发生另一点接地，则有可能造成保护、自动装置误动拒动。

8.1.1.1 缺陷原因诊断及分析

1. 缺陷原因

直流接地一般由以下情况引起：

(1) 绝缘老化、破损：如电缆、绝缘座、端子排。

(2) 机械振动：如电缆距金属较近，机械振动磨损电缆绝缘。

(3) 积灰、潮湿：如接线端子、屏顶小母线、插件板积灰，在空气湿度较大的情况下，导致绝缘下降。

(4) 锈蚀：如隔离开关辅助接点受潮、腐蚀。

(5) 渗水：如端子箱、隔离开关机构、主变附件、各种表计密封不好。

(6) 裸露：如备用电缆芯没有包好。

2. 诊断方法

直流接地一般采用拉路查找的方法，但拉路查找方法虽简便直接，但存在一定的安全风险。随着便携式直流接地检测仪的推广，现在一般以便携式直流接地检测仪查找为主（便携式检测仪使用方法如图8.1所示），辅之以拉路的方法，提高了查找效率，降低了安全风险。但需要注意以下几点：

(1) 发生直流接地时，禁止在二次回路上工作。

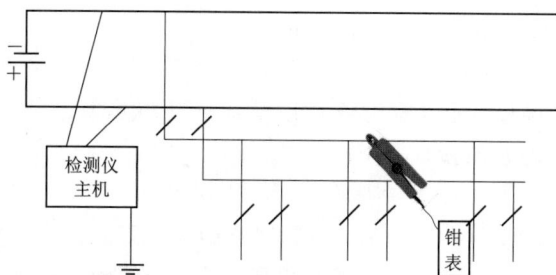

图 8.1　便携式检测仪使用方法

（2）处理时不得造成直流短路或两点接地，特别注意使用万用表时应选择合适的档位，防止误切在电阻挡，导致两点接地。

（3）拉路查找前应采取必要的措施，防止拉合直流电源过程中电压切换箱失电导致电压回路断线，从而引起电容器欠压保护动作、自动装置动作和线路保护失去方向性而误动。

8.1.1.2　缺陷处理步骤

一般先根据直流接地选线装置的选线情况判断是哪条支路出现接地，这时可用便携式直流接地检测仪的钳表沿该支路的小母线检测接地电流，当检查到接地电流消失时，则判断前面小母线下的分路存在接地。这时可用钳表测各直流专用空气开关的上桩头，若有接地电流，则查该专用直流回路，进一步的检查可测出哪一根接线有接地情况。但当接地回路存在环路时，接地选线装置会报两条以上支路接地，这时必须查清环路再检查；拉路查找时应根据先信号后保护、控制回路的原则进行，同时结合天气情况判断可能的位置，雨天时先室外、后室内。在拉开装置的直流电源时，切断的时间不得超过 3s，不论接地是否消失均应合上。当发现某一专用直流回路有接地时，及时找出接地点，尽快消除。

8.1.1.3　典型缺陷处理案例

【案例 8.1】　户外隔离开关机构箱内辅助触点引起的直流接地

1. 缺陷情况

此类直流接地在雨天时出现最多。一般报正接地，因为隔离开关辅助触点一般接入的是遥信、电压切换回路、母差保护隔离开关位置开入。

2. 处理过程

当使用检测仪确定某专用直流空气开关下的直流回路有接地时，可在测控屏或保护屏上用钳表测各分路公共正电源电缆芯的接地电流，确定接地点。若确定接地点在电压切换回路或母差保护的隔离开关开入回路上，注意处理时须防止引起开入异常。若是由于渗水或受潮引起，处理时可用电吹风吹干，并找到渗水点封堵好，同时应检查加热器回路是否投入、完好。

【案例 8.2】　备用芯引起的直流接地

1. 缺陷情况

某站报直流接地。检查发现 110kV 母差保护屏有直流接地，进一步检查发现开入与保护电源没有分开。此类故障处理若用拉路的方法虽能确定该屏二次回路接地，但涉及众多隔离开关开入，确认接地点需要较长时间。使用检测仪依次检测各开入回路，钳表显示#1 主变 110kV 副母隔离开关开入正电源电缆芯有接地电流。检查开关端子箱，发现至 110kV 母差保护的开入节点接线正常，四芯电缆用了二芯。检查副母隔离开关机构箱，未发现漏水、生锈情况，但发现 110kV 母差保护的开入位置电缆接了三芯，另一芯为隔离开关常闭位置，用钳表测得该芯接地电流。再次检查开关端子箱内接线情况，发现在隔离开关机构箱中接入常闭位置的电缆芯在开关端子箱中碰在铁壳上。

2. 处理过程

拆除隔离开关机构箱中接入常闭位置的电缆芯（实为备用芯），直流绝缘恢复。

【案例 8.3】　控制电缆绝缘下降引起的直流接地

1. 缺陷情况

某站报直流绝缘异常。用检测仪检测某 110kV 线路保护控制回路绝缘有下降。进一步用钳表检查发现至开关端子箱的控制电缆芯绝缘不良，其中涉及电压切换的电缆绝缘不良。

2. 处理过程

将涉及电压切换的电缆芯临时更换为备用芯，直流绝缘恢复，处理时防止引起切换回路异常。因电缆芯绝缘下降，很可能整根电缆有破损，须进行整根电缆的更换。

【案例 8.4】　直流系统本身引起的直流接地

1. 缺陷情况

某站报多路直流绝缘降低，但对各出线支路无论用拉路或检测仪均未能检出接地。此种情况一般判断为直流系统引起，需直流专业人员配合处理。可能的原因有：①直流检测仪内部原因，如平衡电桥破坏等；②蓄电池渗液及附件接地、蓄电池室至直流屏电缆接地；③直流充电模块积灰绝缘下降；④直流屏内部接线有接地。

2. 处理过程

对于原因①，可用检测仪代替屏上的接地检测装置。注意先接入便携式直流接地检测仪，后拆开屏上的接地检测装置接线，防止平衡电桥的失去。若拆开接线后直流接地消失，可判断为屏上的接地检测装置故障。对原因②，可用便携式直流接地检测仪，用钳表测得指向蓄电池侧电缆有接地，说明接地点在蓄电池或其电缆上，进一步检测可区分是电缆还是蓄电池及附件。对于其他原因，应仔细检查相关部件，以确定故障部位。如必须停用直流电源进行处理，须确保整流模块正常方可断开蓄电池供电回路。

【案例 8.5】　直流串电引起的直流接地

1. 缺陷情况

某站直流系统双重化改造完毕后，当断开直流母线分段开关时，直流检测装置报 I 段母线正极接地，II 段母线负极接地，并报 3 条馈线接地，而合上分段开关时直流接地现象消失。因直流检测装置报多路正接地，接地点属环路供电，直流接地检测仪使用时无法检出环路供电时的接地故障。此时采用拉路查找方法失效，需使用便携式直流接地检测仪来检测，尽量避免拉路停电。

2. 处理过程

首先应查清回路，并保证接地点单路馈线供电。用检测仪从直流屏（一）馈线（220kV 线路主变测控、控制电源）电缆开始检测，有正向接地报警，当沿屏顶小母线检测至#1 主变保护屏（三）时发现进入#1 主变 220kV 操作箱的引线处仍有正向接地报警，初步判定接地点在#1 主变 220kV 开关操作箱及相关接线中，接地电阻 40kΩ 左右。进一步用检测仪检查，发现编号 163（#1 主变 220kV 开关正母侧隔离开关辅助常开接点）有接地，方向指向装置内部，说明外部回路无接地。进一步检查直流馈电屏（二）的"#1 主变保护屏（三）"馈线，检查到#1 主变 220kV 开关操作箱处有负接地，并发现 202 负接地，接地电阻 40kΩ 左右。正负接地都指向 #1 主变 220kV 开关操作箱，很明显是两套直流系统在 #1 主变 220kV 操作箱相关回路中存在寄生回路，并且发现操作箱面板上 220kV 电压切换 I 母指示灯灭（因电压切换继电器为双位置继电器，#1 主变保护 220kV 侧二次电压并未失去，因此无告警信号）。再仔细检查接线就发现 220kV 电压切换回路接线有问题，误将 I 段母线电压切换继电器 YQJ 线圈的负端接至 II 段母线的负电源 202，这样 I 段母线直流正电源 101 通过电压切换回路与 II 段母线直流负电源 202 串接（现场错误接线如图 8.2 所示），导致报 I 段母线正极接地、II 段母线负极接地。改正接线后，正接地、负接地告警同时消除。

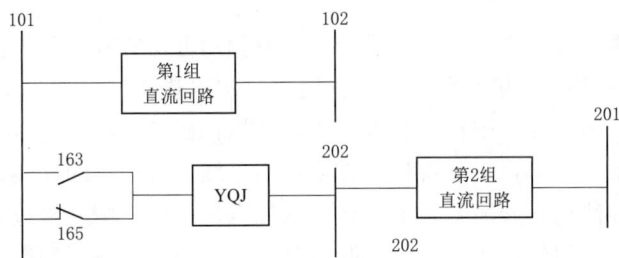

图 8.2　现场接线错误方式

8.1.2　微机保护装置采样回路异常问题

微机保护通过采集系统电压和电流数据实现保护、自动控制、潮流监测等功能，保护装置电压、电流回路直接影响到保护及自动装置的动作正确性和数据监测的准确性。

在电压断线条件下，所有距离元件、零序方向元件、负序方向元件退出工作，纵联电流差动保护不受电压断线影响，可以继续工作，但电容电流补偿功能自动退出，一旦电压恢复正常，各元件将自动重新投入运行。双重化配置下需确认另一套保护运行正常后，将保护改信号装置进行检查，防止两套保护同时失去。

电流回路的检查、处理应防止运行中的电流回路开路，并且保证电流回路不失去接地点；断开电流回路连片时须先短后断，如果处理时会导致电流互感器侧失去接地点，应增设临时接地点（但要确保所有回路一点接地），并在作业完成后及时拆除。为了保证设备安全运行，在短接或断开电流回路前，必须退出与其有关的保护，在电流回路未恢复正常时，禁止投入相关保护。为了保证人身安全，作业人员应站在绝缘垫上工作。

8.1.2.1　缺陷原因诊断及分析

保护装置电压断线或电压异常，原因主要有二次回路、空气开关故障和交流输入变换插件或采样模块故障（不考虑全站交流电压回路异常的情况。）

电流回路断线或电流回路异常告警的故障原因主要有二次回路、交流变换插件、采样模块、电流互感器本体故障等。

8.1.2.2　缺陷处理步骤

电压回路按以下步骤测试判断：若输入到保护装置的电压均正常，仅保护装置内采集显示电压不正常，则可以判断为保护装置的交流输入变换插件或者采样模块故障；若存在空气开关自动跳闸，空气开关上桩头电压正常而下桩头电压不正常，则可以判断为保护交流空气开关故障；若空气开关上桩头输入电压也存在异常，则需要检查二次回路，进一步排除故障点。

电流回路按以下步骤测试判断：对保护装置背板电流输入线用钳形电流表进行测试，若钳形电流表显示而正常而保护装置显示不正常，则可以判断为装置内部（交流变换插件、采样模块）故障；若钳形电流表显示不正常，则进一步到端子箱处用钳形电流表测试，电流显示正常则可以判断问题在二次回路上；若此处也不正常，则可以判断问题电流互感器本体故障或本体上接线错误。

若为二次回路故障原因导致采样异常，查找故障时采用分段查找的方法来确定故障部位。判断外部输入的交流电压是否正常：用万用表测量保护装置交流电压空气开关 ZKK 上桩头电压，若空气开关上桩头电压不正确，则检查装置电压切换插件回路的输入电压是否正常；若输入到电压切换插件电压不正常，则应首先检查电压小母线至端子排的配线是否存在断线、绝缘破损、接触不良等情况；若输入到电压切换插件电压正常，则应检查切换后电压至保护装置空气开关上桩头之间的配线是否存在断线、绝缘破损、接触不良等情况。检查中注意不得引起电压回路短路、接地。二次回路故障的处理方案：对二次配线进行紧固或更换。特别要注意自屏顶小母线的配线更换时要先拆电源侧，再拆负荷侧；恢复时先恢复负荷侧，后恢复电源侧。

若输入到保护装置的电流电压均正常，仅保护装置内采集显示不正常，则可以判断为保护装置的交流输入变换插件或者采样模块故障。处理方案：交流输入变换插件包括交流电压及电流输入，因此，处理时保护装置失去作用，需停用整套微机保护装置，在对外部电流回路进行短接后才能开始消缺。断开保护装置直流空气开关后，取出交流输入变换插件或采样模块，检查采样模块，确认故障元件后进行更换或直接更换交流输入变换插件、采样模块。特别注意若更换插件，需要确定交流额定值符合要求（额定电流是 1A 还是 5A）。

若保护装置和二次回路检查及测量均正常，则可能是电流互感器本体故障。处理方案：对于电流互感器本体侧及端子箱至本体侧电缆回路故障，需停用此电流互感器后方可进行检查，一般查看电流互感器二次输出端子及二次接线外观，再做变比试验，如无输出，或变比不对，应更换电流互感器。

8.1.2.3 典型缺陷处理案例

【案例 8.6】 电流回路两点接地导致采样异常

1. 缺陷情况

某日，某地区 500kV 变电站报告：××变××线保护 A 相差流比 B 相、C 相差流大 30mA（A 相 30mA，B 相、C 相 0mA）。查阅前期差流记录，发现 A 相差流一直偏大，为 10～30mA，B 相、C 相差流一直为 0mA，查看本侧、对侧电流和监控后台电流均相当，保护中对侧三相电流 0.16A、0.15A、0.15A，本侧 0.13A、0.15A、0.15A，本侧 A 相电流较对侧小。

2. 处理过程

第一步：如图 8.3 所示，将汇控柜一侧输入第二套合并单元的电流回路在端子排上划开，使用绝缘电阻表测量 A 相电流互感器端子箱到第二套合并单元端子排之间的电缆对地绝缘，测量结果为 0Ω，说明 A 电流回路对地绝缘不良，或 A 相电流互感器内部击穿。

第二步：如图 8.4 所示，在第一步的基础上，将 A 相电流互感器端子箱的电流回路（A1：4）解开，使用绝缘电阻表测量 A 相电流互感器端子箱到第二套合并单元端子排之间的电缆对地绝缘，测量结果为 3.088MΩ，说明 A1：4 电缆绝缘良好。

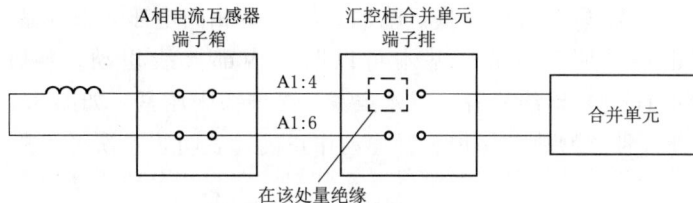

图 8.3　第一步测量示意图

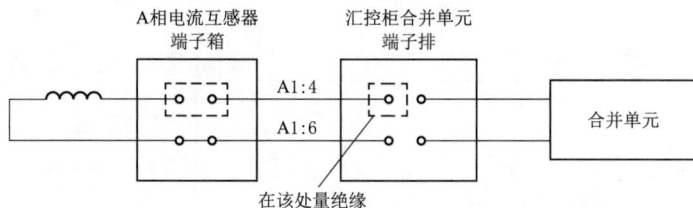

图 8.4　第二步测量示意图

第三步：根据 A 相电流互感器端子箱原始接线照片，将 A1：4 接回恢复原状，重新测量对地绝缘，测量结果依然为 0Ω。电缆及电流互感器内部均绝缘良好，因此猜测 A 相电流互感器端子箱内接线柱的线头之间存在压接。

进一步检查发现，A 相电流互感器端子箱内 A1：4 电缆线头存在裸露铜芯，该铜芯与第二组计量电流 A 相接线柱存在短接，导致电流分流。

【案例 8.7】　电压回路 N 线松动导致保护误动

1. 缺陷情况

某 220kV 线路两侧的第一套线路保护（以下简称为保护 1）动作，动作报告显示零序方向保护动作。故障选相为 B 相，第二套保护启动但未动作，随后线路重合成功。在保护 1 动作的同时，B 变电所的 110kV 线路保护也动作，且故障相也是 B 相（图 8.5），而且 A 变电所录波器测距结果超过线路全长，初步判断保护 1 属于误动。

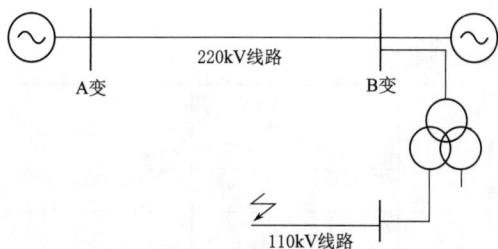

图 8.5　故障示意图

2. 处理过程

图 8.6 为 B 侧保护 1 的交流电压波形，通过分析可以发现交流电压采样值存在明显异常，表现在三个方面：①开口三角采样值为零；②C 相电压比额定电压高；③自产零序电压中三次谐波含量非常大。这些都不符合 B 相接地故障特征。

由此，可以判断出交流电压回路存在异常。由于 B 变第二套保护和录波器的交流电压采样值是符合 B 相接地故障特征的，可以排除交流电压公共回路存在异常。因此，检查的重点放在保护 1 装置内部的交流电压回路。

在保护 1 的屏端子施加电压量和电流量模拟反方向故障，零序保护也会动作，表明装置内部确实存在异常。随后，对装置进行了两种通交流电压的实验，并打印装置的采样值。首先单相按相施加交流电压，发现保护装置不能感受到任何电压量。然后再施加 AB 相间电压，此时 A、B、C 都有电压量，施加 AC、BC 相间电压，情况基本类似，保护装置的电压采样值也存在明显异常，基本可以断定内部接线松动。装置内部检查发现 1n78（U_N）、1n80（U_{OL}）接线松脱（螺丝虽紧，接线头未压紧，如图 8.7 所示），经重新压接，模拟区内外各种类型故障保护装置均动作正确，表明装置恢复正常。

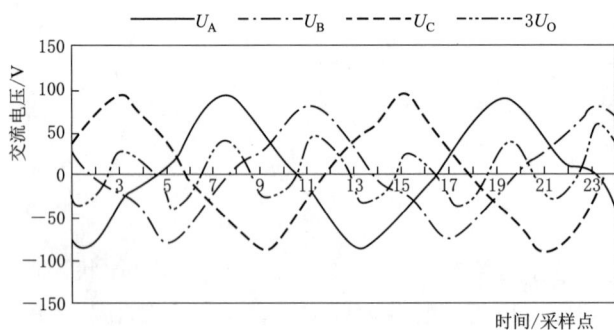

图 8.6 保护 1 的交流电压波形图

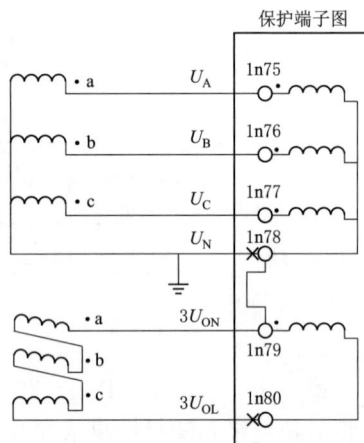

图 8.7 保护 1 的电压回路图

【案例 8.8】 主变差动保护三相电流回路接线错位导致采样异常问题

1. 缺陷情况

某 500kV 变电站变压器保护进行更换工作，在工作结束后的启动过程中发现保护装置有装置异常告警，显示分侧差流异常，纵差差流正常。随即对该套保护开展带负荷试验工作，现场分侧差动带负荷数据见表 8.1。

表 8.1 现场分侧差动带负荷数据

相 别		一次电流/A	二次电流/A	相位/(°)
高压侧	A	183	0.571	358
	B	184	0.567	237
	C	182	0.566	117
	N		0.01	
中压侧	A	370	1.540	188
	B	364	1.501	69
	C	372	1.542	309
	N		0.04	
公共绕组	A	198	1.649	116
	B	201	1.610	3
	C	192	1.570	239
	N		0.122	

2. 处理过程

现场主变为自耦变压器，正常情况下高压侧、中压侧和公共绕组的电流向量和应为零，高压侧与公共绕组的电流方向应相同。

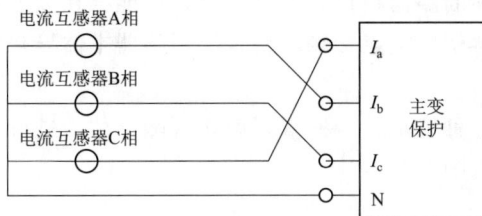

图 8.8　电流互感器接线错位

从表 8.1 可见，高中压侧电流、公共绕组电流相角明显存在错误，引起分侧差流告警。现场检查电流二次回路，发现公共绕组三相电流回路错位，也就是 A 相接到 B 相，B 相接到 C 相，C 相接到 A 相，如图 8.8 所示。

该隐患如不及时处理，在保护投入运行的情况下，区外故障时保护分侧差流增大，将造成该变压器差动保护误动。在竣工验收过程中应进行分相电流回路通流试验，确保端子箱至保护装置的电流回路接线准确无误。保护投运前应进行完整的带负荷试验，确保电流相序、相位和极性正确。

8.1.3　控制回路异常问题

控制回路主要指断路器、隔离开关操作回路，保护、自动装置跳合闸回路，此类回路直接控制一次设备动作行为，是二次回路中最重要的一类回路。

8.1.3.1　缺陷原因诊断及分析

引起设备控制回路异常的主要原因有操作箱插件损坏、二次回路故障、断路器、隔离开关机构箱内元器件损坏等。

按以下步骤测试判断：有控制回路断线硬接点信号采集时，测量其输入，以确定报警信号是否真实存在；若报警接点动作，测试保护屏（控制屏）内控制回路电压，分合闸回路电压正常，则可以判断操作箱插件故障；若保护屏（控制屏）内控制回路电压不正常，则继续在开关端子箱和机构箱内测量，机构箱内分合闸回路电压正常，可以判断是二次回路故障，否则可以判断为机构箱内元器件损坏，移交检修专业处理。

8.1.3.2　缺陷处理步骤

若操作箱屏损坏，则用万用表直流电压挡测量保护屏外侧端子跳闸回路、合闸回路对地电压，正常情况下，断路器分位时合闸回路电压为变电站直流母线负极电压、跳闸回路电压为变电站直流母线正极电压，断路器合位时分闸回路电压为直流母线负极电压、合闸回路电压为变电站直流母线正极电压，再检查控制回路断线输出信号节点动作情况，若控制回路正常、信号回路异常，则判断操作箱插件板故障，着重检查 HWJ、TWJ 插件板，核对图纸分别检查线圈阻值、接点通断，判断故障点。

处理方法：如发现损坏可以更换单个继电器或整板。如更换单个继电器，应注意焊接牢固、接触可靠。注意：插拔插件板应先断开装置电源。

若为二次回路故障，则检查操作屏至断路器机构箱内控制回路电压，若操作屏内电压正常、机构箱内电压不正常，则判断二次回路异常，考虑到操作屏至断路器机构箱电缆距离较长，应重点检查电缆绝缘，如不合格应更换。

处理方法：更换二次电缆前需将断路器改冷备用，更换完毕需对全部相关回路进行传动试验。

若为断路器机构箱内元器件损坏，则检查操作屏至断路器机构箱内控制回路电压，若操作屏内和断路器机构箱内电压都正常，则判断断路器机构元器件损坏，可能存在以下问题：①断路器分合闸线圈烧坏、断线；②断路器辅助接点接触不良；③断路器本体异常闭锁分、合闸；④远方/就地切换断路器故障。

处理方法：将断路器改冷备用。针对上述四种情况进行检查，确认故障部位后进行相应处理，恢复后须对断路器进行遥控及就地分合闸试验。

8.1.3.3 典型缺陷处理案例

【案例 8.9】 跳位监视继电器与防跳继电器配合不当问题

1. 缺陷情况

某 500kV 变电站进行间隔保护试验，在进行断路器传动时发现断路器分闸后就保持在跳闸位置，无法进行合闸，同时发控制回路断线告警，现场先对操作电源进行断电后再送电，可进行一次合分闸操作，又出现无法合闸的情况。现场检查发现合闸回路不通，合闸回路中的防跳继电器常闭接点断开，防跳继电器处于常励磁状态，只有断开操作电源后才会复归，示意图如图 8.9 所示。

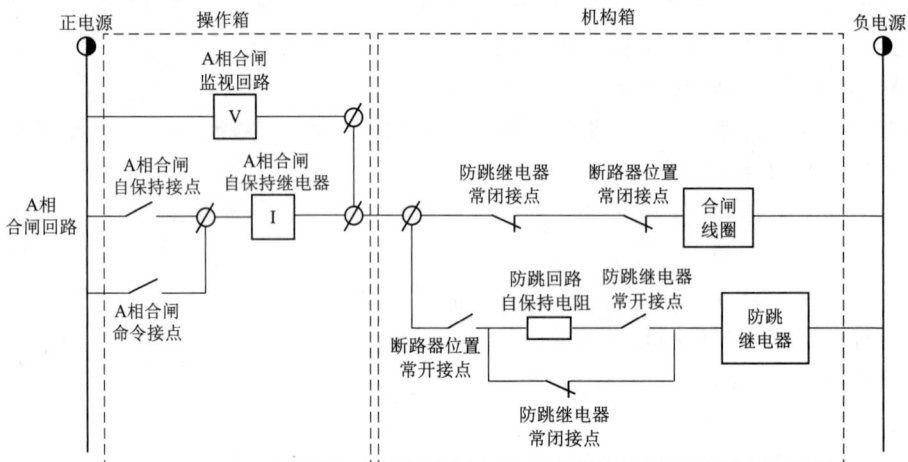

图 8.9 整改前跳闸回路示意图

2. 处理过程

根据现象判断原因为防跳继电器误励磁产生。防跳继电器在断路器正常分闸状态下应不励磁，但是由于防跳继电器在合闸监视回路中内阻占比较大，通过合闸监视回路与正电源接通并且分压较多超过自身动作电压后动作，并同时启动自保持。防跳继电器自保持后其串接在合闸回路的常闭接点断开，从而导致断路器无法进行合闸。针对此问题，采取的主要方法为在合闸监视回路串接断路器常闭接点，如图 8.10 所示。断路器合闸后由断路器常闭接点断开合闸监视回路，避免了防跳继电器和 TWJ 内阻配合不当的问题。

在设计审查阶段，检查二次图纸设计，确认在跳闸位置继电器与合闸回路之间有串接断路器常闭节点，确保回路从设计上无原则性错误；对在图纸设计阶段就存在错误的应要求设计人员变更图纸。现场试验结合改造、检修等保护调试机会进行排查，排查方式为对断路器进行连续三次分合闸操作，如出现分闸后储能正常也无法合闸的情况应进行控制回路检查，确认是否由防跳继电器自保持引起，如确认存在该隐患，应通过从断路器机构内部引出断路器常闭辅助接点串入跳闸位置继电器与合闸回路之间的方式进行回路整改。

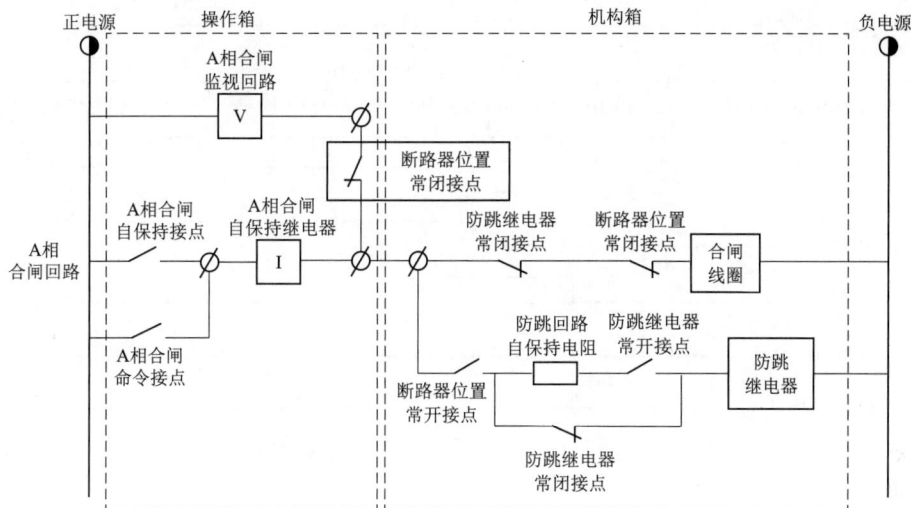

图 8.10　整改后跳闸回路示意图

【案例 8.10】　操作箱防跳回路拆除不彻底导致防跳失败问题

1. 缺陷情况

某地区 500kV 变电站进行综合性检修，当检修人员对"500kV 甲乙线"模拟 A 相永久性接地故障进行整组试验时，发现"500kV 甲乙线"保护及断路器动作行为不符合正常逻辑，见表 8.2，动作时序如图 8.11 所示。

表 8.2　　　　　　　　　　　现场分侧差动带负荷数据

时　间	保护动作情况	断路器分合位
0ms	保护启动	——
10ms	保护动作	A 相分闸
986ms	保护重合闸动作	A 相合闸
1042ms	保护后加速动作	三相分闸
1153ms	保护未动作	A 相再次合闸
3122ms	机构非全相动作	A 相分闸

"500kV 甲乙线"相关设备信息如下：断路器型号为 3AQ1EE，第一套线路保护装置型号为 RCS931A，第二套线路保护装置型号为 CSC103A，操作箱型号为 CZX12R。

2. 处理过程

根据"500kV 甲乙线"表 5.2 的动作行为，现场检修人员初步判定是防跳回路出现问题，在分别对断路器本体防跳和操作箱防跳回路进行试验后，确定为操作箱防跳回路存在问题。检查发现，在进行取消操作箱防跳回路工作时，误将操作箱的开出插件中虚线框电阻 R5 拆除，如图 8.12 所示。

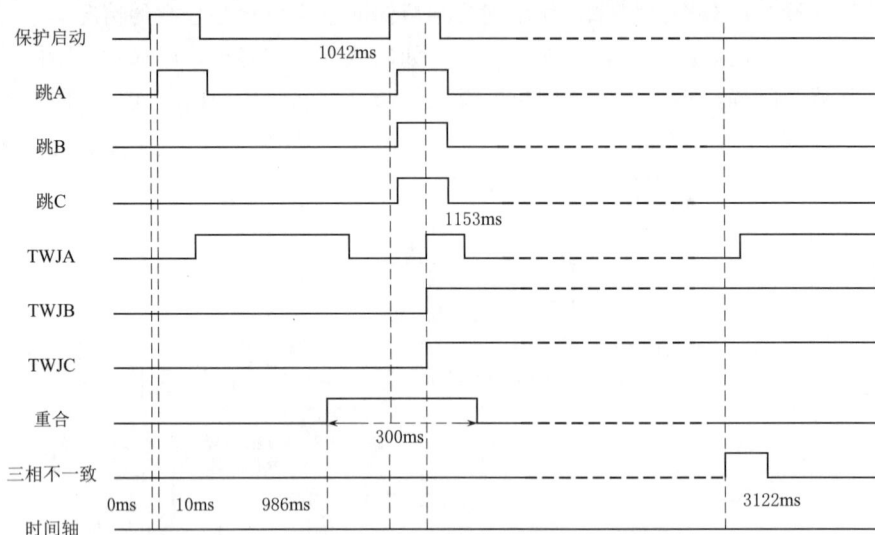

图 8.11　"500kV 甲乙线"保护及断路器动作录波图

图 8.12　电阻 R5 被拆除

结合图 8.13 操作箱防跳回路图分析，当"500kV 甲乙线"模拟 A 相永久性接地故障时，操作箱各继电器动作情况如下：

（1）保护装置重合闸脉冲展宽 300ms，当断路器重合闸到故障时，则继电保护动作，保护出口节点 TJA 将会闭合，此时"A 相跳闸"回路接通，防跳继电器 12TBIJa 将启动。

（2）在"防跳"回路中，12TBIJa 常开节点闭合，"防跳"回路接通，使得虚线框④1TBUJa 继电器启动，虚线框①1TBUJa 常闭节点打开，断开合闸回路，但当保护出口节点 TJA 和断路器分位同时返回时，虚线框①1TBUJa 常闭节点将闭合，为此该节点只是暂时开断合闸回路。

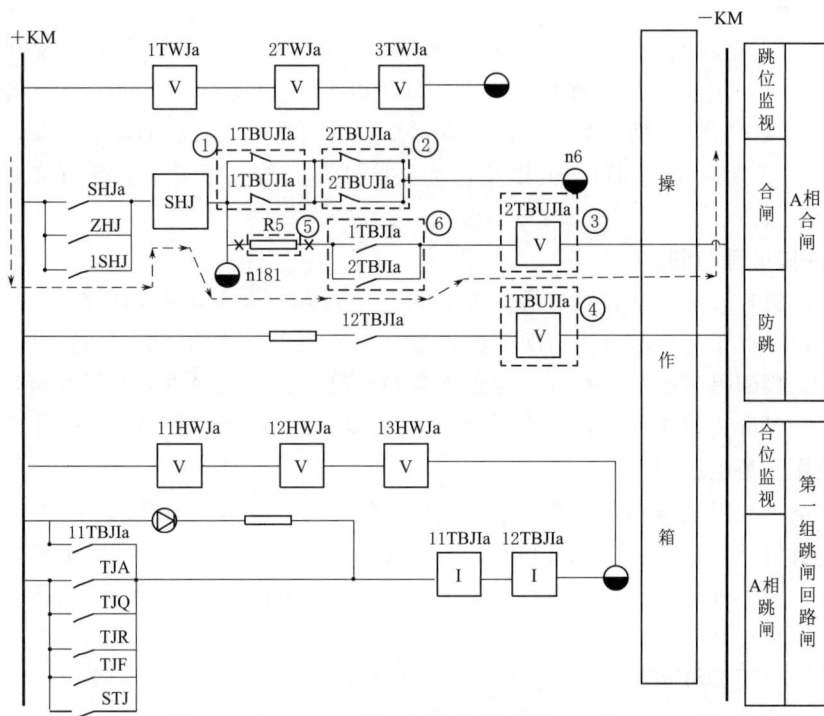

图 8.13　操作箱防跳回路图

（3）由于电阻 R5 脱落，在重合闸脉冲展宽 300ms 时间内，防跳回路无法通过图 8.13 中箭头虚线"＋KM—ZHJ 常开节点—SHJ 继电器—R5 电阻—1TBUJa 常开节点—2TBUJa 继电器——KM"形成通路，虚线框③2TBUJa 继电器无法形成自保持回路，虚线框②中 2TBUJa 常闭节点一直闭合状态。

（4）当保护复归，TJA 跳闸脉冲消失且断路器分位返回后，跳闸回路中防跳继电器 12TBIJa 失电，虚线框①1TBUJa 常闭节点闭合，导致重合闸脉冲通过机构合闸线圈构成通路，造成"500kV 甲乙线"加速三跳后再次发生 A 相合闸的情况。

检修人员对该开出插件进行更换，重新进行全回路防跳试验，验证现场确已采用断路器本体防跳，操作箱防跳回路已拆除彻底，防跳功能正常，故障消除。

8.2　保护装置异常类缺陷

8.2.1　保护装置告警信号无法复归问题

目前保护装置均采用微机保护，装置具备智能告警功能，当装置处于某种异常状态时，会发装置告警信号，检修人员应根据相应告警进行排查，首先应根据装置报文判断告警原因。当报文中 DSP 自检出错、失灵接点长期启动等信息时，保护装置以及失灵保护实际是被闭锁的，应立即汇报市调和省调，告知保护装置缺陷情况，以便及时采取措施。其他情况下，告警一般不会闭锁保护装置，工作前可采取将保护改信号的措施。

8.2.1.1　缺陷原因诊断及分析

告警信号无法复归，说明故障点一直存在，应结合装置显示的报文来综合判断故障点。一般情况下，主要的原因有开入异常、DSP 出错或长期启动、面板通信出错。先查阅保护装置面板信息，若面板显示开入异常，则可以判断开入二次回路有故障；若面板显示 DSP 出错或长期启动，则可以判断交流回路有故障；若面板显示面板通信出错，则可以判断面板有故障。

8.2.1.2　缺陷处理步骤

若保护装置报开入异常，则查看报文，判断是否存在失灵接点长期开入、母联 TWJ 接点闭合而母联处于运行状态等情况。根据报文指示的开入量，使用万用表进一步检查开入点的电压，判断是否确实存在开入接点闭合的情况。必须根据竣工图纸查明开入点的端子号，不得凭经验盲目工作，防止引起保护误出口。测量开入时，严禁使用万用表电阻挡，必须使用直流电压挡。

处理方案：当发现确实存在开入量误闭合的情况时，应断开该开入，查看装置报文是否恢复。如装置开入不变位，则可判断为装置的开入板存在故障，应及时更换备品。如装置开入变位，说明外部开入存在问题。应重点检查外部回路的问题。当查明原因并恢复正常后，须再次检查装置报文，确认告警现象已消失。

若保护装置报 DSP 出错或长期启动，则查看装置报文，当出现"DSP 出错"报文时应立即将保护改信号装置。然后可拉开装置直流电源，打开装置面板，进行如下检查：①查看各插件是否紧固；②检查装置 CPU 板上各芯片是否插紧；③检查装置内部温度是否过热，否则应采取散热措施。然后合上装置直流电源，重启装置，查看能否恢复正常。

当出现"DSP 长期启动"报文时，因保护没有被闭锁，可不将保护改信号装置，直接处理。查看装置的交流采样量，判断是否存在某相差流过大引起报警或母联电流过流长期启动引起报警。

处理方案：应根据装置显示的交流采样量，判断出现异常的回路。使用钳形电流表测量该回路的电流大小，并结合该线路的保护、测量装置上的显示量进行综合判断，确定电流回路的电流是否的确存在问题。若仅有母差电流回路异常，应重点检查二次回路上的端子排连接片、大电流端子短接情况，进行紧固处理。检查电流回路连接电缆、配线、接地等是否有明显的松动、绝缘破损等情况，并进行处理。

若保护装置报文为"面板通信出错"，说明保护装置面板 CPU 与保护板 CPU 通信发生故障。此时，不需要将保护改信号装置。打开保护装置前面板，检查面板与保护 CPU 板之间的排线是否存在松动、破损等情况。同时应观察保护装置内部是否温度过高，必要时进行散热处理，对老化元件进行更换。

处理方案：检查面板上各芯片是否已插紧，否则应进行紧固处理。若发现面板的排线已有明显破损、断裂时，应进行更换处理。否则可对排线进行紧固处理。

8.2.1.3　典型缺陷处理案例

【案例 8.11】　保护装置出口回路驱动芯片总线异常问题

1. 缺陷情况

某日，某 500kV 线路断路器在区外扰动时，5001、5012 断路器 A 相及 B 相跳开。该站主接线图及保护配置示意如图 8.14 所示。

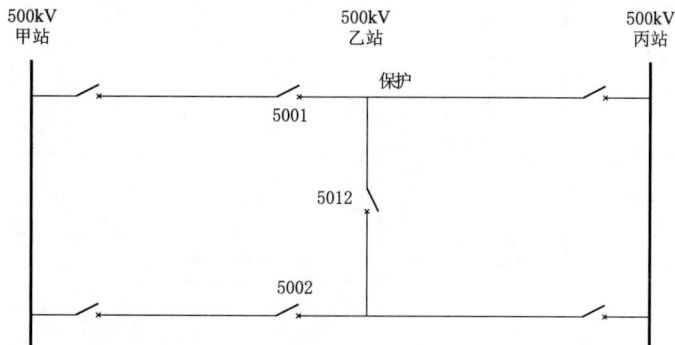

图 8.14　主接线及保护配置示意图

　　断路器跳闸时，500kV 线路保护无动作报文，录波器未监视到线路保护跳闸信号，如图 8.15 和图 8.16 所示，断路器操作箱第一组跳闸灯亮，5001、5012 断路器失灵启动开入变位，持续 11s。

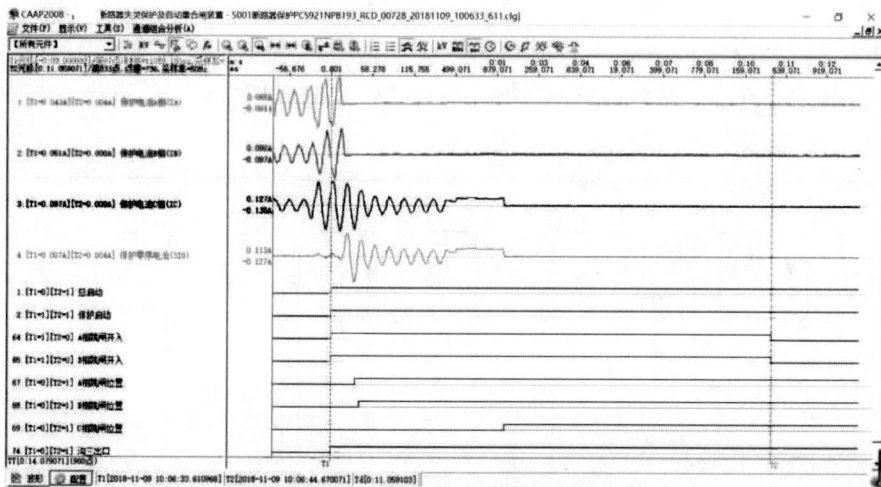

图 8.15　跳闸时 5001 断路器保护录波

2. 处理过程

　　在跳闸过程中，现场线路保护装置均无动作报文和跳闸信号出口，且跳闸脉宽均为 11s，结合线路保护装置开放出口电源时间为 11s，同时跳闸信号和跳闸开出为不同板件出口，初步判断线路保护出口相关回路存在问题，区外扰动引起装置启动开放出口电源时，线路保护装置直接出口。

　　进一步分析发现，装置在三天前有启动记录，当时并未发生断路器跳闸；而三天后区外扰动启动时，断路器跳闸。两者之间的区别是两次启动之间出现过短时直流电源异常。综上所述，初步判断线路保护出口回路在直流电源异常后，某种工况下一直输出跳闸信号，区外扰动引起装置启动开放出口电源时，线路保护装置直接出口。

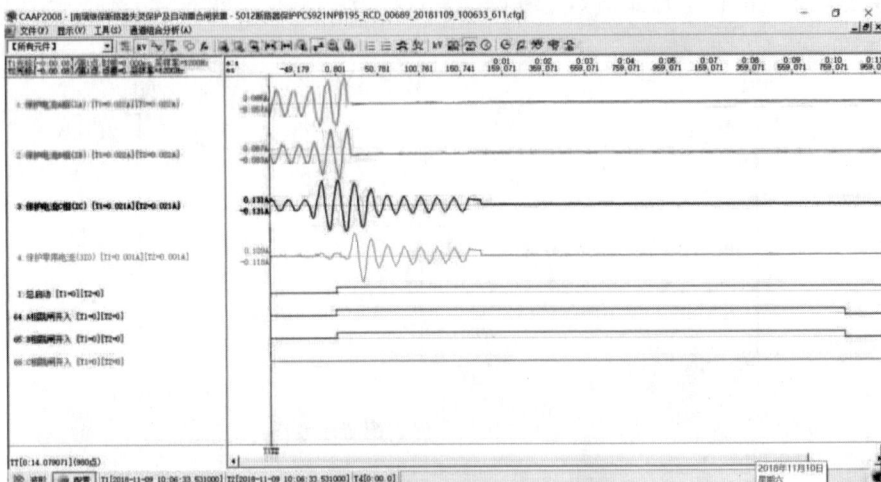

图 8.16　跳闸时 5012 断路器保护录波

后经检测分析发现，该问题是由于该厂家部分型号线路装置出口回路驱动器采用 74LVTH16245 型号芯片，在装置外部直流电源异常情况下重新上电后，极端情况下，出口回路驱动器的总线保持回路（bus-holdcircuit）保持为异常电平，持续输出跳闸信号，当发生区外扰动装置启动开放出口电源时，线路保护装置误动出口。异常环节示意图如图 8.17 所示。

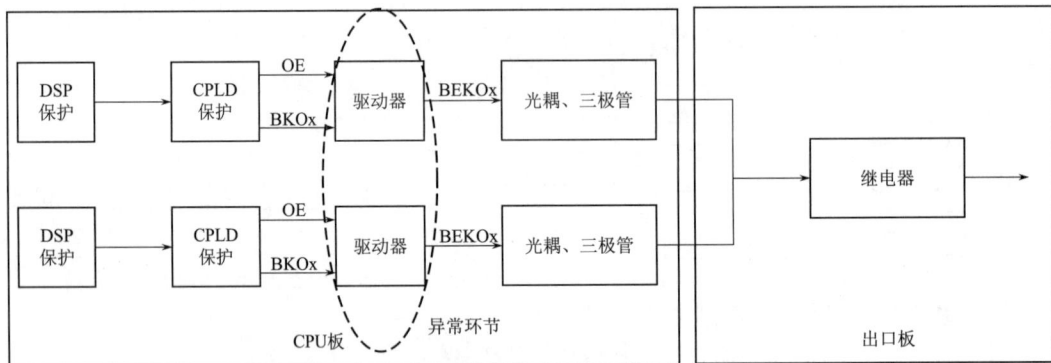

图 8.17　异常环节示意图

后续该厂家对该装置 CPLD 底层驱动升级，装置上电时打开驱动器使能，清除驱动器上电时硬件管脚可能出现的异常中间电平，解决了本案例造成的保护异常现象。现场实施通过更换保护插件方式实现。

【案例 8.12】　双 A/D 采样不一致闭锁线路保护问题

1. 缺陷情况

某日，受雷雨天气影响，500kV 某变电站 35kV 出线故障，保护动作，但未跳开线路断路器。随后，主变第一、第二套保护低后备第 1 时限动作跳开 35kV 母分断路器并闭锁母分备自投，第 2 时限动作跳开 1 号主变 35kV 断路器，35kV Ⅰ 段母线失电。

故障时主变故障录波器录波如图 8.18 所示。

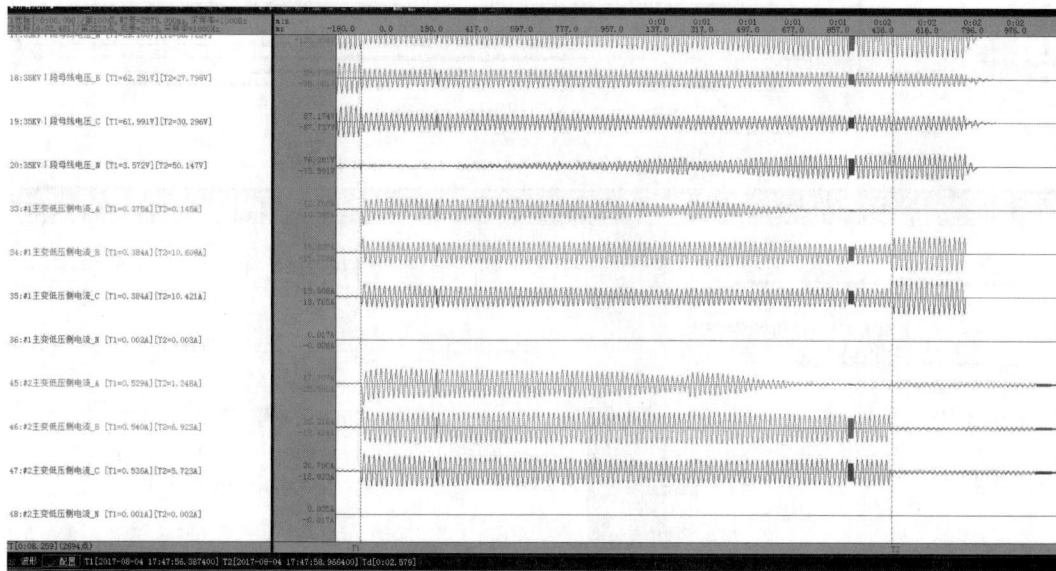

图 8.18　故障时主变故障录波器录波

2. 处理过程

检查发现 35kV 线路保护装置跳闸报文中有一条异常信息："208ms，装置闭锁触发录波"，如图 8.19 所示。检查装置自检报告发现，在跳闸过程中装置曾出现"电流双 A/D 采样不一致及装置闭锁告警"，如图 8.20 所示，告警持续 3s 后消失，告警出现时间与保护装置报文中"装置闭锁触发录波"报文时间吻合。初步判断跳闸过程中装置出现闭锁，导致未成功出口跳闸。

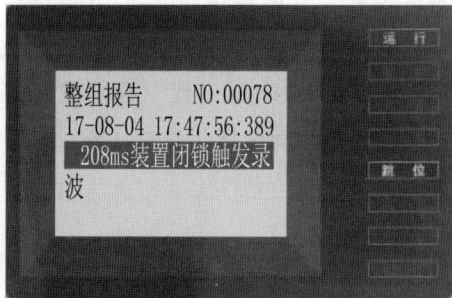

图 8.19　保护装置闭锁触发录波记录　　　图 8.20　电流双 A/D 不一致告警

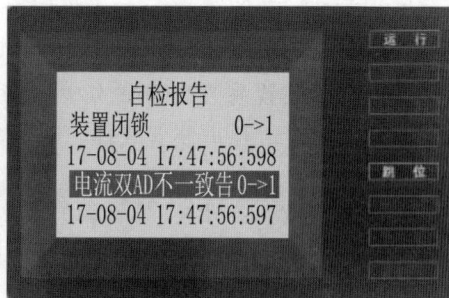

通过对保护装置故障文件进行提取，分析后发现装置的确曾经动作，但测量元件动作信号仅保持 1ms，后因为装置"电流双 A/D 采样不一致"闭锁信号开入而返回，导致保护未成功出口（测量元件动作需 5ms 后保护跳闸节点才能闭合），如图 8.21 所示。

根据厂家技术说明，该告警出现逻辑为：当保护电流与启动电流双 A/D 采集差值超过 $0.2I_n$ 时，经 200ms 延时报双 A/D 不一致，闭锁保护。调阅装置内部文件的确发现启动电流 A 相波形有异常，与保护 A 相波形不一致，如图 8.22 所示。

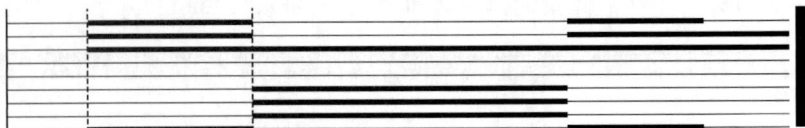

图 8.21　测量元件快速返回

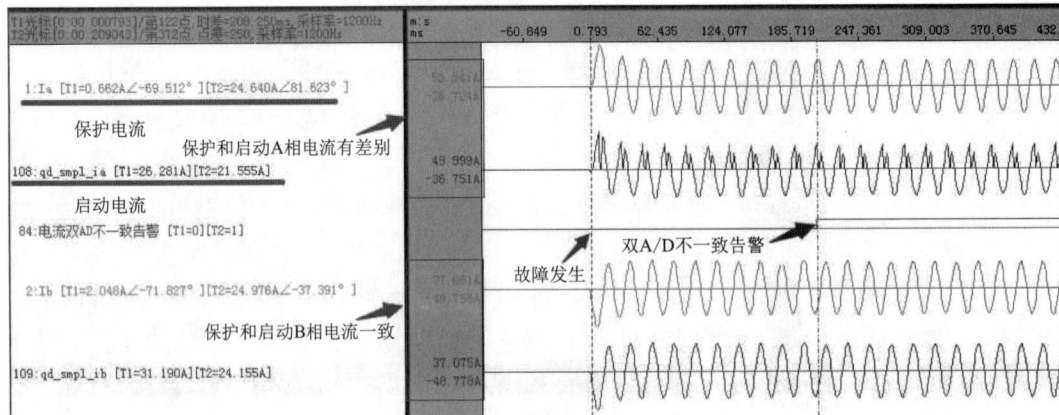

图 8.22　保护装置录波

　　装置保护采样计算程序和启动采样计算程序相同，装置录波波形显示启动 A 相电流在波峰时出现缺失，怀疑启动 A/D 芯片故障。但后续经现场多次施加电流测试，未再出现 A/D 不一致现象。厂家分析认为，此次双 A/D 采样不一致闭锁是个体装置的硬件问题，属偶发现象，常规校验中难以发现此问题。

　　该装置返厂试验后，厂家认定是该装置 A 相启动通道采样异常的原因是模拟通道输入阻容元件受污秽，导致 A 相启动采样回路间歇性短路，装置判出双 A/D 不一致闭锁保护，导致保护拒动。除对硬件进行更换外，认为保护装置的双 A/D 不一致判断逻辑较严，在极端情况下保护装置易判出双 A/D 不一致，已对"双 A/D 不一致"判别逻辑进行优化，建议现场及时升级保护装置软件，降低此类问题引起的线路保护拒动风险。

8.2.2　保护装置运行维护不当问题

　　继电保护设备投运后的可靠性主要靠科学准确的运维检修工作来保证。只有正确地运行操作，使一次、二次系统方式协调一致，才能使继电保护正确发挥作用。只有科学合理地维护和检修，才能使继电保护保持健康的运行状况，及时发现和消除设备隐性缺陷，改善整体性能并延长使用寿命。而运维检修工作主要靠人完成，人既是现场安全生产作业的主体，同时也是安全管理的客体。在运行操作和检修作业过程中，由于人员技术技能水平、安全风险意识、工作责任心等原因，人可能成为其中的不安全因素。为杜绝人员责任事故，一方面应通过加强继电保护人员队伍建设，使现场作业人员具备必需的专业技术知识和合格的业务技能；另一方面应大力推行标准化作业，开展风险辨识与预控，提高智能运维检修手段，使现场工作过程中的人为环节尽可能减少。

8.2.2.1　缺陷原因诊断及分析

总结近几年国内电网运行经验，可能造成电网事故的继电保护运维检修隐患主要有：运行操作内容漏项或操作次序不当、联跳回路搭接安全措施不到位、智能变电站 SCD 配置文件错误、安全工器具使用不当、检修结束后未及时核对恢复状态等。

8.2.2.2　典型缺陷处理案例

【案例 8.13】　旁路代线路断路器运行时母差保护对应出口压板未退出问题

1. 缺陷情况

某 500kV 变电站 220kVⅢ段母线停电并开展改造工作，220kV 为双母双分段带旁母接线方式，按正常运行方式，若此时Ⅳ段母线跳闸将导致 A 站等多所 220kV 变电站失电，综合电网安全风险考虑，现场由旁母代 23 线运行于 220kVⅠ段母线，若Ⅳ段母线跳闸，将由 23 线为 A 站等变电站供电。

工作开展期间某夜晚，该站 220kVⅣ段母线 AB 相间故障跳闸，Ⅳ母上所有间隔跳开，同时，23 线对侧保护"远方其他保护动作"跳闸导致 A 站等多所 220kV 变电站失电，造成负荷损失。

2. 处理过程

检修人员检查现场发现，220kVⅣ段母线 AB 相管母靠近#2 母联间隔有放电灼烧痕迹，距放电现场 20m 范围内发现少许黑色燃烧灰烬残留，判断一次故障原因为异物飘入变电站造成 220kVⅣ段母线 AB 相管母短路放电。

现场事故前运行方式如图 8.23 所示。

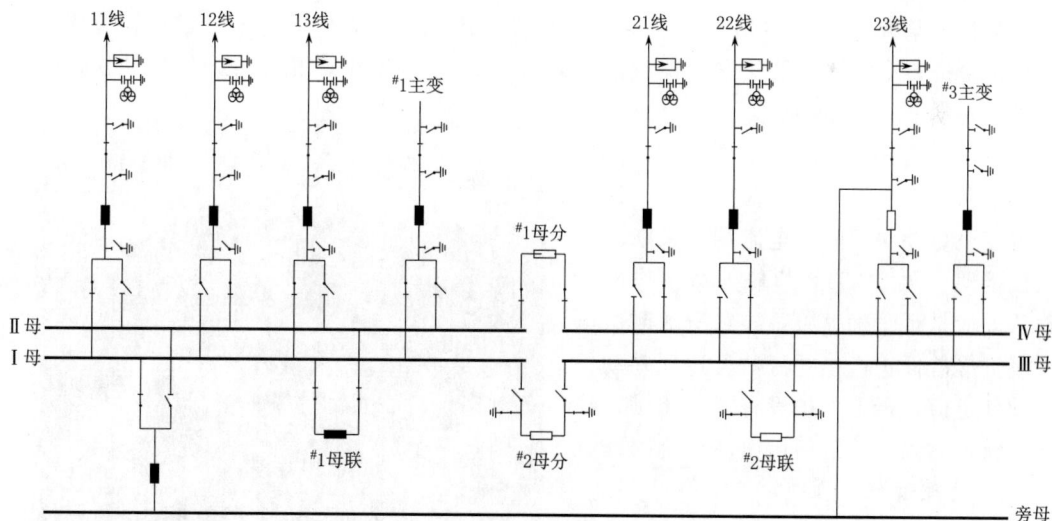

图 8.23　现场事故前运行方式

对于旁路断路器代 23 线运行方式，现场按运行规程调整保护运行方式，23 线第一套保护 RCS902 光纤距离保护切换至旁路 RCS902 光纤距离保护运行，并退出第二套保护两侧光纤差动主保护投入压板，但未退出 220kV 母差保护"跳 23 线断路器"出口压板，造成第二套母差保护动作后通过该压板发送远跳命令至 23 线第二套保护，该命令不受差动主保护投入压板控制，对侧收到远跳命令且就地判据满足后出口跳闸，导致负荷损失，如图 8.24 所示。

后续检查发现，现场运行规程编审不严谨，错误删除旁路代线路时"应退出母差失灵保护启动线路跳闸出口压板"的要求，现场运维人员未发现规程纰漏，检修人员未发现安措布置不当，是造成事故扩大的主要原因。

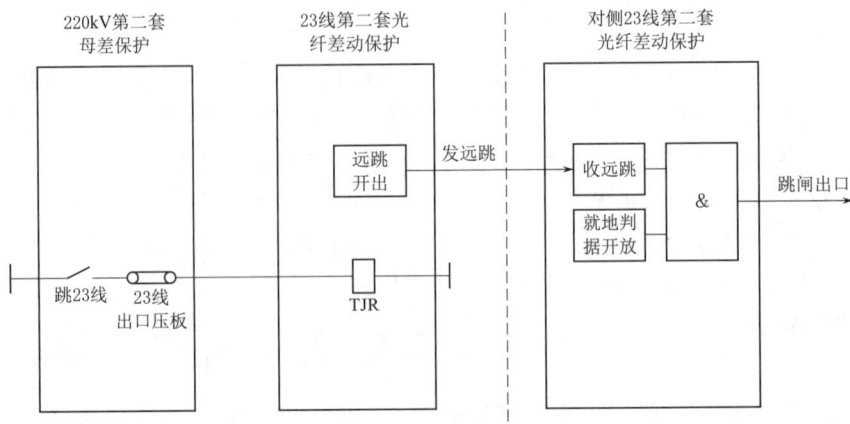

图 8.24　23 线第二套光纤差动保护远跳回路示意图

【案例 8.14】　检修间隔通流试验前未断开母差保护电流回路问题

1. 缺陷情况

某日，某 500kV 变电站 500kV B 线进行线路流变更换工作，更换完成后，检修人员在端子箱进行电流互感器伏安特性测试，此时该变电站 500kV Ⅱ 母母差保护动作，跳开Ⅱ 母上运行的所有断路器。该 500kV 变电站主接线为 3/2 断路器接线方式，B 线路边断路器近Ⅱ母。现场检查发现，该线路流变至母差保护间大电流端子未断开并短接接地（图 8.25），检修人员工作前未确认安措是否正确完善，导致所加测试电流流进母差保护产生差流，且达到差动保护动作定值，母差保护没有复压闭锁，故母差保护达到差动定值后误动作跳闸。

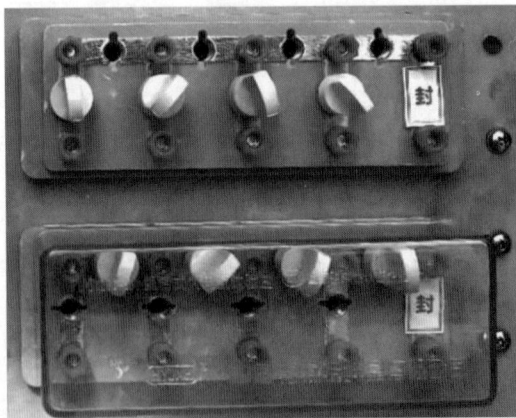

图 8.25　现场大电流端子情况

2. 处理过程

（1）完善变电站典型操作卡。运维人员严格检查、核实变电站典型操作卡全面性、准确性，符合现场检修工作安措要求。

（2）强化状态交接核对。仔细检查设备检修时母差、主变等保护屏上相关检修间隔大电流端子是否已取下并短路接地。检修人员与运维人员进行交接时，严格按照安措布置要求，逐条做好一次、二次设备状态及安措等核对工作。

（3）加强安措布置核对。在电流回路上进行检修工作前，再次核对相关主变或母差等多间隔保护屏上相关检修间隔大电流端子是否已取下并短路接地。

【案例 8.15】   大电流试验端子操作顺序不正确导致保护误动问题

1. 缺陷情况

如图 8.26 和图 8.27 所示，某 500kV 变电站，检修人员在完成主变有载油位低进行检查及补油工作结束后，会同运维人员进行现场验收，后台核对光字时发现"有载重瓦斯动作"光字牌亮，非电量保护装置上"非电量告警"灯亮，现场人员认为此可能是"有载重瓦斯跳闸投入压板"未投入引起，后终结工作票。运维人员在将保护由信号改跳闸状态时，按照操作票操作至第二步"测量有载重瓦斯跳闸投入压板两端确无电压，并放上"，测量该压板两端电压显示为 0.3V，放上该压板，此时主变三侧断路器跳闸。后续检查发现，运维人员所用万用表存在故障，无法正确测量电压。

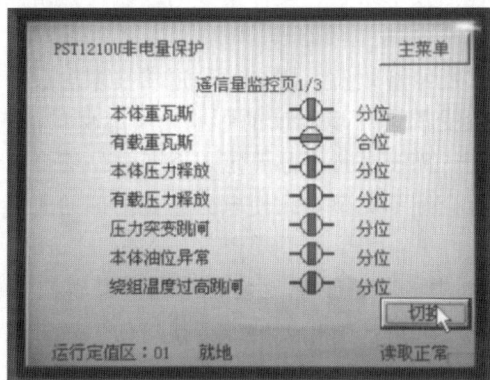

图 8.26　现场非电量保护屏动作情况　　图 8.27　现场有载瓦斯继电器状态

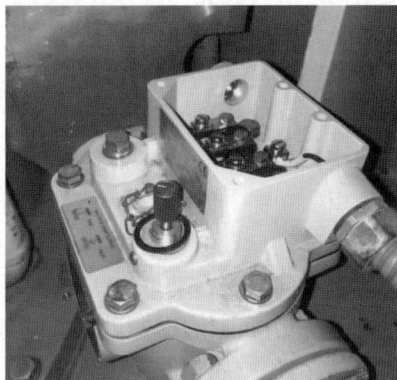

此次事故主要的原因为，该主变有载重瓦斯信号由三只有载瓦斯继电器的接点并联生成，其中一只继电器由于动作试验按钮卡涩，按下后没有弹回，继电器保持动作没有复归，现场人员对后台"主变有载重瓦斯继电器动作"光字和保护装置上"非电量告警"指示灯亮等异常情况的存在未引起足够重视，误判为有载重瓦斯压板未投入引起。且运维人员未对万用表进行自检的情况下，使用不合格的万用表进行压板电压测量，导致压板测量结果正常，投入压板后引起主变跳闸。

2. 处理过程

加强继电器状态检查，明确异常信号原因。主变注油等相关工作完成后，仔细检查非电量继电器动作状态，对现场保护进行复归后检查是否有异常动作灯亮或异常告警，后台是否有异常告警光字亮。检修人员应加强对后台异常告警信息、装置异常灯亮等情况的敏感性，加强异常信息原因分析能力，对停复役过程中的任何异常信号应加以重视，明确异常信号产生的原因；细化操作票，强化安全工器具使用规范。针对不同变电站不同保护装置细化改跳闸操作票，在操作票上注明出口压板投入前上下端对地正常电压。运维人员投入出口压板前，应先在确有电接点校验万用表是否正常工作，确认后分别测量出口压板上下端对地电压是否正确，压板间电压是否为 0，核对正确后再投上压板。

8.3　自动化类缺陷

变电站综合自动化系统是指通过执行规定功能来实现某一给定目标的一些相互关联单元的组合，其利用先进的计算机技术、现代电子技术、通信技术和信息处理技术等实现对变电站二次设备的功能进行重新组合、优化设计，对变电站全部设备的运行情况执行监视、测量。变电站综合自动化系统缺陷会对变电站内的设备操作、系统运行、设备监视产生影响。

8.3.1　缺陷原因诊断及分析

变电站综合自动化系统存在的问题主要包括技术缺陷、硬件集成问题以及控制操作接口设备的智能化问题。

技术缺陷：自动化设备的生产厂家过分重视经济效益，用户过分追求技术含量，忽略了产品的性能和实用性，导致一些自动化装置受周围环境温度的影响，引起保护的偏差。此外，有些设备厂家对某产品只进行技术鉴定，而没进行产品鉴定，对变电站综合自动化系统的作用、功能、结构及各项技术性能指标介绍不完整，致使电力企业内部的人员对系统的认识不够透彻，造成很多的设计漏洞。

硬件集成问题：在变电站综合自动化系统中，各系统单元装置不同产品源自不同厂家，在产品选型方面给用户增加了不少麻烦。不同的厂家生产的通信接口的生产方式和规格、用途不一样，软件研究人员需要花许多精力去解决通信问题。

控制操作接口设备的智能化问题：控制操作接口设备的技术水平普遍较低，与变电站自动化系统的协调性差，如信号的隔离与扩展、时序失准和混乱等。数量众多的各种继电器隐含着故障概率增高的因素，而且无法进行有效监视。

这些问题影响了变电站自动化系统的正常运行和效率，需要采取相应的解决方案来提高系统的稳定性和可靠性。

8.3.2　典型缺陷处理案例

【案例 8.16】　某 500kV 变电站省调接入网通信中断问题

1. 缺陷情况

某日某 500kV 变电站自动化告省调接入网路由器正常管控，实时加密装置、非实时加密装置无法管控。初步判断为现场网络或设备问题。通过检修人员现场勘察和厂家技术人员进行路由自环，发现省调路由器其中一个通道通信中断，推测是由通信配置问题引起，联系信通部门重新下载通信配置后，省调接入网通信恢复正常。

2. 处理过程

相关部门做好缺陷处理配合工作，加强相关重要装置通信配置定期检查，建议信通加强通信配置管理，对重要装置通信进行实时管控和处理。

【案例 8.17】 某 500kV 变电站全站自动化信息中断问题

1. 缺陷情况

某日某 500kV 变电站在进行所用电电源切换试验时，造成省调远动机和地调远动机短时失电，导致短时全站自动化信息中断。

如图 8.28 所示，调度自动化系统是通过省调远动机和地调远动机从站控层 A、B 网交换机中提取所需要的数据，数据通过实时交换机去纵向加密机进行加密，最通过路由器送往主站。其中省调远动和地调远动不是指省调远动只传省调数据，地调远动只传地调数据。省调远动通道一路去省调，一路去地调，正常运行时省调主要从省调远动采集数据，省调远动异常时转为向地调远动提取数据。地调远动通道跟省调远动通道同理，正常运行时地调主要从地调远动采集数据，地调远动异常时转为向省调远动提取数据。只有当省调与地调的设备同时中断，才会导致全站中断。

经检查现场回路接线（图 8.29）发现，#1 UPS 电源分别给地调接入网设备和省调接入网设备供电，#2 UPS 电源只给省调接入网设备供电，#1 UPS 电源和 #2 UPS 电源通过一个电源切换装置再接入省调接入网设备，如图 8.30 所示。检查发现电源切换装置损坏（图 8.31），运行方式为省调和地调接入网设备都由 #1 UPS 供电。

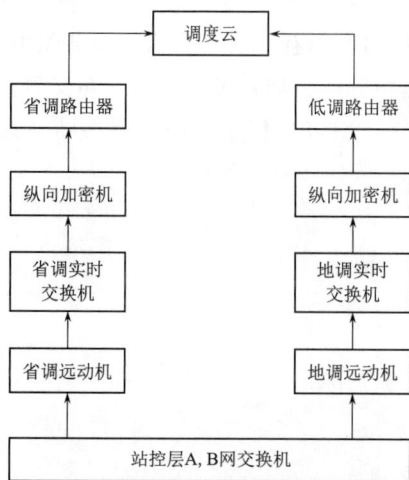

图 8.28 变电站自动化信息流程图

图 8.29 数据网屏空开图

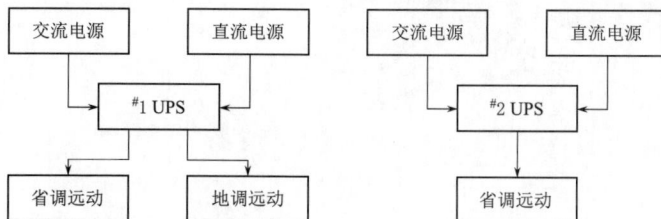

图 8.30 UPS 电源回路图

由于 #1 UPS 设备老旧，在交流电源供电切到直流电源供电的过程中存在时间差，导致省调接入网设备和地调接入网设备同时短时失电造成全站通信中断。#2 UPS 为新设备不存在上述问题。

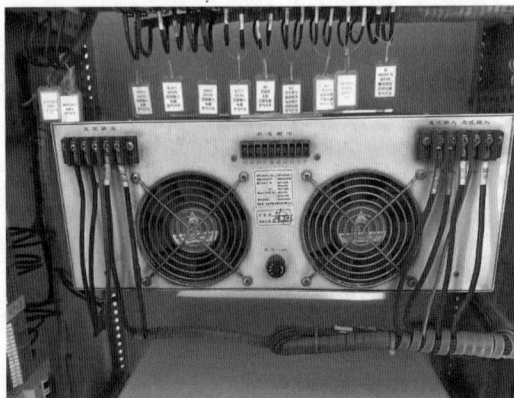

图 8.31　UPS背板接线图

2. 处理过程

试验人员对$^{\#}$1 UPS 进行更换并对回路进行改接。根据有关规定，省调接入网设备和地调接入网设备应分别供电，或者两个电源同时对省调接入网设备和地调接入网设备供电。改接后，$^{\#}$1 UPS 单独对地调接入网设备供电，$^{\#}$2 UPS 单独对省调接入网设备供电。

后续要强化设备巡视力度，加强对老旧设备管理和更换。加强过程管控，与交直流电源、通信等相关工作时必须做好危险因素的分析，制订预防和控制措施，要不断总结经验，提高自身的技能水平。

附录A

某220kV变电站设备保护装置台账

表 A.1 保 护 装 置

设 备 名 称	型 号	厂家
220kV 部分		
220kV $^\#$1 线第一线路套保护	PSL－603UA－DA－G	国电南自
220kV $^\#$1 线第二套线路保护	PCS－931A－DA－G	南瑞继保
220kV $^\#$2 线第一套线路保护	PSL－603UA－DA－G	国电南自
220kV $^\#$2 线第二套线路保护	PCS－931A－DA－G	南瑞继保
220kV $^\#$3 线第一线路套保护	PSL－603UA－DA－G	国电南自
220kV $^\#$3 线第二套线路保护	PCS－931A－DA－G	南瑞继保
220kV $^\#$4 线第一套线路保护	PSL－603UA－DA－G	国电南自
220kV $^\#$4 线第二套线路保护	PCS－931A－DA－G	南瑞继保
220kV $^\#$1 母联第一套保护	PCS－923A－DA－G	南瑞继保
220kV $^\#$1 母联第二套保护	NSR－322CA－DA－GCN	南瑞科技
220kV $^\#$2 母联第一套保护	PCS－923A－DA－G	南瑞继保
220kV $^\#$2 母联第二套保护	NSR－322CA－DA－GCN	南瑞科技
220kV 副母分段第一套保护	PCS－923A－DA－G	南瑞继保
220kV 副母分段第二套保护	NSR－322CA－DA－GCN	南瑞科技
220kV 母线第一套保护	PCS－915D－DA－G	南瑞继保
220kV 母线第二套保护	NSR－371D－DA－GCN	南瑞科技
主变部分		
$^\#$1 主变第一套保护	PCS－978T2－DA－G	南瑞继保
$^\#$1 主变第二套保护	NSR－378T2－DA－GCN	南瑞科技

续表

设 备 名 称	型 号	厂家
#2 主变第一套保护	PCS‑978T2‑DA‑G	南瑞继保
#2 主变第二套保护	NSR‑378T2‑DA‑GCN	南瑞科技
110kV 部分		
110kV #1 线线路保护测控装置	NSR‑304DA‑DA‑GCN‑C	南瑞科技
110kV #2 线线路保护测控装置	NSR‑304DA‑DA‑GCN‑C	南瑞科技
110kV #3 线线路保护测控装置	NSR‑304DA‑DA‑GCN‑C	南瑞科技
110kV #4 线线路保护测控装置	NSR‑304DA‑DA‑GCN‑C	南瑞科技
110kV #5 线线路保护测控装置	NSR‑304DA‑DA‑GCN‑C	南瑞科技
110kV #6 线路保护测控装置	NSR‑304DA‑DA‑GCN‑C	南瑞科技
110kV 母分 1 开关保护测控装置	NSR‑322CDA‑DA‑GCN‑C	南瑞科技
110kV 母线保护	PCS‑915DL‑DA‑GCN	南瑞继保
35kV 部分		
35kV 电容器 1 保护测控装置	NSR‑3620A‑GZK	南瑞科技
35kV 电容器 2 保护测控装置	NSR‑3620A‑GZK	南瑞科技
35kV 电容器 3 保护测控装置	NSR‑3620A‑GZK	南瑞科技
35kV 电容器 4 保护测控装置	NSR‑3620A‑GZK	南瑞科技
35kV 电抗器 1 保护测控装置	NSR‑3670A‑GZK	南瑞科技
35kV 电抗器 1 尾开关保护测控装置	NSR‑3670A‑GZK	南瑞科技
35kV 电抗器 2 保护测控装置	NSR‑3670A‑GZK	南瑞科技
35kV 电抗器 2 尾开关保护测控装置	NSR‑3670A‑GZK	南瑞科技
35kV 接地变 1 保护测控装置	NSR‑3697A‑GZK	南瑞科技
35kV 接地变 2 保护测控装置	NSR‑3697A‑GZK	南瑞科技
35kV 母线保护	PCS‑915AL‑G	南瑞继保

表 A.2　　　　　合 并 单 元

设 备 名 称	型 号	厂家
220kV 部分		
220kV #1 线第一套合并单元	HZD‑813MJB‑A‑G	南京合智
220kV #1 线第二套合并单元	UDM‑502MJA‑A‑G	思源弘瑞
220kV #2 线第一套合并单元	HZD‑813MJB‑A‑G	南京合智
220kV #2 线第二套合并单元	UDM‑502MJA‑A‑G	思源弘瑞
220kV #3 线第一套合并单元	HZD‑813MJB‑A‑G	南京合智
220kV #3 线第二套合并单元	UDM‑502MJA‑A‑G	思源弘瑞
220kV #4 线第一套合并单元	HZD‑813MJB‑A‑G	南京合智
220kV #4 线第二套合并单元	UDM‑502MJA‑A‑G	思源弘瑞

续表

设 备 名 称	型 号	厂家
220kV #1 母联第一套合并单元	HZD – 813MJB – A – G	南京合智
220kV #1 母联第二套合并单元	UDM – 502MJA – A – G	思源弘瑞
220kV #2 母联第一套合并单元	HZD – 813MJB – A – G	南京合智
220kV #2 母联第二套合并单元	UDM – 502MJA – A – G	思源弘瑞
220kV 副母分段第一套合并单元	HZD – 813MJB – A – G	南京合智
220kV 副母分段第二套合并单元	UDM – 502MJA – A – G	思源弘瑞
#1 主变 220kV 第一套合并单元	HZD – 813MJB – A – G	南京合智
#1 主变 220kV 第二套合并单元	UDM – 502MJA – A – G	思源弘瑞
#1 主变中性点第一套合并单元	HZD – 813MJB – A – G	南京合智
#1 主变中性点第二套合并单元	HZD – 813MJB – A – G	南京合智
#2 主变 220kV 第一套合并单元	HZD – 813MJB – A – G	南京合智
#2 主变 220kV 第二套合并单元	UDM – 502MJA – A – G	思源弘瑞
#2 主变中性点第一套合并单元	HZD – 813MJB – A – G	南京合智
#2 主变中性点第二套合并单元	HZD – 813MJB – A – G	南京合智
220kV 第一套母线合并单元	HZD – 813MMB – A – G	南京合智
220kV 第二套母线合并单元	HZD – 813MMB – A – G	南京合智
110kV 部分		
110kV #1 线合智一体	UDM – 502MIA – A – G	思源弘瑞
110kV #2 线合智一体	UDM – 502MIA – A – G	思源弘瑞
110kV #3 线合智一体	UDM – 502MIA – A – G	思源弘瑞
110kV #4 线合智一体	UDM – 502MIA – A – G	思源弘瑞
110kV #5 线合智一体	UDM – 502MIA – A – G	思源弘瑞
110kV #6 线合智一体	UDM – 502MIA – A – G	思源弘瑞
110kV 分段 1 合智一体	UDM – 502MIA – A – G	思源弘瑞
#1 主变 110kV 第一套合智一体	HZD – 813IMA – G	南京合智
#1 主变 110kV 第二套合智一体	UDM – 502MIA – A – G	思源弘瑞
#2 主变 110kV 第一套合智一体	HZD – 813IMA – G	南京合智
#2 主变 110kV 第二套合智一体	UDM – 502MIA – A – G	思源弘瑞
110kV 第一套母线合并单元	UDM – 502 – MMB – A – G	思源弘瑞
110kV 第二套母线合并单元	UDM – 502 – MMB – A – G	思源弘瑞
35kV 部分		
#1 主变 35kV 第一套合智一体	HZD – 813IMA – G	南京合智
#1 主变 35kV 第二套合智一体	UDM – 502MIA – A – G	思源弘瑞
#2 主变 35kV 第一套合智一体	HZD – 813IMA – G	南京合智
#2 主变 35kV 第二套合智一体	UDM – 502MIA – A – G	思源弘瑞

表 A.3　　　　　　　　　　　　　　智　能　终　端

设 备 名 称	型　号	厂家
220kV 部分		
220kV #1 线第一套智能终端	HZD – 813ILB – G	南京合智
220kV #1 线第二套智能终端	UDM – 501ILB – G	思源弘瑞
220kV #2 线第一套智能终端	HZD – 813ILB – G	南京合智
220kV #2 线第二套智能终端	UDM – 501ILB – G	思源弘瑞
220kV #3 线第一套智能终端	HZD – 813ILB – G	南京合智
220kV #3 线第二套智能终端	UDM – 501ILB – G	思源弘瑞
220kV #4 线第一套智能终端	HZD – 813ILB – G	南京合智
220kV #4 线第二套智能终端	UDM – 501ILB – G	思源弘瑞
220kV #1 母联第一套智能终端	HZD – 813ILB – G	南京合智
220kV #1 母联第二套智能终端	UDM – 501ILB – G	思源弘瑞
220kV #2 母联第一套智能终端	HZD – 813ILB – G	南京合智
220kV #2 母联第二套智能终端	UDM – 501ILB – G	思源弘瑞
220kV 副母分段第一套智能终端	HZD – 813ILB – G	南京合智
220kV 副母分段第二套智能终端	UDM – 501ILB – G	思源弘瑞
#1 主变 220kV 第一套智能终端	HZD – 813ILB – G	南京合智
#1 主变 220kV 第二套智能终端	UDM – 501ILB – G	思源弘瑞
#1 主变本体智能终端	HZD – 813ITA – G	南京合智
#2 主变 220kV 第一套智能终端	HZD – 813ILB – G	南京合智
#2 主变 220kV 第二套智能终端	UDM – 501ILB – G	思源弘瑞
#2 主变本体智能终端	HZD – 813ITA – G	南京合智
220kV 正母智能终端	HZD – 813ILA – G	南京合智
220kV 副母 I 段智能终端	HZD – 813ILA – G	南京合智
220kV 副母 II 段智能终端	HZD – 813ILA – G	南京合智
110kV 部分		
110kV #1 线合智一体	UDM – 502MIA – A – G	思源弘瑞
110kV #2 线合智一体	UDM – 502MIA – A – G	思源弘瑞
110kV #3 线合智一体	UDM – 502MIA – A – G	思源弘瑞
110kV #4 线合智一体	UDM – 502MIA – A – G	思源弘瑞
110kV #5 线合智一体	UDM – 502MIA – A – G	思源弘瑞
110kV #6 线合智一体	UDM – 502MIA – A – G	思源弘瑞
110kV 分段 1 合智一体	UDM – 502MIA – A – G	思源弘瑞
#1 主变 110kV 第一套合智一体	HZD – 813IMA – G	南京合智
#1 主变 110kV 第二套合智一体	UDM – 502MIA – A – G	思源弘瑞
#2 主变 110kV 第一套合智一体	HZD – 813IMA – G	南京合智

设　备　名　称	型　　号	厂家
#2 主变 110kV 第二套合智一体	UDM－502MIA－A－G	思源弘瑞
110kV Ⅰ母智能终端	UDM－501ILA－G	思源弘瑞
110kV Ⅱ母智能终端	UDM－501ILA－G	思源弘瑞
110kV Ⅲ母智能终端	UDM－501ILA－G	思源弘瑞
35kV 部分		
#1 主变 35kV 第一套合智一体	HZD－813IMA－G	南京合智
#1 主变 35kV 第二套合智一体	UDM－502MIA－A－G	思源弘瑞
#2 主变 35kV 第一套合智一体	HZD－813IMA－G	南京合智
#2 主变 35kV 第二套合智一体	UDM－502MIA－A－G	思源弘瑞

附录B

某500kV变电站设备保护装置台账

表 B. 1 保护装置

设 备 名 称	型 号	厂家
#2主变第一套电气量保护	PST1200U	国电南自
#2主变第二套电气量保护	PST1200U	国电南自
#2主变非电量保护	PST1210B1	国电南自
#3主变第一套电气量保护	PST1200U	国电南自
#3主变第二套电气量保护	PST1200U	国电南自
#3主变非电量保护	PST1210B1	国电南自
500kV#1线路第一套保护	CSC103A/E	北京四方
500kV#1线路第一套远跳就地判别装置	CSC125A/E	北京四方
500kV#1线路第二套保护	PCS931	南瑞继保
500kV#1线路第二套远跳就地判别装置	PCS925	南瑞继保
500kV#2线路第一套保护	CSC103A/E	北京四方
500kV#2线路第一套远跳就地判别装置	CSC125A/E	北京四方
500kV#2线路第二套保护	PCS931	南瑞继保
500kV#2线路第二套远跳就地判别装置	PCS925	南瑞继保
5011开关第一套保护	CSC121A/E	北京四方
5011开关第二套保护	PCS921	南瑞继保
5012开关第一套保护	CSC121A/E	北京四方
5012开关第二套保护	PCS921	南瑞继保
5021开关第一套保护	CSC121A/E	北京四方
5021开关第二套保护	PCS921	南瑞继保

设 备 名 称	型 号	厂家
5022 开关第一套保护	CSC121A/E	北京四方
5022 开关第二套保护	PCS921	南瑞继保
5023 开关第一套保护	CSC121A/E	北京四方
5023 开关第二套保护	PCS921	南瑞继保
5031 开关第一套保护	CSC121A/E	北京四方
5031 开关第二套保护	PCS921	南瑞继保
5032 开关第一套保护	CSC121A/E	北京四方
5032 开关第二套保护	PCS921	南瑞继保
500kV I 母第一套母线保护	PCS915	南瑞继保
500kV I 母第二套母线保护	BP2C	深圳南瑞
500kV II 母第一套母线保护	PCS915	南瑞继保
500kV II 母第二套母线保护	BP2C	深圳南瑞
500kV #1 故障录波器	ZH - 3D	中元华电
500kV #2 故障录波器	ZH - 3D	中元华电
500kV #3 故障录波器	ZH - 3D	中元华电
220kV #1 线路第一套保护	PSL603U	国电南自
220kV #1 线路第二套保护	PCS931	南瑞继保
220kV #2 线路第一套保护	PSL603U	国电南自
220kV #2 线路第二套保护	PCS931	南瑞继保
220kV #3 线路第一套保护	PSL603U	国电南自
220kV #3 线路第二套保护	PCS931	南瑞继保
220kV #4 线路第一套保护	PSL603U	国电南自
220kV #4 线路第二套保护	PCS931	南瑞继保
220kV #5 线路第一套保护	PSL603U	国电南自
220kV #5 线路第二套保护	PCS931	南瑞继保
220kV #6 线路第一套保护	PSL603U	国电南自
220kV #6 线路第二套保护	PCS931	南瑞继保
220kV #7 线路第一套保护	PSL603U	国电南自
220kV #7 线路第二套保护	PCS931	南瑞继保
220kV #8 线路第一套保护	PSL603U	国电南自
220kV #8 线路第二套保护	PCS931	南瑞继保
200kV #1 母联充电保护	PCS923	南瑞继保
200kV #2 母联充电保护	PCS923	南瑞继保
220kV 正母分段充电保护	PCS923	南瑞继保
220kV 副母分段充电保护	PCS923	南瑞继保

设 备 名 称	型 号	厂家
220kV 母差保护第一套[#]1BP	BP2C	深圳南瑞
220kV 母差保护第一套[#]2BP	BP2C	深圳南瑞
220kV 母差保护第二套[#]1PCS	PCS915	南瑞继保
220kV 母差保护第二套[#]2PCS	PCS915	南瑞继保
220kV[#]1 故障录波器	PCS996	南瑞继保
220kV[#]2 故障录波器	PCS996	南瑞继保
[#]2 主变[#]1 电抗保护	CSC - 231AC	北京四方
[#]3 主变[#]1 电抗保护	CSC - 231AC	北京四方
[#]3 主变[#]3 电容器保护	CSC - 231BC	北京四方
[#]0 所用变保护	CSC - 231CC	北京四方
[#]1 所用变保护	CSC - 231CC	北京四方
[#]2 所用变保护	CSC - 231CC	北京四方
[#]2 主变 LC 投切装置	CSC - 221C	北京四方
[#]3 主变 LC 投切装置	CSC - 221C	北京四方

表 B. 2   智 能 终 端

设 备 名 称	型 号	厂家
[#]2 主变 220 第一套智能终端	PSIU602	国电南自
[#]2 主变 220 第二套智能终端	PSIU602	国电南自
[#]2 主变第一套非电量智能终端	PSIU 601	国电南自
[#]2 主变第二套非电量智能终端	PSIU 601	国电南自
[#]3 主变第一套智能终端	PSIU602	国电南自
[#]3 主变第一套非电量智能终端	PST1200	国电南自
[#]3 主变第二套非电量智能终端	PST1200	国电南自
[#]3 主变第二套智能终端	PCS222B	南瑞继保
5011 开关第一套智能终端	JFZ600	北京四方
5011 开关第二套智能终端	PCS222B	南瑞继保
5012 开关第一套智能终端	JFZ600	北京四方
5012 开关第二套智能终端	PCS222B	南瑞继保
5021 开关第一套智能终端	JFZ600	北京四方
5021 开关第二套智能终端	PCS222B	南瑞继保
5022 开关第一套智能终端	JFZ600	北京四方
5022 开关第二套智能终端	PCS222B	南瑞继保
5023 开关第一套智能终端	JFZ600	北京四方
5023 开关第二套智能终端	PCS222B	南瑞继保
5031 开关第一套智能终端	JFZ600	北京四方

设 备 名 称	型　　号	厂家
5031 开关第二套智能终端	PCS222B	南瑞继保
5032 开关第一套智能终端	JFZ600	北京四方
5032 开关第二套智能终端	PCS222B	南瑞继保
220kV#1 线路第一套智能终端	PSIU601	国电南自
220kV#1 线路第二套智能终端	PCS222B	南瑞继保
220kV#2 线路第一套智能终端	PSIU601	国电南自
220kV#2 线路第二套智能终端	PCS222B	南瑞继保
220kV#3 线路第一套智能终端	PSIU601	国电南自
220kV#3 线路第二套智能终端	PCS222B	南瑞继保
220kV#4 线路第一套智能终端	PSIU601	国电南自
220kV#4 线路第二套智能终端	PCS222B	南瑞继保
220kV#5 线路第一套智能终端	PSIU601	国电南自
220kV#5 线路第二套智能终端	PCS222B	南瑞继保
220kV#6 线路第一套智能终端	PSIU601	国电南自
220kV#6 线路第二套智能终端	PCS222B	南瑞继保
220kV#7 线路第一套智能终端	PSIU601	国电南自
220kV#7 线路第二套智能终端	PCS222B	南瑞继保
220kV#8 线路第一套智能终端	PSIU601	国电南自
220kV#8 线路第二套智能终端	PCS222B	南瑞继保
#1 母联第一套智能终端	PCS222B	南瑞继保
#1 母联第二套智能终端	PCS222B	南瑞继保
#2 母联第一套智能终端	PCS222B	南瑞继保
#2 母联第二套智能终端	PCS222B	南瑞继保
正母分段第一套智能终端	PCS222B	南瑞继保
正母分段第二套智能终端	PCS222B	南瑞继保
副母分段第一套智能终端	PCS222B	南瑞继保
副母分段第二套智能终端	PCS222B	南瑞继保
220kVⅠ母母设智能终端	PCS222B	南瑞继保
220kVⅡ母母设智能终端	PCS222B	南瑞继保
220kVⅢ母母设智能终端	PCS222B	南瑞继保
220kVⅣ母母设智能终端	PCS222B	南瑞继保
500kVⅠ母母设智能终端	PCS222B	南瑞继保
500kVⅡ母母设智能终端	PCS222B	南瑞继保

附录C

常规变电站标准化作业指导卡

C.1 常规变电站线路保护新安装检验标准化作业指导卡

表 C.1   铭 牌 及 版 本 数 据

序号	装置名称	装置型号	生产厂家	版本/CRC 码
1				
2				

表 C.2   所 需 仪 器 仪 表

序号	试验仪器名称	设备型号	编 号
1			
2			

表 C.3   逆 变 电 源 试 验

	检 查 内 容	检查结果
电源检查	自启动电压测试	闭合直流电源插件的电源开关,试验直流电源由零缓慢升至80%额定电压值,装置运行指示灯应正确点亮,且无异常现象	
	80%额定工作电压测试	直流电源调至80%额定电压,保护装置应稳定工作	
拉合直流电源	拉合一次直流工作电源,装置应可靠稳定,不误动,不误发信号	

表 C.4   保护屏、室外柜(智能控制柜、汇控柜、端子箱)检查、清扫及外观检查

检查项目	检 查 内 容	检查结果
保护屏、室外柜外观检查	保护屏、室外柜的外形应端正,无机械损伤及变形现象;各构成装置应固定良好,无松动现象;各装置端子排的连接应可靠,所置标号应正确、清晰	

检查项目	检查内容	检查结果
保护屏、室外柜内接线检查	保护屏、室外柜内的连接线应牢固、可靠，无松脱、折断；接地点应连接牢固且接地良好，并符合设计要求	
保护屏、室外柜内装置检查	保护屏、室外柜的保护装置的各组件应完好无损，其交、直流额定值及辅助电流变换器的参数应与设计一致；各组件应插拔自如、接触可靠，组件上无跳线；组件上的焊点应光滑、无虚焊；复归按钮、电源开关的通断位置应明确且操作灵活；继电器应清洁，无受潮、积尘	
保护屏、室外柜内元件检查	柜体内交直流空气开关、操作把手、按钮、压板等元件标识规范、清晰、正确，命名采用双重名称，对应关系正确	

表 C.5　　　　　　　　　　保护屏上压板检查

内　容	结　果
压板端子接线是否符合反措要求	
压板端子接线压接是否良好	
压板外观检查情况	

表 C.6　　　　　　　　　　对　时　检　查

内　容	结　果
时钟检查及掉电保持功能检查	

表 C.7　　　　　　　　　　电流二次回路检查检查

内　容	结　果
检查电流二次回路的接地点与接地状况，电流互感器的二次回路应分别且只能有一点接地；由几组电流互感器二次组合的电流回路，应在有直接电气连接处一点接地	
经控制室零相小母线（N600）连通的几组电压互感器二次回路，只应在控制室将 N600 一点接地，各电压互感器二次中性点在开关场的接地点应断开	
独立的、与其他互感器二次回路没有直接电气联系的二次回路，可以在控制室也可以在开关场实现一点接地	
来自电压互感器二次回路的 4 根开关场引入线和互感器三次回路的 2（3）根开关场引入线应分开，不得共用	

表 C.8　　　　　　　　　　大电流试验端子检查

内　容	结　果
大电流试验端子下柱接电流互感器侧，上柱接保护侧	
紧固大电流试验端子，同时大电流端子背板采用绝缘材料	
结合检修对相关大电流试验端子进行清扫	

表 C. 9　　　　　　　　　　　图纸核对及保护台账检查

内　　容	结　　果
检查现场图纸与实际接线是否一致	

表 C. 10　　　　　　　　　　　屏 蔽 接 地 检 查

内　　容	结　　果
检查保护引入、引出电缆是否为屏蔽电缆	
检查全部屏蔽电缆的屏蔽层是否两端接地	
检查各接地端子的连接处连接是否可靠	

表 C. 11　　　　　　　　　　　"排雷"重点项目检查

序号	"雷点"	整 改 措 施	整改情况
1	断路器机构防跳继电器底座接触不良或继电器异常	对防跳继电器进行紧固排查，若存在管脚脱落的情况，更换防跳继电器或底座	
2	操作箱防跳回路拆除不彻底	防跳功能由机构本体实现，操作箱防跳功能取消采用短接继电器辅助接点的方式	
3	断路器机构防跳继电器动作时间大于断路器辅接点动作时间	若防跳功能失效原因为防跳继电器动作时间大于断路器辅接点动作时间，更换成快速型防跳继电器或将断路器辅接点更换成慢速接点	
4	平高断路器机构防跳继电器前短接片未连接，西门子断路器机构防跳继电器前串接远方/就地切换断路器 S8 接点	防跳功能由断路器机构本体实现，平高断路器机构防跳回路应投入短接片（若设计）；西门子远方/就地切换断路器 S8 辅助接点串入防跳回路，需短接退出	
5	操作箱（智能终端）跳位监视继电器与机构防跳继电器线圈内阻配合不当	采用断路器机构防跳时，应防止操作箱（智能终端）跳位监视继电器与机构防跳继电器产生寄生回路，导致合闸回路断开。在合闸监视回路中串入断路器位置或机构防跳辅助接点等措施隔离	
6	断路器机构本体三相不一致时间继电器动作特性偏移	对于动作时间不正常的或列入反措清单的继电器进行更换并重新进行动作时间测试	
7	ABB断路器机构的三相不一致中间继电器底座备用端子未紧固（RELECO 公司生产中间继电器）	若存在明显的端子松动现象，申请停电进行端子紧固，若无法紧固到位，而可判别垫片已经脱落时，应安排进行底座更换。将机构内涉及跳合闸的端子紧固纳入检修项目	
8	跳闸回路端子排连接片两侧未绝缘处理	更换成品连接片（两侧经过绝缘处理），或插入隔片进行隔离	
9	硬压板接线柱塑料壳老化或开裂	更换压板	

表 C.12　　　　　　　　　　反　措　检　查

序号	反　措　内　容	是否执行
1		

表 C.13　　　　　　　　　　开　入　量　检　查

序号	名　　　称	保护装置上端子号	检查结果
1	A 相跳闸位置（TWJA）		
2	B 相跳闸位置（TWJB）		
3	C 相跳闸位置（TWJC）		
4	远方跳闸		
5	沟通三跳		
6	闭锁重合闸（停用重合闸）		
7	通道 A 差动保护投入（纵联差动保护投入）		
8	通道 B 差动保护投入		
9	距离Ⅰ段投入（距离保护投入）		
10	距离Ⅱ段、Ⅲ段投入		
11	零序Ⅰ段投入（零序保护投入）		
12	零序其他段投入		
13	零序反时限投入		
14	检修状态压板投入		
15	闭锁远方跳闸		
16	对时开入		
17	打印开入		
18	信号复归		
19	定值区切换 1		
20	定值区切换 2		
21	通道 A 检修		
22	通道 B 检修		
23	重合闸方式 1		
24	重合闸方式 2		
25	通道试验		
26	单跳启动重合		
27	三跳启动重合		
28	合闸压力降低		
29	投过压保护		

表 C. 14　　　　　　　　　　　　　保护装置输入的模拟量零漂校验

I_A	I_B	I_C	$3I_0$	U_A	U_B	U_C	U_X

表 C. 15　　　　　　　　　　　　　保护装置交流电流幅值特性校验

显示值	外　加　值		
	$0.1I_N$	I_N	$5I_N$
I_A			
I_B			
I_C			
$3I_0$			

表 C. 16　　　　　　　　　　　　　保护装置交流电压幅值特性校验

显示值	外　加　值		
	0V	30V	60V
U_a			
U_b			
U_c			
U_0			
U_x			

表 C. 17　　　　　　　　　　　　　保护装置模拟量输入的相位特性校验

显示值	外　加　值	
	0°	120°
$\Phi U_A - I_A$		
$\Phi U_B - I_B$		
$\Phi U_C - I_C$		
$\Phi U_A - U_B$		
$\Phi U_B - U_C$		
$\Phi U_C - U_A$		

表 C. 18　　　　　　　　　　　　　纵 联 差 动 保 护 校 验

模 拟 故 障 相 别	A 相	B 相	C 相
105%稳态差动Ⅰ段电流/A			
95%稳态差动Ⅰ段电流/A			
120%稳态差动Ⅰ段电流定值下时间测试/ms			
105%稳态差动Ⅱ段电流/A			

模 拟 故 障 相 别	A 相	B 相	C 相
95％稳态差动Ⅱ段电流/A			
120％稳态差动Ⅱ段电流定值下时间测试/ms			
105％零序差动Ⅰ段电流/A			
95％零序差动Ⅰ段电流/A			
120％零序差动Ⅰ段电流定值下时间测试/ms			
105％零序差动Ⅱ段电流/A			
95％零序差动Ⅱ段电流/A			
120％零序差动Ⅱ段电流定值下时间测试/ms			

表 C.19　　　　　　　　纵 联 保 护 校 验

模 拟 故 障 相 别		整定值	AN	BN	CN
纵联距离保护	105％整定值下的动作行为				
	95％整定值下的动作行为				
	70％整定值下动作时间/ms				
纵联零序保护	105％整定值下的动作行为				
	95％整定值下的动作行为				
	120％整定值下动作时间/ms				

表 C.20　　　　　　　　距离Ⅰ段保护定值校验

模拟故障相别	A 相	B 相	C 相	AB 相	BC 相	CA 相	ABC 相
105％整定值下的动作行为							
95％整定值下的动作行为							
70％整定值下的动作时间/ms							

接地距离Ⅰ段整定值：　　　Ω，相间距离Ⅰ段保护整定值：　　　Ω

表 C.21　　　　　　　　距离Ⅱ段保护定值校验

模拟故障相别	A 相	B 相	C 相	AB 相	BC 相	CA 相	ABC 相
105％整定值下的动作行为							
95％整定值下的动作行为							
70％整定值下的动作时间/ms							

接地距离Ⅱ段整定值：　　　Ω，相间距离Ⅱ段保护整定值：　　　Ω

表 C.22　　　　　　　　距离Ⅲ段保护定值校验

模拟故障相别	A 相	B 相	C 相	AB 相	BC 相	CA 相	ABC 相
105％整定值下的动作行为							
95％整定值下的动作行为							

续表

模拟故障相别	A 相	B 相	C 相	AB 相	BC 相	CA 相	ABC 相
70%整定值下的动作时间/ms							

接地距离Ⅲ段整定值： Ω，相间距离Ⅲ段保护整定值： Ω

表 C. 23　　　　　距离保护反方向出口故障性能校验

故 障 相 别	AN 相	BC 相	ABC 相
故障量：$U=0$，$I=6I_N$，$\Phi=180°+\Phi_{sen}$			

表 C. 24　　　　　　零 序 过 流 保 护 校 验

模 拟 故 障 相 别		整定值	A 相	B 相	C 相
零序过流Ⅱ段	105%整定值下的动作行为				
	95%整定值下的动作行为				
	120%整定值下的动作时间/ms				
零序过流Ⅲ段	105%整定值下的动作行为				
	95%整定值下的动作行为				
	120%整定值下的动作时间/ms				

表 C. 25　　　　　　快 速 距 离 保 护 定 值 校 验

模拟故障相别	A 相	B 相	C 相	AB 相	BC 相	CA 相
$m=0.9$ 的动作行为						
$m=1.1$ 的动作行为						
$m=1.2$ 的动作时间/ms						
工频变化量整定值						

注　模拟单相接地故障时，有 $U=(1+k)I_D Z_{set}+(1-1.05m)U_N$。
　　模拟相间短路故障时，有 $U=2I_D Z_{set}+(1-1.05m)\times 3U_N$。

表 C. 26　　　　　　合 闸 于 故 障 保 护 定 值 校 验

保护名称	整定值/A	校验方式	A 相	B 相	C 相
后加速保护		105%整定值动作行为			
		95%整定值动作行为			
		120%整定值动作时间			

表 C. 27　　　　　　低 有 功 功 率 保 护 定 值 校 验

校 验 方 式	A 相	B 相	C 相
105%整定值动作行为			
95%整定值动作行为			
动作时间			

低有功功率定值： W， ms

表 C. 28　　　　　　　　　　　低 电 流 保 护 定 值 校 验

校 验 方 式	A 相	B 相	C 相
105％整定值动作行为			
95％整定值动作行为			
动作时间			

低有功功率定值：　　　A，　　　ms

表 C. 29　　　　　　　　　　　合 闸 于 故 障 线 路 保 护 校 验

保护名称	整定值/A	校验方式	A 相 （加速或不加速）	BC 相 （加速或不加速）	ABC 相 （加速或不加速）
后加速保护		105％整定值动作行为			
		95％整定值动作行为			
		120％整定值动作时间/ms			

表 C. 30　　　　　　　　　　　重 合 闸 无 压 校 验

校验方式	整定值/V	重 合 闸 动 作 情 况
105％整定值下的动作行为		
95％整定值下的动作行为		

表 C. 31　　　　　　　　　　　重 合 闸 同 期 校 验

校验方式	整定值/(°)	重 合 闸 动 作 情 况
105％整定值下的动作行为		
95％整定值下的动作行为		

表 C. 32　　　　　　　　　　　功 率 测 试

光功率测试	结　　　果
光功率计波长	
本侧装置发送功率	
本侧装置接收功率	
收发信机频率	
收信电平	
发信电平	

表 C. 33　　　　　　　　　　　通 道 告 警 检 查

检 查 项 目	结　　　果
失步次数检查情况（针对光差保护测试）	
误码总数检查情况（针对光差保护测试）	

表 C.34　　　保护在两侧断路器分闸状态时的电流传输测试及动作情况

对侧加入电流值		本侧 DSP 上读数	
A 相		I_{da}	
B 相		I_{db}	
C 相		I_{dc}	
对侧差动动作		本侧差动动作	

表 C.35　　　保护在两侧断路器合闸状态时的电流传输测试及动作情况

本侧加故障量		对侧加故障量	
本侧差动动作情况		本侧差动动作情况	

表 C.36　　　　　保 护 远 跳 功 能 检 查

项　目	本侧装置动作情况	断路器动作情况	装置动作信息
受本侧控制时远跳功能			
不受本侧控制时远跳功能			

表 C.37　　　　　　绝　缘　测　试

检查内容	要求值	实测值	检查内容	要求值	实测值
交流电流对地	>10MΩ		交流电流对交流电压	>10MΩ	
交流电压对地	>10MΩ		交流电压对直流电源	>10MΩ	
直流电源对地	>10MΩ		直流电源对跳合接点	>10MΩ	
跳合闸接点对地	>10MΩ		跳合接点对开关量	>10MΩ	
跳合闸接点之间	>10MΩ		开关量输入对地	>10MΩ	
远动、信号对地	>10MΩ		开关量对远动、信号	>10MΩ	

表 C.38　　　　　　继　电　器　检　验

继电器名称	动作值	返回值	接点检查
跳位继电器 TWJ			正确□
合位继电器 HWJ			正确□
跳闸保持继电器 TBJ			正确□
合闸保持继电器 HBJ			正确□
手跳继电器 STJ			正确□
手合继电器 SHJ			正确□
TJR 继电器			正确□
……			

表 C. 39　　　　　　　　　　整　组　检　验

故障相别 （永久性故障）	保护装置动作 情况	保护后加速情况	开关动作情况	保护装置动作信号 面板显示情况	后台机及远方 监控系统信号
A 相					
B 相					
C 相					
AB 相					
ABC 相					

模拟永久性故障进行 A、B、C 分相及三相传动试验，检查开关动作是否正确，后加速功能检验。

表 C. 40　　　　　　　　　　整　组　时　间　测　试

检查内容	起表	停表	起表方法	整定值	实测值
纵联差动保护	试验装置空接点	装置跳闸接点	故障量加入同时起表		
纵联距离保护	试验装置空接点	装置跳闸接点	故障量加入同时起表		
纵联零序保护	试验装置空接点	装置跳闸接点	故障量加入同时起表		
合闸于故障线保护	试验装置空接点	装置跳闸接点	故障量加入同时起表		
重合闸	试验装置空接点	装置跳闸接点	故障量加入同时起表		

表 C. 41　　　　　　　　　　控　制　回　路　检　查

检查内容	远方操作检查断路器 动作情况	就地操作检查断路器 动作情况	断路器动作后测控信号 是否正确无误	断路器操作过程中是否 有异常现象
控制回路检查	正确□	正确□	正确□	无□
检查内容	第一组操作电源动作情况		第二组操作电源动作情况	
双操作电源 独立性检查				

表 C. 42　　　　　　　　　　状　态　检　查

状 态 检 查 内 容	结果
工作负责人周密检查施工现场，检查施工现场是否有遗留的工具、材料	
自验收情况检查	
验收传动结束后，应清除所有保护装置内部的事件报告	
结束工作票前，按一下所有微机保护装置面板复位按钮，使装置复位，屏面信号及各种装置状态正常，以防保护装置处于不正常运行状态下	
检查安全措施是否已全部恢复	
工作中临时所做好安全措施（如临时短接线）是否已全部恢复	
检查各压板、切换开关位置及断路器位置是否恢复至工作许可时的状态	

表 C. 43 　　　　　　　　　　　　整 定 单 核 对

整定单核对			
整定单编号	整定单定值和实际定值是否一致	整定单上的设备型号和实际设备型号是否一致	实际电流互感器变比是否符合整定整单要求
校验负责人签名		校验人员签名	

表 C. 44 　　　　　　　　　　　　校 验 工 作 终 结

自检记录	记录改进和更换的零部件及改动的二次回路			
	发现问题及处理情况			
	遗留问题			
	校验结论			
校验日期		校验负责人		校验人员		审核人	

C.2　常规变电站线路保护定期检验标准化作业指导卡

表 C. 45 　　　　　　　　　　　　铭 牌 数 据

序号	装置名称	装置型号	生产厂家	版本/CRC 码
1				
2				

表 C. 46 　　　　　　　　　　　　所 需 仪 器 仪 表

序号	试验仪器名称	设备型号	编　　号
1			
2			

表 C. 47 　　　　　　　　　　　　保护装置直流电源试验

检查内容	检 查 要 求	检查结果
拉合直流电源	拉合一次直流工作电源，装置应可靠稳定，不误动，不误发信号	

表 C. 48　　保护屏、室外柜（智能控制柜、汇控柜、端子箱）检查、清扫及外观检查

检查项目	检 查 内 容	检查结果
保护屏、室外柜外观检查	保护屏、室外柜的外形应端正，无机械损伤及变形现象；各构成装置应固定良好，无松动现象；各装置端子排的连接应可靠，所置标号应正确、清晰	
保护屏、室外柜内接线检查	保护屏、室外柜内的连接线应牢固、可靠，无松脱、折断；接地点应连接牢固且接地良好，并符合设计要求	

检查项目	检 查 内 容	检查结果
保护屏、室外柜内装置检查	保护屏、室外柜的保护装置的各组件应完好无损，其交、直流额定值及辅助电流变换器的参数应与设计一致；各组件应插拔自如、接触可靠，组件上无跳线；组件上的焊点应光滑、无虚焊；复归按钮、电源开关的通断位置应明确且操作灵活；继电器应清洁，无受潮、积尘	
保护屏、室外柜内元件检查	柜体内交直流空气开关、操作把手、按钮、压板等元件标识规范、清晰、正确，命名采用双重名称，对应关系正确	

表 C. 49　　　　　　　　　　开 入 量 检 查

序号	名 称	保护装置上端子号	检查结果
1	检修压板投入		
2	信号复归		
3	投主保护		
4	投闭重		
5	TWJA		
6	TWJB		
7	TWJC		
8	合闸压力低闭锁		
9	远跳		
10	远传		
11	其他开入量1		
12	其他开入量2		

表 C. 50　　　　　　　保护装置输入的模拟量零漂校验

I_A	I_B	I_C	$3I_0$	U_A	U_B	U_C	U_X

表 C. 51　　　　　　　保护装置交流电流幅值特性校验

显示值	外 加 值		
	$0.1I_N$	I_N	$5I_N$
I_A			
I_B			
I_C			
$3I_0$			

表 C. 52　　　　　　　　　　　保护装置交流电压幅值特性校验

显示值	外　加　值		
	1V	30V	60V
U_a			
U_b			
U_c			
U_0			
U_x			

表 C. 53　　　　　　　　　　　保护装置模拟量输入的相位特性校验

显示值	外　加　值	
	0°	120°
$\Phi U_A - I_A$		
$\Phi U_B - I_B$		
$\Phi U_C - I_C$		
$\Phi U_A - U_B$		
$\Phi U_B - U_C$		
$\Phi U_C - U_A$		

表 C. 54　　　　　　　　　　　绝　缘　测　试

检　查　内　容	试　验　结　果
交流电流回路对地	
交流电压回路对地	
直流电压回路对地	
交直流回路之间	
跳、合闸回路之间	
跳、合闸回路对地	

表 C. 55　　　　　　　　　　　整　组　检　验

检查相别	检查内容	保护装置动作情况	开关动作情况	整组动作时间	保护装置面板动作信号显示情况	后台机信号
A	永久性故障主保护动作					
B	永久性故障距离保护动作					
C	永久性故障零序过流保护动作					

表 C. 56 　　　　　控 制 回 路 检 查

检查内容	远方操作检查断路器动作情况	就地操作检查断路器动作情况	断路器动作后测控信号是否正确无误	断路器操作过程中是否有异常现象
控制回路检查	正确□	正确□	正确□	无□
检查内容	第一组操作电源动作情况		第二组操作电源动作情况	
双操作电源独立性检查				

表 C. 57 　　　　　状 态 检 查

状 态 检 查 内 容	结　果
工作负责人周密检查施工现场，检查施工现场是否有遗留的工具、材料	
自验收情况检查	
验收传动结束后，应清除所有保护装置内部的事件报告	
结束工作票前，按一下所有微机保护装置面板复位按钮，使装置复位，屏面信号及各种装置状态正常，以防保护装置处于不正常运行状态下	
检查安全措施是否已全部恢复	
工作中临时所做好安全措施（如临时短接线）是否已全部恢复	
检查各压板、切换开关位置及断路器位置是否恢复至工作许可时的状态	

表 C. 58 　　　　　整 定 单 核 对

整 定 单 核 对			
整定单编号	整定单定值和实际定值是否一致	整定单上的设备型号和实际设备型号是否一致	实际电流互感器变比是否符合整定整单要求
校验负责人签名		校验人员签名	

表 C. 59 　　　　　校 验 工 作 终 结

自检记录	记录改进和更换的零部件及改动的二次回路			
	发现问题及处理情况			
	遗留问题			
	校验结论			
校验日期		校验负责人	校验人员	审核人

附录D

智能变电站标准化作业指导卡

D.1 智能变电站线路保护新安装检验标准化作业指导卡

表 D.1　　　　　　　　　　　　　设 备 数 据

线路保护装置			
装置型号		装置直流电压	
装置版本信息		配置文件版本信息	
装置 IP 地址		子网掩码	
智能终端			
装置型号		装置直流电压	
装置版本信息		配置文件版本信息	
合并单元			
装置型号		装置直流电压	
装置版本信息		配置文件版本信息	
SV 报文			
MAC 地址		目的地址	
VLAN ID		APP ID	
优先级			
GOOSE 报文			
MAC 地址		目的地址	
VLAN ID		APP ID	
优先级			

表 D. 2　　　　　　　　　　　　所 需 仪 器 仪 表

序号	试验仪器名称	设备型号	编　　号
1			
2			

表 D. 3　　　　　　　　　　　　逆 变 电 源 检 查

检查项目		检查内容	检查结果
电源检查	自启动电压测试	闭合直流电源插件的电源开关，试验直流电源由零缓慢升至80%额定电压值，装置运行指示灯应正确点亮，且无异常现象	
	80%额定工作电压测试	直流电源调至80%额定电压，装置应稳定工作	
拉合直流电源		拉合一次直流工作电源，装置应可靠稳定，不误动，不误发信号	

表 D. 4　　　　　　保护屏、室外柜（智能控制柜、汇控柜、端子箱）
检查、清扫及外观检查

检查项目	检 查 内 容	检查结果
保护屏、室外柜外观检查	保护屏、室外柜的外形应端正，无机械损伤及变形现象；各构成装置应固定良好，无松动现象；各装置端子排的连接应可靠，所置标号应正确、清晰	合格□
保护屏、室外柜内接线检查	保护屏、室外柜内的连接线应牢固、可靠，无松脱、折断；接地点应连接牢固且接地良好，并符合设计要求	合格□
保护屏、室外柜内装置检查	保护屏、室外柜的保护装置的各组件应完好无损，其交、直流额定值及辅助电流变换器的参数应与设计一致；各组件应插拔自如、接触可靠，组件上无跳线；组件上的焊点应光滑、无虚焊；复归按钮、电源开关的通断位置应明确且操作灵活；继电器应清洁，无受潮、积尘	合格□
保护屏、室外柜内元件检查	柜体内交直流空气开关、操作把手、按钮、压板等元件标识规范、清晰、正确，命名采用双重名称，对应关系正确	合格□
光纤回路	按照设计图纸检查光纤回路的正确性，包括保护设备、合并单元、交换机、智能终端之间的光纤回路，检查光纤弯曲半径符合要求，光纤接头干净且连接牢靠，无通道报警信号	合格□

表 D.5   压 板 检 查

检查内容	检查结果
压板端子接线是否符合反措要求	正确□
压板端子接线压接是否良好	良好□
压板外观检查情况	合格□

表 D.6   智能组件柜屏蔽接地检查

检查内容	检查结果
检查保护引入、引出电缆是否为屏蔽电缆	
检查全部屏蔽电缆的屏蔽层是否两端接地	
检查保护屏底部的下面是否构造一个专用的接地铜网格，智能组件柜的专用接地端子是否用大于 6mm^2 截面铜线联接到此铜网格上	
并检查各接地端子的连接处连接是否可靠	

表 D.7   合并单元发送 SV 报文检验

检查项目	检 查 内 容	检查结果
SV 报文丢帧率测试	检验 SV 报文的丢帧率，10min 不丢帧	
SV 报文完整性测试	检验 SV 报文中序号的连续性，SV 报文的序号应从 0 连续增加到 $50N-1$（N 为第周波采样点数），再恢复到 0，任意相信两帧 SV 报文的序号应连续	
SV 报文发送频率测试	80 点采样时，SV 报文应每一个采样点一帧报文，SV 报文的发送频率应与采样点频率一致，即 1 个 APDU 包含 1 个 ASDU	
SV 报文发送间隔离散度测试	检验 SV 报文发送间隔是否等于理论值（$20/N\text{ms}$，N 为每周波采样点数），测出的间隔抖动应在 $\pm 10\mu s$ 之内	

表 D.8   合并单元检修状态测试（仅做本间隔内测试）

信号功能	检查结果	备　注
检修压板状态一致	正确□	保护正确动作
检修压板状态不一致	正确□	保护不动作

表 D.9   合并单元准确度幅值误差测试

保护电流通道	0	100% I_n
I_A1		
I_A2		
I_B1		
I_B2		

保护电流通道	0		100％ I_n		
I_{C1}					
I_{C2}					
要求	—		＜±1％		
测量电流通道	0	5％ I_n	20％ I_n	100％ I_n	120％ I_n
I_A					
I_B					
I_C					
要求（0.1）	—	＜±0.1％			
要求（0.2）	—	＜±0.2％			
要求（0.5）	—	＜±0.5％			
要求（1.0）	—	＜±1.0％			
保护电压通道	0	2％ U_n	5％ U_n	100％ U_n	120％ U_n	150％ U_n	190％ U_n
U_{X1}							
U_{X2}							
要求	—	＜±6％	＜±3％				

表 D. 10　　　　　　　　　　**合并单元准确度相位误差测试**

保护电流通道	100％ I_n			
I_{A1}				
I_{A2}				
I_{B1}				
I_{B2}				
I_{C1}				
I_{C2}				
要求	＜±60′			
测量电流通道	5％ I_n	20％ I_n	100％ I_n	120％ I_n
I_A				
I_B				
I_C				
要求（0.1）	＜±15′	＜±8′	＜±5′	＜±5′
要求（0.2）	＜±30′	＜±15′	＜±10′	＜±10′
要求（0.5）	＜±90′	＜±45′	＜±30′	＜±30′
要求（1.0）	＜±180′	＜±90′	＜±60′	＜±60′

保护电压通道	0	2％ U_n	5％ U_n	100％ U_n	120％ U_n	150％ U_n	190％ U_n
U_{X1}							

续表

保护电压通道	0	2% U_n	5% U_n	100% U_n	120% U_n	150% U_n	190% U_n
U_{X2}							
要求	—	<±240′	<±120′				

表 D.11　　　　　合 并 单 元 采 样 测 试

序号	检验项目	检验结果	备注
1	MU 电压切换测试	合格□	
2	传输延时测试	合格□	
3	MU 级联测试	合格□	

表 D.12　　　　　光 纤 回 路 测 试

合并单元通信接口检查		
接口	检查项目	
点对点装置	端口名称	
	发送功率	
过程层交换机	端口名称	
	发送功率	
	接收功率	
	最小接收功率	
	光纤衰耗	

智能终端通信接口检查		
接口	检查项目	
点对点装置	端口名称	
	发送功率	
	接收功率	
	最小接收功率	
	光纤衰耗	
过程层交换机	端口名称	
	发送功率	
	接收功率	
	最小接收功率	
	光纤衰耗	

保护装置通信接口检查		
接口	检查项目	
智能终端	端口名称	
	发送功率	
	接收功率	

智能终端	最小接收功率	
	光纤衰耗	
合并单元	端口名称	
	接收功率	
	最小接收功率	
	光纤衰耗	
过程层交换机	端口名称	
	发送功率	
	接收功率	
	最小接收功率	
	光纤衰耗	

表 D. 13　　　　　　　　　　　　交　换　机　检　验

检查项目	检 查 内 容	检查结果
交换机配置文件检查	读取交换机的配置文件与历史文件比对,检查交换机配置文件是否变更	
交换机网络流量检查	过程层网络根据 VLAN 划分选择交换机端口读取网络流量,站控层网络根据选择镜像端口读取网络流量,检查交换机的网络流量是否符合技术要求	

表 D. 14　　　　　　　　　　保护装置输入的模拟量零漂校验

I_A	I_B	I_C	$3I_0$	U_A	U_B	U_C	U_x

表 D. 15　　　　　　　　　保护装置交流电流幅值特性校验

显示值	外 加 值		
	$0.1I_N$	I_N	$5I_N$
I_A			
I_B			
I_C			
$3I_0$			

表 D. 16　　　　　　　　　保护装置交流电压幅值特性校验

显示值	外 加 值		
	1V	30V	60V
U_A			

续表

显示值	外　加　值		
	1V	30V	60V
U_B			
U_C			
U_0			
U_x			

表 D. 17　　　　　　　　　　　保护装置模拟量输入的相位特性校验

显示值	外　加　值	
	0°	120°
$\Phi U_A - I_A$		
$\Phi U_B - I_B$		
$\Phi U_C - I_C$		
$\Phi U_A - U_B$		
$\Phi U_B - U_C$		
$\Phi U_C - U_A$		

表 D. 18　　　　　　　　　　　　保护装置软压板检查

检查项目	检查内容	检查结果
SV 接收软压板检查	投入 SV 接收软压板，设备显示 SV 数值精度应满足要求；退出 SV 接收软压板，设备显示 SV 数值应为 0，无零漂	
GOOSE 输出软压板检查	投入 GOOSE 输出软压板，设备发送相应 GOOSE 信号；退出 GOOSE 输出软压板，模拟保护元件动作，应该监视到正确的相应保护未跳闸的 GOOSE 报文	
保护元件功能及其他压板	投入/退出相应软压板，结合其他试验检查压板投退效果	

表 D. 19　　　　　　　　　　　保护装置开入开出功能测试

开出量检查项目	检查结果	备注
断路器 A 相跳闸 _ GOOSE	正确□	
断路器 B 相跳闸 _ GOOSE	正确□	
断路器 C 相跳闸 _ GOOSE	正确□	
启动断路器 A 相失灵 _ GOOSE	正确□	
启动断路器 B 相失灵 _ GOOSE	正确□	
启动断路器 C 相失灵 _ GOOSE	正确□	

续表

开出量检查项目	检查结果	备注
闭锁断路器重合闸 _ GOOSE	正确□	
重合闸 _ GOOSE	正确□	
远传 1 命令输出 _ GOOSE	正确□	
远传 2 命令输出 _ GOOSE	正确□	
纵联通道告警 _ GOOSE	正确□	
检修状态	正确□	
信号复归	正确□	
A 相断路器位置	正确□	
B 相断路器位置	正确□	
C 相断路器位置	正确□	
其他保护动作	正确□	
断路器压力低禁止重合闸	正确□	

注　以现场保护为准

表 D.20　　　　　　　　　　　　GOOSE 断链告警测试

断链回路	检查情况	备注
	正确□	
	正确□	
	正确□	
	正确□	
	正确□	

表 D.21　　　　　　　　　　　　SV 断链闭锁测试

断链回路	检查情况	备注
	正确□	
	正确□	
	正确□	
	正确□	
	正确□	

表 D.22　　　　　　　　　　　　SV 断链告警测试

断链回路	检查情况	备注
	正确□	
	正确□	
	正确□	

续表

断链回路	检查情况	备注
	正确□	
	正确□	

表 D. 23　　　　　　　　纵 联 差 动 保 护 校 验

模拟故障相别	A 相	B 相	C 相
105％差动Ⅰ段电流/A			
95％差动Ⅰ段电流/A			
120％差动Ⅰ段电流定值下时间测试/ms			
105％差动Ⅱ段电流/A			
95％差动Ⅱ段电流/A			
120％差动Ⅱ段电流定值下时间测试/ms			
105％零序差动Ⅰ段电流/A			
95％零序差动Ⅰ段电流/A			
120％零序差动Ⅰ段电流定值下时间测试/ms			
105％零序差动Ⅱ段电流/A			
95％零序差动Ⅱ段电流/A			
120％零序差动Ⅱ段电流定值下时间测试/ms			

表 D. 24　　　　　　　　距 离 保 护 定 值 校 验

模拟故障相别	A 相	B 相	C 相	AB 相	BC 相	CA 相
Ⅰ段 105％整定值下的动作行为	可靠不动□	可靠不动□	可靠不动□	可靠不动□	可靠不动□	可靠不动□
Ⅰ段 95％整定值下的动作行为	可靠动作□	可靠动作□	可靠动作□	可靠动作□	可靠动作□	可靠动作□
Ⅰ段 70％整定值下的动作时间/ms						
Ⅱ段 105％整定值下的动作行为	可靠动作□	可靠动作□	可靠动作□	可靠动作□	可靠动作□	可靠动作□
Ⅱ段 95％整定值下的动作行为	可靠不动□	可靠不动□	可靠不动□	可靠不动□	可靠不动□	可靠不动□
Ⅱ段 70％整定值下的动作时间/ms						
Ⅲ段 105％整定值下的动作行为	可靠不动□	可靠不动□	可靠不动□	可靠不动□	可靠不动□	可靠不动□
Ⅲ段 95％整定值下的动作行为	可靠动作□	可靠动作□	可靠动作□	可靠动作□	可靠动作□	可靠动作□
Ⅲ段 70％整定值下的动作时间/ms						

接地距离Ⅰ段整定值：_____Ω，Ⅱ段整定值：_____Ω，Ⅲ段保护整定值：_____Ω；相间距离Ⅰ段整定值：_____Ω，Ⅱ段整定值：_____Ω，Ⅲ段保护整定值：_____Ω

表 D. 25　　　　　　　　　　距离保护反方向出口故障性能校验

故障相别	AN 相	BC 相	ABC 相
故障量：$U=0$，$I=6I_N$，$\Phi=180°+\Phi_{sen}$			

表 D. 26　　　　　　　　　　零序过流保护校验

模 拟 故 障 相 别		整定值	A 相	B 相	C 相
Ⅱ段	105％整定值下的动作行为		可靠动作□	可靠动作□	可靠动作□
	95％整定值下的动作行为		可靠不动□	可靠不动□	可靠不动□
	120％整定值下的动作时间/ms				
Ⅲ段	105％整定值下的动作行为		可靠动作□	可靠动作□	可靠动作□
	95％整定值下的动作行为		可靠不动□	可靠不动□	可靠不动□
	120％整定值下的动作时间/ms				

表 D. 27　　　　　　　　　　工频变化量距离保护定值校验

模拟故障相别	A 相	B 相	C 相	AB 相	BC 相	CA 相
$m=0.9$ 的动作行为	可靠不动□	可靠不动□	可靠不动□	可靠不动□	可靠不动□	可靠不动□
$m=1.1$ 的动作行为	可靠动作□	可靠动作□	可靠动作□	可靠动作□	可靠动作□	可靠动作□
$m=1.2$ 的动作时间/ms						
工频变化量整定值						

注　模拟单相接地故障时，有　$U=(1+k)I_D Z_{set}+(1-1.05m)U_N$。
　　模拟相间短路故障时，有　$U=2I_D Z_{set}+(1-1.05m)×3U_N$。

表 D. 28　　　　　　　　　电压互感器断线时相电流保护定值校验

整定值/A	校验方式	BC 相	ABC 相
	105％整定值动作行为		
	95％整定值动作行为		
	120％整定值动作时间/ms		

表 D. 29　　　　　　　　　电压互感器断线时零序过流保护定值校验

整定值/A	校验方式	BC 相	ABC 相
	105％整定值动作行为		
	95％整定值动作行为		
	120％整定值动作时间/ms		

表 D. 30　　　　　　　　　　过负荷保护定值校验

整定值/A	校验方式	A 相	B 相	C 相
	105％整定值动作行为			
	95％整定值动作行为			
	120％整定值动作时间/ms			

表 D. 31   合闸于故障线路保护校验

整定值/A	校验方式	A 相 （加速或不加速）	BC 相 （加速或不加速）	ABC 相 （加速或不加速）
	105％整定值动作行为			
	95％整定值动作行为			
	120％整定值动作时间/ms			

表 D. 32   重 合 闸 无 压 校 验

校验方式	整定值/V	重 合 闸 动 作 情 况
105％整定值下的动作行为		
95％整定值下的动作行为		
重合闸动作时间		

表 D. 33   重 合 闸 同 期 校 验

校验方式	整定值/ (°)	重 合 闸 动 作 情 况
105％整定值下的动作行为		
重合闸动作时间		

表 D. 34   保护装置检修状态测试

信号功能	检查结果	备注
检修压板状态一致（合并单元）	正确□	保护动作
检修压板状态不一致（合并单元）	正确□	保护不动作
检修压板状态一致（智能终端）	正确□	开入正确变位/正确出口
检修压板状态不一致（智能终端）	正确□	收不到开入位置/不出口

表 D. 35   保护在两侧断路器分闸状态时的电流传输测试及动作情况

对侧加入电流值		本侧 DSP 上读数	
A 相		I_{da}	
B 相		I_{db}	
C 相		I_{dc}	
对侧差动动作		本侧差动动作	

表 D. 36   保护在两侧断路器合闸状态时的电流传输测试及动作情况

本侧加故障量		对侧加故障	
本侧差动动作情况		本侧差动动作情况	

表 D. 37   保护远跳功能检查

项目	本侧装置动作情况	断路器动作情况	装置动作信息
受本侧控制时远跳功能			
不受本侧控制时远跳功能			

表 D. 38　　　　　　智能终端开入开出量测试

智能终端开入量名称	检查结果	备注
检修压板	正确☐	
信号复归	正确☐	
断路器 A 相跳闸	正确☐	
断路器 B 相跳闸	正确☐	
断路器 C 相跳闸	正确☐	
重合闸	正确☐	
TJR 闭重三跳	正确☐	
其他开入量	正确☐	
1G 隔离开关位置	正确☐	
2G 隔离开关位置	正确☐	
A 相断路器位置	正确☐	
B 相断路器位置	正确☐	
C 相断路器位置	正确☐	
闭锁重合闸	正确☐	
断路器压力低禁止重合闸	正确☐	

表 D. 39　　　　　　智能终端硬压板检查

硬压板类型	检查结果	备注
跳闸出口	正确☐	
重合闸出口	正确☐	
断路器遥控压板	正确☐	

表 D. 40　　　　　　智 能 终 端 功 能 测 试

检查项目	检查情况	备注
智能终端 GOOSE 单帧跳闸功能	正确☐	
智能终端动作时间＜5ms	正确☐	
智能终端开入量动作时间＜10ms	正确☐	
智能终端开入量 SOE 分辨率＜10ms	正确☐	

表 D. 41　　　　　智能终端检修状态测试（仅做本间隔内测试）

信号功能	检查结果	备注
检修压板状态一致	正确☐	开入正确变位/正确出口
检修压板状态不一致	正确☐	收不到开入位置/不出口

表 D. 42 绝 缘 测 试

检 查 内 容	要求值	实测值
交流电流回路对地绝缘阻值	>10MΩ	
交流电压回路对地绝缘阻值	>10MΩ	
直流回路对地绝缘阻值	>10MΩ	
交直流回路之间绝缘阻值	>10MΩ	
跳合闸回路对地绝缘阻值	>10MΩ	
跳合闸回路之间绝缘阻值	>10MΩ	

表 D. 43 继 电 器 检 验

继电器名称	动作值	返回值	接点检查
跳位继电器 TWJ			正确□
合位继电器 HWJ			正确□
跳闸保持继电器 TBJ			正确□
合闸保持继电器 HBJ			正确□
手跳继电器 STJ			正确□
手合继电器 SHJ			正确□
TJR 继电器			正确□
……			—

表 D. 44 整 组 检 验

故障相别（永久性故障）	保护装置动作情况	保护后加速情况	断路器动作情况	保护装置动作信号面板显示情况	后台机及远方监控系统信号
A 相					
B 相					
C 相					
ABC 相					

注 模拟永久性故障进行 A、B、C 分相及三相传动试验，检查开关动作是否正确，后加速功能检验。

表 D. 45 整 组 动 作 时 间 测 试

测 试 时 间 名 称	整定值	实测值
分相（纵联）差动时间		
零序差动时间		
重合闸时间		
零序重合闸后加速时间		
距离重合闸后加速时间		

表 D.46　　　　　　　　　　　控 制 回 路 检 查

检查内容	远方操作检查断路器动作情况	就地操作检查断路器动作情况	断路器动作后测控信号是否正确无误	断路器操作过程中是否有异常现象
控制回路检查	正确□	正确□	正确□	无□
检查内容	第一组操作电源动作情况		第二组操作电源动作情况	
双操作电源独立性检查				

表 D.47　　　　　　　　　　　状 态 检 查

状 态 检 查 内 容	检查结果
工作负责人周密检查施工现场，检查施工现场是否有遗留的工具、材料	
自验收情况检查	
验收传动结束后，应清除所有保护装置内部的事件报告	
结束工作票前，按一下所有微机保护装置面板复位按钮，使装置复位，屏面信号及各种装置状态正常，以防保护装置处于不正常运行状态下	
检查安全措施是否已全部恢复	
工作中临时所做好安全措施（如临时短接线）是否已全部恢复	
检查各压板、切换开关位置及断路器位置是否恢复至工作许可时的状态	

表 D.48　　　　　　　　　　　整 定 单 核 对

整定单核对			
整定单编号	整定单定值和实际定值是否一致	整定单上的设备型号和实际设备型号是否一致	实际电流互感器变比是否符合整定整单要求
校验负责人签名		校验人员签名	

表 D.49　　　　　　　　　　　校 验 工 作 终 结

自检记录	记录改进和更换的零部件及改动的二次回路	
	发现问题及处理情况	
	遗留问题	
	校验结论	
校验日期		校验负责人		校验人员		审核人	

D.2 智能变电站线路保护定期检验标准化作业指导卡

表 D.50 设 备 数 据

线路保护装置			
装置型号		装置直流电压	
装置版本信息		配置文件版本信息	
装置 IP 地址		子网掩码	
智能终端			
装置型号		装置直流电压	
装置版本信息		配置文件版本信息	
合并单元			
装置型号		装置直流电压	
装置版本信息		配置文件版本信息	

表 D.51 所 需 仪 器 仪 表

序号	试验仪器名称	设备型号	编号
1			
2			

表 D.52 逆 变 电 源 检 查

	检 查 要 求	检查结果
拉合直流电源	拉合一次直流工作电源，装置应可靠稳定，不误动，不误发信号	

表 D.53 保护屏、室外柜（智能控制柜、汇控柜、端子箱）检查、清扫及外观检查

检查项目	检 查 内 容	检查结果
保护屏、室外柜外观检查	保护屏、室外柜的外形应端正，无机械损伤及变形现象；各构成装置应固定良好，无松动现象；各装置端子排的连接应可靠，所置标号应正确、清晰	合格□
保护屏、室外柜内接线检查	保护屏、室外柜内的连接线应牢固、可靠，无松脱、折断；接地点应连接牢固且接地良好，并符合设计要求	合格□
保护屏、室外柜内装置检查	保护屏、室外柜的保护装置的各组件应完好无损，其交、直流额定值及辅助电流变换器的参数应与设计一致；各组件应插拔自如、接触可靠，组件上无跳线；组件上的焊点应光滑、无虚焊；复归按钮、电源开关的通断位置应明确且操作灵活；继电器应清洁，无受潮、积尘	合格□

续表

检查项目	检 查 内 容	检查结果
保护屏、室外柜内元件检查	柜体内交直流空气开关、操作把手、按钮、压板等元件标识规范、清晰、正确，命名采用双重名称，对应关系正确	合格□
光纤回路	按照设计图纸检查光纤回路的正确性，包括保护设备、合并单元、交换机、智能终端之间的光纤回路，检查光纤弯曲半径符合要求，光纤接头干净且连接牢靠，无通道报警信号	合格□

表 D. 54 　　　　　　　　　　　　　　压 板 检 查

检 查 内 容	检查结果
压板端子接线是否符合反措要求	正确□
压板端子接线压接是否良好	良好□
压板外观检查情况	合格□

表 D. 55 　　　　　　　　　　　保护装置输入的模拟量零漂校验

I_A	I_B	I_C	$3I_0$	U_A	U_B	U_C	U_x

表 D. 56 　　　　　　　　　　　保护装置交流电流幅值特性校验

显示值	外 加 值		
	$0.1I_N$	I_N	$5I_N$
I_A			
I_B			
I_C			
$3I_0$			

表 D. 57 　　　　　　　　　　　保护装置交流电压幅值特性校验

显示值	外 加 值		
	1V	30V	60V
U_A			
U_B			
U_C			
U_0			
U_x			

表 D.58　　　　　　　　　　　保护装置模拟量输入的相位特性校验

显示值	外　加　值	
	0°	120°
$\Phi U_A - I_A$		
$\Phi U_B - I_B$		
$\Phi U_C - I_C$		
$\Phi U_A - U_B$		
$\Phi U_B - U_C$		
$\Phi U_C - U_A$		

表 D.59　　　　　　　　　　　保护装置软压板检查

检查项目	检　查　内　容	检查结果
SV 接收软压板检查	投入 SV 接收软压板，设备显示 SV 数值精度应满足要求；退出 SV 接收软压板，设备显示 SV 数值应为 0，无零漂	
GOOSE 输出软压板检查	投入 GOOSE 输出软压板，设备发送相应 GOOSE 信号；退出 GOOSE 输出软压板，模拟保护元件动作，应该监视到正确的相应保护未跳闸的 GOOSE 报文	
保护元件功能及其他压板	投入/退出相应软压板，结合其他试验检查压板投退效果	

表 D.60　　　　　　　　　　　保护装置开入功能测试

开入量检查项目	检查结果	备注
检修状态（不作变位要求）	正确□	
信号复归	正确□	
A 相断路器位置	正确□	
B 相断路器位置	正确□	
C 相断路器位置	正确□	
其他保护动作	正确□	
断路器压力低禁止重合闸	正确□	

注　以现场保护为准

表 D.61　　　　　　　　　　　智能终端开入开出量测试

智能终端开入量名称	检查结果	备注
检修压板（不作变位要求）	正确□	
信号复归	正确□	
断路器 A 相跳闸	正确□	
断路器 B 相跳闸	正确□	
断路器 C 相跳闸	正确□	
重合闸	正确□	
TJR 闭重三跳	正确□	

续表

智能终端开入量名称	检查结果	备注
其他开入量	正确□	
1G 隔离开关位置	正确□	
2G 隔离开关位置	正确□	
A 相断路器位置	正确□	
B 相断路器位置	正确□	
C 相断路器位置	正确□	
闭锁重合闸	正确□	
断路器压力低禁止重合闸	正确□	

表 D. 62 　　　　　　　　　**智能终端硬压板检查**

硬压板类型	检查结果	备注
跳闸出口	正确□	
重合闸出口	正确□	
断路器遥控压板	正确□	

表 D. 63 　　　　　　　　　　　**绝 缘 测 试**

检 查 内 容	试 验 结 果
交流电流回路对地	
交流电压回路对地	
直流电压回路对地	
交直流回路之间	
跳、合闸回路之间	
跳、合闸回路对地	

表 D. 64 　　　　　　　　　　　**整 组 检 验**

故障相别 （永久性故障）	保护装置 动作情况	保护后加速 情况	开关动作情况	整组传动时间	保护装置面板 情况	后台机信号
A 相主保护						
B 相距离保护						
C 相零序过流保护						

表 D. 65 　　　　　　　　　　　**控 制 回 路 检 查**

检查内容	远方操作检查断路器 动作情况	就地操作检查断路器 动作情况	断路器动作后测控信号 是否正确无误	断路器操作过程中 是否有异常现象
控制回路检查	正确□	正确□	正确□	无□
检查内容	第一组操作电源动作情况		第二组操作电源动作情况	
双操作电源 独立性检查				

表 D.66　　　　　　　　　　　　　**状 态 检 查**

状 态 检 查 内 容	检查结果
工作负责人周密检查施工现场，检查施工现场是否有遗留的工具、材料	
自验收情况检查	
验收传动结束后，应清除所有保护装置内部的事件报告	
结束工作票前，按一下所有微机保护装置面板复位按钮，使装置复位，屏面信号及各种装置状态正常，以防保护装置处于不正常运行状态下	
检查安全措施是否已全部恢复	
工作中临时所做好安全措施（如临时短接线）是否已全部恢复	
检查各压板、切换开关位置及断路器位置是否恢复至工作许可时的状态	

表 D.67　　　　　　　　　　　　　**整 定 单 核 对**

整定单核对			
整定单编号	整定单定值和实际定值是否一致	整定单上的设备型号和实际设备型号是否一致	实际电流互感器变比是否符合整定整单要求
校验负责人签名		校验人员签名	

表 D.68　　　　　　　　　　　　　**校 验 工 作 终 结**

自检记录	记录改进和更换的零部件及改动的二次回路					
	发现问题及处理情况					
	遗留问题					
	校验结论					
校验日期		校验负责人		校验人员		审核人